맛의 완성도를 높이는

디저트의 향·식감·디자인

레시피로 배우는 인기 파티시에 36인의 반짝이는 아이디어와 테크닉

Pâtissier 편집부 엮음

용동희 옮김

prologue

기본 시트, 크림, 무스, 줄레 등 다채로운 파트로 구성된 디저트는 맛, 향, 텍스처, 모양 등 여러 가지 요소들이 어우러져 완성됩니다. 오감으로 느끼는 맛은 먹는 사람을 행복하게 해주고, 오랫동안 기억에 남는 추억이 되기도 하지요.

이 책에서는 오감 중 후각·촉각·시각에 주목하였습니다. 각각의 분야에서 활약하고 있는 전문가들이 제과에서의 「향」, 「식감」, 「디자인」의 역할과 효과 등을 알기 쉽게 설명하는 동시에, 인기와 실력을 겸비한 파티시에 36명이 감각적이고 맛있는 디저트에 대한 생각, 철학, 테크닉 등을 소개합니다. 또한 앙트르메와 프티 가토, 총 37개 디저트의 상세 레시피를 「향」, 「식감」, 「디자인」의 3가지 테마로 나누어 수록하고, 과정 사진과 전문가의 특별한 팁을 곁들여 설명하여, 각각의 디저트의 매력을 제대로 이해할 수 있습니다.

실력파 셰프의 뜨거운 열정과 섬세한 테크닉에는, 미각뿐 아니라 후각·촉각·시각을 자극하는 인상적이고 맛있는 디저트를 만드는 힌트가 가득합니다. 향·식감·디자인의 중요성을 알고 이해하는 것은, 맛을 폭넓게 표현하고 독창성과 완성도를 높이는 일과도 연결되기 때문입니다.

contents

Texture

2

텍스처가 인상적인 디저트

Design

3

디자인이 인상적인 디저트

이 책을 보기 전에

* 현재 판매하지 않는 상품도 소개하였다.
* 상품 이름과 상품을 구성하는 각 파트의 이름은 기본적으로 각 가게의 표기에 따랐다.
* 분량은 기본적으로 각 각게에서 준비하는 분량이다. 해당 상품 이외의 다른 상품에도 사용하기 위해 대량으로 만드는 경우도 있다.
* 일부 재료의 경우 해당 상품의 맛에 최대한 가깝게 만들 수 있도록, 제조사와 이름을 기재하였다.
* 틀 사이즈는 각 가게에서 사용하는 틀을 실제로 측정한 것이다.
* 별도의 기재가 없는 경우 버터는 무염버터를 사용한다.
* 밀가루 등 가루 종류(아몬드파우더, 코코아파우더, 슈거파우더 포함)는 기본적으로 체로 쳐서 사용한다.
* 판젤라틴은 찬물에 불리고 물기를 확실히 제거한다.
* 믹서로 섞을 때는 중간중간 멈추고, 고무주걱이나 스크레이퍼 등으로 볼 안쪽이나 부속에 달라붙은 재료를 떼어서 섞는다.
* 레시피에 표시된 믹서의 속도, 섞는 시간, 오븐 온도, 굽는 시간 등은 어디까지나 기준이므로, 믹서의 기종이나 반죽 및 크림의 상태 등에 따라 알맞게 조절한다.
* 실온은 20~25℃가 기준이다.
* 사람의 체온은 35~37℃가 기준이다.
* p.206~207에 수록된 가게의 영업시간이나 정기휴일은 변경된 경우도 있다. 정확한 내용은 각 가게의 홈페이지나 SNS 등에서 확인할 수 있다.
* 이 책은 ㈜시바타쇼텐의 무크지《Pâtissier》vol.1(2018년 8월)「향」특집, vol.2(2020년 10월)「식감」특집, vol.3(2022년 10월)의「디자인」특집에 게재한 기사를 발췌하여 정리한 것으로, 내용은 당시의 것이다.

Aroma

1

향이 인상적인 디저트

Texture

Design

향에 대하여

감수_ 도하라 가즈시게 [東原 和成]

1966년 도쿄 출생으로 도쿄대학 농학부 농예화학과를 졸업하고, 뉴욕주립대학에서 박사 학위를 취득하였다. 듀크대학 의학부 박사연구원, 도쿄대학 의학부 조교 등을 거쳐 2009년부터 도쿄대학 대학원 농학생명과학연구과 응용생명화학전공 생화학연구실 교수로 재직 중이다. 향과 생물의 페로몬에 대한 연구가 전문이다.

향과 기억의 관계

향을 느끼는 경로는 코끝에서 올라오는 「전비강 경로(Orthonasal Route)」와 음식이나 음료를 삼킬 때 목에서 코로 올라오는 「후비강 경로(Retronasal Route)」의 2가지가 있다. 향물질이 후각점막에 있는 점액에 녹아서 후상피에 있는 후각신경세포의 후각섬모와 접촉하면, 후각수용체와 결합하여 전기신호가 생긴다. 이 전기신호는 뇌의 후각신경구에서 후각피질을 거쳐 안와전두피질로 전달되며, 여기서 향의 이미지가 생긴다. 또한 시상하부나 편도체에 전달되어 본능적 감정에 영향을 주고, 호르몬 분비에 의해 생리 변화가 일어나는 동시에, 기억을 지탱하는 해마에도 신호가 전달된다. 향의 신호는 오감 중에서도 가장 짧은 거리를 거쳐 뇌의 변연계에 전해지기 때문에, 감정이나 기억에 직접 호소한다.

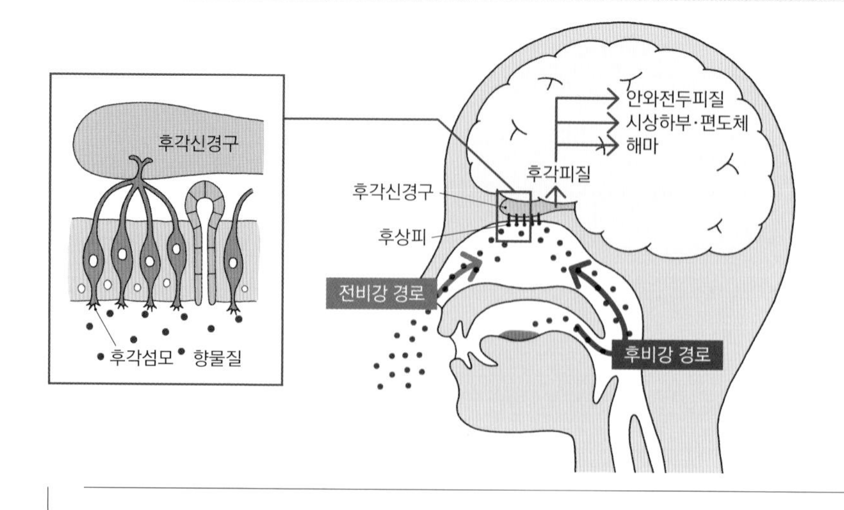

향의 정체는 공기 중에 떠다니는 화학물질!

향이란 눈에는 보이지 않는 화학물질이다. 자연계에는 수십만 가지의 향물질이 있다고 알려져 있으며, 향은 그중 수백 가지 이상의 향물질로 구성된 혼합취이다. 상온에서 기화하여 몇 가지가 달라붙거나, 먼지나 수증기에 붙어서 공기 속을 떠다닌다. 같은 향물질로 구성되었다고 해도 혼합 비율에 따라 향에 차이가 생기고, 같은 향물질이라도 농도에 따라 좋은 향이 되거나 불쾌한 냄새가 되기도 한다. 좋은 향이 꼭 좋은 향물질만으로 이루어진다고는 할 수 없으며, 화학구조가 다른 물질이지만 같은 향이 나기도 한다. 이렇듯 향은 매우 섬세하고 복잡하다.

마음을 직접 흔드는 후각의 힘

비강에 들어간 향물질은 코 안쪽에 있는 후상피에 도달하여, 그곳에 있는 후각신경 표면에 존재하는 400종류 정도의 후각수용체와 결합한다. 그로 인해 일어나는 신경의 전기적 흥분이 신호가 되어 뇌로 전달되어 냄새를 느끼는 것이다. 이렇게 코로 냄새를 포착하는 부분과 뇌 속에서 기억을 지탱하는 해마, 그리고 감정을 담당하는 편도체나 시상하부와의 거리가 짧은 것이 후각의 큰 특징이다. 눈으로 들어온 정보가 처리는 빠르지만, 감정을 자극하는 속도는 후각이 더 빠르다. 후각이 오감 중 유일하게 감정과 본능에 직접 호소하는 감각이라고 하는 이유가 여기에 있다. 홍차에 적신 마들렌의 향으로 어릴 적 기억이 되살아났다는, 소설 속 일화로 유명한 「프루스트 효과」도 후각의 이런 특징에 의한 것이다.

향을 표현하는 단어는 많지 않다

향을 표현하는 단어를 말해보라고 하면 몇 가지나 생각이 날까? 바로 떠오르는 것은 「냄새가 난다」, 「향기롭다」, 「고소한 냄새가 난다」 정도일 것이다. 그 밖에는 「차 향」, 「바나나 향」처럼 무언가에 비유하는 경우가 많은 것이 향의 표현이다. 영어나 프랑스어를 비롯하여 세계의 언어를 살펴봐도 거의 비슷한 상황이며, 향을 나타내는 표현이 많은 민족은 동남아시아의 극소수 원주민뿐이다. 즉, 향은 분류하거나 정의 내리기가 매우 어렵고, 다른 사람과 공유하기도 어렵다. 게다가 사람마다 향에 대한 의미 부여가 달라서, 같은 차 향을 맡아도 「신록의 향」이라고 하는 사람과 「다다미 향」이라고 하는 사람이 있는 등, 느끼는 방식도 표현하는 단어도 천차만별이다. 그래서 향은 재미있는 것이다.

향에 대한 반응과 취향은 사람마다 다르다

각각의 후각수용체 유전자에는 개인차가 있고, 향물질에 대한 반응도 각각 다르다. 즉, 어떤 사람은 맡을 수 있지만, 어떤 사람은 맡지 못하는 향도 있다는 것이다. 예를 들어 일본인의 경우, 6대 4의 비율로 제비꽃 향이 나는 「β-이오논」이라는 향물질을 감지하지 못하는 사람이 많다고 알려져 있다. 또한 향에 대한 기호는 성별, 나이, 시대, 음식문화, 컨디션, 유전자 등에 의해서도 영향을 받으므로, 향을 느끼는 방식은 말 그대로 사람마다 다르다. 그러니 나라나 민족이 다르면 취향에 차이가 생길 수밖에 없다. 참고로 여성이 향에 더 민감하다고 한다. 또한 디저트에서 나는 꽃향기는 남성보다는 여성이, 일본인보다는 향수 문화에 친숙한 프랑스인이 좋아하는 경우가 많다. 일본인들은 강하지 않으며, 입안 가득 서서히 부드럽게 퍼지는 향을 좋아한다.

목으로 넘어가는 향으로 맛을 느낀다

사람이 느끼는 향에는 2가지 종류가 있다. 첫 번째는 코끝에서 비강으로 들어가는 「전비향(Orthonasal Olfaction)」, 다른 하나는 입안에서 목구멍을 지나 비강으로 올라가 감지되는 「후비향(Retronasal Olfaction)」이다. 와인, 따뜻한 요리나 디저트, 갓 구운 과자와는 달리, 차가운 케이크를 먹기 전에 먼저 코를 가까이 대고 향을 맡는 경우는 별로 없다. 맛과 직결되는 것은 「후비향」이다. 혀 위에 올릴 뿐 아니라 씹어야 향이 퍼진다. 맛이란 미각이라고 생각할지 모르겠지만, 코를 막고 먹으면 풍미를 잘 알 수 없는 것처럼, 풍미를 느끼는 데 가장 중요한 것은 향이다. 거기에 맛이나 식감이 더해지고 서로 영향을 주고받으며 조화를 이루어, 풍미가 완성되는 것이다.

케이크의 향은 시간차 공격!

케이크는 크림이나 시트, 과일 등 여러 파트로 구성된 복합체이다. 식감이 부드럽고 입안에서 잘 녹아 바로 향이 나는 것도 있고, 단단해서 씹지 않으면 향이 나지 않는 것도 있다. 그래서 향을 내는 방식은 음료나 아이스크림처럼 하나의 파트로 이루어진 음식에 비해 좀 더 복잡하다. 게다가 향은 무게에 따른 차이도 있는데, 감귤처럼 가벼워서 향이 바로 올라오는 것도 있고, 버터처럼 무거워서 여운이 강하게 느껴지는 것도 있다. 이처럼 향을 내는 방식이 다른 것들이 층층이 쌓여 케이크의 부위에 따라 다른 향을 발산함으로써, 주마등처럼 시간차를 두고 여러 가지 향이 찾아와 겹쳐지듯이 감지된다. 이것이야말로 케이크가 가진 맛의 열쇠라고 할 수 있다.

향료는 핵심이 되는 향물질로 만들어진다

디저트를 만들 때는 가열이나 시간 경과에 따라 재료 본연의 향이 날아가기도 하고, 벚꽃 향처럼 표현하기 어려운 향도 있다. 그럴 때는 향료로 향을 더하는 것이 도움이 된다. 향료는 향을 구성하는 수백 가지 이상의 향물질 중 핵심이 되는 수십 가지를 선택하여 혼합한 것이다. 많은 종류를 섞거나 천연 향을 더하면 좀 더 진짜 향에 가까워지지만, 그만큼 비용이 많이 든다. 향료는 다듬어지지 않은 부분이 어느 정도 남아 있는 향이라는 점을 염두에 두고, 균형 있게 효과적으로 활용해야 한다.

후각은 시각과 정보에 의해 달라진다!?

딸기 향은 빨간색, 바나나 향은 노란색처럼 색과 향의 이미지는 서로 연결되어 우리 뇌에 기억된다. 따라서 딸기 향이 나는데 노란색인 것을 보여주면 위화감이 생기고, 화이트와인에 붉은 색소를 첨가하면 레드와인인 줄 알고 마시기도 한다. 또한 향보다 먼저 말에 의한 정보가 주어졌을 때, 「복숭아 같은 향」이라고 하면 그렇게 느껴지고, 「카시스를 사용하였다」라고 하면 카시스 향이 나는 것처럼 느껴지기도 한다. 이처럼 후각은 시각과 정보에 의해 영향을 받기 쉽다.

후각을 발전시키는 것은 기억의 축적

향을 느끼는 감각은 노인이 될 때까지는 크게 쇠퇴하지 않는다. 후각신경세포가 일생 동안 계속 새롭게 태어나기 때문이다. 모르는 향을 포착하는 것은 어렵지만 여러 향을 맡고 그것을 하나하나 기억해 나가면, 경험과 학습의 축적에 의해 다양한 향을 감지할 수 있게 된다. 많은 향을 알면 디저트의 풍미도 더욱 풍부하고 깊이 있게 느껴질 것이다.

디저트로 알아보는 향의 과학

도하라 가즈시게 [東原 和成]
1966년 도쿄 출생으로, 도쿄대학 대학원 농학생명과학연구과 응용생명화학전공 생화학연구실 교수. 전문인 후각연구 외에도 다양한 분야에서 활약하고 있으며, 와인 등 음식의 향에 관한 책도 여러 권 출간하였다.

데라이 노리히코 [寺井 則彦]
1965년 가나가와 출생으로, 〈르노트르〉 등을 거쳐 프랑스로 건너가 〈자크〉, 〈장 밀레〉, 〈르 트리아농〉 등에서 경험을 쌓았다. 일본으로 돌아와 〈오텔 드 미쿠니〉에서 셰프 파티시에로 일하다가, 2004년 도쿄 메지로에 〈에그르두스〉를 오픈하였다.

니시노 유키오 [西野 之朗]
1958년 오사카 출생으로, 도쿄 오야마다이의 〈오 봉 비외탕〉을 거쳐 파리의 〈아르튀르〉, 〈메종 드 로이〉에서 제과를 배웠다. 귀국한 뒤 도매 전문의 〈프랑스 과자 공방 니시노〉를 열었으며, 1990년, 도쿄 니시마고메에 〈메종 드 프티 푸르〉를 오픈하였다.

향을 어떻게 이해할까

도하라 파티시에들은 어떻게 향에 대해 배우나요?

데라이 전문학교의 수업이나 강연 등을 통해 배우는 일은 거의 없습니다. 대부분 현장에서 디저트를 만들어본 실제 경험과 개인의 감각으로 터득하는 편입니다. 논리적으로 생각하기보다는 이 정도 가열하면 이 정도의 향이 되고, 그 향이 어느 정도 유지되는지를 모두 경험에서 오는 감각으로 파악하고 있습니다.

니시노 저는 반죽이든 뭐든 반드시 굽기 전 상태에서 먹어봅니다. 그리고 예를 들어 오렌지 제스트를 반죽에 섞는다면, 어느 정도의 양을 넣어야 구웠을 때 알맞은 향이 나는지 확인합니다. 구운 뒤에도 이 정도 남아 있을 것이라는 판단도, 모두 감각으로 합니다. 생과자도 마찬가지입니다.

도하라 그렇다면 이것과 저것을 섞어서 향을 만든다기보다는, 어떤 것이 중심이 되고 거기에 손을 대서 일어나는 변화 중 가장 좋은 것을 선택하는 느낌인가요?

데라이 물론 섞어서 향을 만드는 부분도 있지만 디저트에서는 역시 미각이 중심이고, 미각적으로 좋고 나쁨을 판단하는 데 향이 포함되는 느낌입니다.

니시노 맞아요, 향은 역시 맛이라는 테두리 안에서 만들어집니다. 그래서 향만 따로 떼어서 깊이 생각할 기회가 별로 없었고, 모르는 부분이 많습니다. 향의 조합 중에도 생각지도 못한 것들이 있어요.

도하라 향의 조합에 방정식이 있는 것은 아니지만, 마리아주 방법으로는 몇 가지가 있습니다. 가장 먼저 조화입니다. 즉, 비슷한 것끼리 조합하는 가장 심플한 방법이지요. 그러면 좋은 향이 돋보이거나 좋지 않은 향이 억제되거나 해서, 균형이 잘 맞습니다. 그 다음은 덧셈인데, 향을 더함으로써 이런 향이 될 것이라고 추측하면서 향을 보충하는 방법입니다. 이 방법은 좀 어렵지요. 그리고 여러 향을 조합함으로써 예상치 못한 새로운 향이 만들어지기도 합니다.

제과에서는 향을 더하는 마리아주가 중심이 됩니다. 과학적으로 만들어지는 향을 예측하는 것은, 유감스럽게도 상당히 어려운 일이지만요.

데라이 그러한 마리아주에도 모두 감각에 의지하는 부분이 있습니다. 향을 조합하거나 내는 것에도 관심은 있지만, 개인적으로는 그것보다 좋은 향을 어떻게 남기고 오래 지속시킬 수 있는지에 관심이 더 많습니다. 레스토랑에서는 갓 만든 음식의 향을 그대로 접시 위에 표현할 수 있지만, 제과점에서는 그럴 수 없습니다. 시간이 지나면 향이 줄어드는 것은 알지만, 향이 얼마나 오랫동안 유지되고, 어느 정도의 시간이 지나면 줄어드는지 알고 싶습니다.

도하라 「향이 줄어든다」라는 메커니즘은 과학적으로 설명할 수 있습니다. 첫째는 향이 날아가는 것입니다. 한 가지 향은 수백 가지 이상의 향물질로 구성되어 있으며, 각각 향이 날아가는 정도에 차이가 있습니다. 가벼워서 날아가기 쉬운 향물질은 처음에 확 퍼지면서 날아가고, 무거워서 날아가기 어려운 물질은 나중까지 남아 있습니다. 향물질이 날아가면 그만큼 향도 잃게 됩니다. 둘째는 공기나 빛에 노출되면서 일어나는 산화 반응입니다. 특히 디저트는 지방이 많기 때문에, 산화되기 쉽고 향도 변합니다. 다만 이것이 꼭 나쁘기만 한 것은 아니어서, 경우에 따라서는 산화가 조금 진행되는 편이 더 좋은 향이 나는 경우도 있습니다.

데라이 발효버터도 그런 예 중 하나입니다.

도하라 그렇습니다. 그리고 견과류도 향의 변화를 쉽게 이해할 수 있어요.

니시노 견과류는 제과점에서 자주 사용하는 재료입니다. 가끔 불쾌한 향이 느껴지는 것은 무엇 때문인지 생각한 적도 있습니다. 구움과자의 경우 2~3일 정도 두면 더 좋은 향이 나기도 합니다. 갓 구웠을 때의 향과 시간이 지난 뒤의 향이 다르고, 좋은 방향으로 변하는 경우도 있지만 나쁜 방향으로 변하는 경우도 있습니다.

도하라 그렇습니다. 시간 경과뿐 아니라 디저트의 온도에 따라서도 향은 크게 달라집니다.

아몬드 향의 변화

도하라 이번에 향의 변화를 알아보는 실험에 아몬드를 사용하였습니다. 향이 나기 쉬운 상태에서 실험하기 위해 데라이씨가 페이스트를 만들어 주어서, 연구실에서 날짜에 따라 분석하였습니다. 식품의 향을 분석할 때 자주 사용되는 것이 「가스크로마토그래피 후각측정기(GC-MS-Oflactometer)」입니다. 이 기계는 예를 들면 아몬드 페이스트에 포함된 향물질을 분리하여, 분리된 순서에 따라 사람의 코로 실제로 냄새를 맡을(스니핑) 수 있게 만든 장치입니다. 이 기계를 이용하여 아몬드 페이스트를 갓 만들었을 때와, 2달이 지난 뒤의 냄새를 분석하였습니다. 그래프①(p.12)은 화합물의 양의 변화를 나타내며, 피크(높아진 부분)는 화합물의 양이 많은 부분을 나타냅니다. 단, 이 피크의 높이와 실제로 느끼는 냄새의 강도는 비례하지 않기 때문에, 냄새를 느끼는 타이밍과 피크가 반드시 일치하는 것은 아닙니다.

니시노 그렇군요. 피크가 높으면 냄새가 강할 것이라고 생각했는데, 다르군요.

도하라 실제로 느낀 냄새를 살펴보면 첫날에는 20~22분에 견과류 냄새, 26~27분에 팝콘 같은 고소한 냄새가 납니다. 이것들은 이른바 좋은 냄새인데, 2달이 지나면 팝콘 같은 고소한 냄새가 확연히 줄어듭니다. 그리고 반대로 13분쯤에 풋내, 17분쯤에 흙냄새가 납니다. 이것들은 모두 지방의 분해물로, 흔히 말하는 산화취입니다.

니시노 페이스트는 잘게 으깨져 있고 설탕 등 아무것도 들어 있지 않으므로, 공기에 닿으면 빠르게 산화가 진행됩니다.

도하라 이번에는 표①(p.12)을 봐주세요. 이 표는 아몬드 페이스트의 성분을 분석하여, 첫날, 3일 뒤, 7일 뒤, 1달 뒤, 2달 뒤에 모두 공통적으로 검출된 향물질의 결과만 따로 정리한 것입니다. 이 표를 보면 늘어난 향물질이 꽤 많습니다. 그중에는 물론 산화취 같은 나쁜 냄새도 있지만, 이른바 마이야르 반응으로 생기는 살짝 고소하고 좋은 냄새도 있습니다. 날이 지날수록 여러 가지 반응이 일어나서, 향이 변해가는 느낌입니다.

데라이 날이 지날수록 좋은 향이 늘어나는 느낌은 없습니다.

도하라 여러 가지 반응이 일어나기 때문에, 깨끗했던 냄새가 좀 더 복잡한 냄새로 변해가는 느낌입니다.

실험 ①

아몬드 페이스트의 시간에 따른 변화

스페인산 마르코나 아몬드와 〈에그르두스〉의 컨벡션오븐 사용. 170℃ 컨벡션오븐에 아몬드를 넣고 15분 동안 구운 뒤, 푸드프로세서에 넣고 갈아서 페이스트로 만들었다. 페이스트를 작은 병에 담고 흡착제를 함께 넣어 냄새를 모았는데, 보관은 뚜껑을 덮고 4℃ 냉장고에 넣어 보관하였다. 첫날, 3일 뒤, 7일 뒤, 1달 뒤, 2달 뒤에 「가스크로마토그래피 질량분석기」를 이용하여 각 시점의 페이스트에서 발산되는 화합물을 조사하였다. 또한 첫날과 2달 뒤의 페이스트는 「가스크로마토그래피 후각측정기」를 이용하여 스니핑(Sniffing)*을 실시하였다. 이 장치에 흡착제를 넣으면 기계 안에서 50~250℃의 열이 서서히 가해지면서, 아몬드 페이스트에 함유된 향물질이 분리되는 방식이다.

* 냄새를 실제로 맡는 것.

표① 아몬드 페이스트에 함유된 향을 기계로 분리

	유지 시간	화합물*	첫날	3일 뒤	7일 뒤	1달 뒤	2달 뒤
1	5.9	2,2-dimethyl-pentane	1.0	1.0	1.0	1.5	2.5
2	6.8	ethylacetate	1.0	1.3	7.4	2.2	1.7
3	6.9	methylalcohol	1.0	1.1	1.1	1.1	1.7
4	7.2	2-methylbutanal	1.0	1.0	0.7	1.4	0.9
5	7.3	3-methylbutanal	1.0	1.0	0.4	1.1	0.6
6	10.3	hexanal	1.0	0.8	1.1	3.7	1.8
7	11.5	1-methoxy-2-propanol	1.0	0.8	0.5	0.2	0.1
8	14.4	1-pentanol	1.0	1.0	1.2	3.0	2.3
9	15.1	2-butanone	1.0	1.1	1.4	4.0	2.6
10	15.2	methylpyrazine	1.0	1.0	1.3	3.4	2.3
11	16.2	1-hydroxy-2-propanone	1.0	0.6	1.0	1.8	1.6
12	16.7	2,5-dimethyl-pyrazine	1.0	1.0	1.7	4.9	4.3
13	16.8	2,6-dimethyl-pyrazine	1.0	1.1	1.8	5.6	4.7
14	17.1	1-hexanol	1.0	1.2	1.6	4.4	4.2
15	17.3	1-ethoxypropane	1.0	1.1	1.4	3.6	2.6
16	18.5	acetic acid, dichloro-, heptyl ester	1.0	0.5	0.6	1.1	1.2
17	20.1	acetic acid	1.0	1.6	2.2	2.9	3.8
18	21.8	pyrrole	1.0	0.6	0.7	0.8	0.9
19	22.2	benzaldehyde	1.0	1.0	1.7	4.1	4.1
20	22.2	propanoic acid	1.0	1.0	0.9	1.0	0.8
21	24.9	butyrolactone	1.0	0.8	1.4	3.4	4.1

* 데이터 베이스에서 검색한 결과.

그래프와 표를 보는 방법

「가스크로마토그래피 질량분석기」로 아몬드 페이스트에서 검출된 약 70가지 화합물(휘발성 물질) 중, 첫날~2달 뒤의 페이스트에서 공통적으로 검출된 21가지 화합물을 선택하였다. 표①은 이들 화합물 양의 변동을 표시한 것으로, 수치는 첫날 화합물의 양을 1.0으로 보고 상대치로 나타낸 것이다. 붉은색이 짙어질수록 증가하고, 파란색이 짙어질수록 감소했다는 표시이다. 그래프①은 이를 그래프로 보기 쉽게 나타낸 것으로, 가로축의 시간 경과와 함께 나타나는 화합물의 양을 파악할 수 있다. 그래프①에 표시된 번호는 표①의 왼쪽에 표시된 번호와 같다. 그래프②는 스니핑을 통해 느낀 냄새를 덧붙인 것이다. +는 느낀 것, −는 느끼지 못한 것을 나타내며, +의 수가 많을수록 냄새가 강하다는 의미이다.

그래프 ①

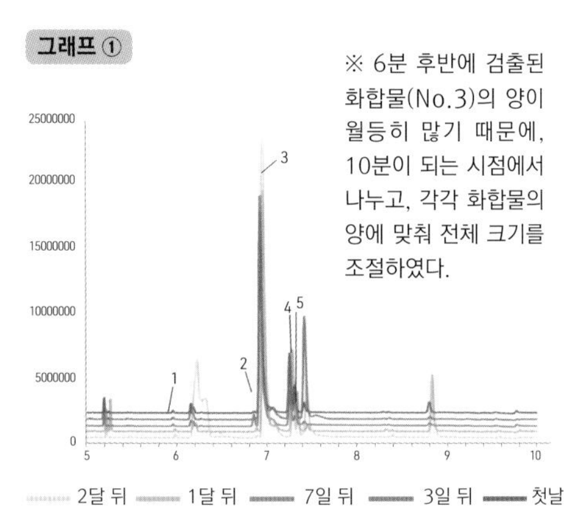

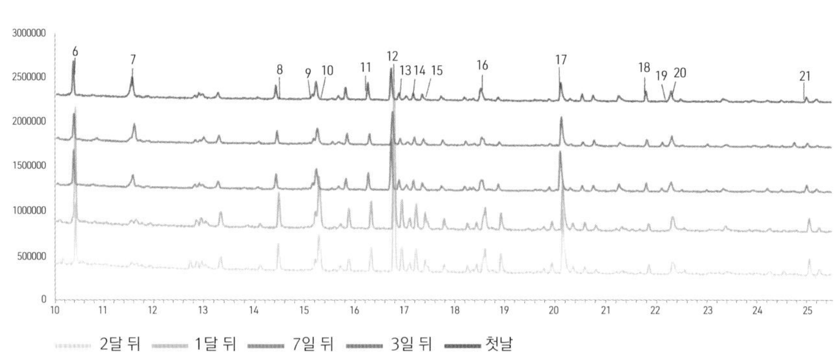

마들렌의 향 변화

도하라 실제로 아몬드를 사용하여 만드는 마들렌의 향 변화에 대해서도 분석해 보았습니다. 얼마 전, 두 분도 연구실에서 첫날 마들렌의 스니핑을 체험하셨지요.

데라이 흥미로운 체험이었습니다. 냄새를 분리해서 실제로 맡아보고, 이런 냄새의 복합체가 마들렌의 향이라는 것을 알게 되었습니다.

도하라 연구실에서는 첫날, 2일째, 3일째, 4일째, 1주일 뒤, 1달 뒤에 스니핑을 했습니다. 첫날은 그래프②(p.13)처럼 10분 정도에 감귤 냄새가 나다가, 이어서 15~16분에 견과류 냄새가 납니다. 옥수수 스낵이나 콩이 연상되는 냄새입니다.

니시노 맞습니다. 구운 옥수수처럼 매우 강한 냄새였어요.

도하라 그리고 군고구마 냄새 같으면서 살짝 풀 냄새 같은 냄새도 나고, 19분쯤에는 팝콘 같은 냄새가 났습니다.

데라이 저는 마지막의 고소한 냄새가 가장 좋았습니다.

니시노 먼저 느껴졌던 구운 옥수수 냄새와는 달리, 곡류를 태운 듯하고 단맛은 없으며 고소한 냄새였어요.

도하라 같은 냄새라도 느끼는 방식이나 표현 방식은 사람마다 다릅니다. 이 결과를 날짜별로 비교해 보면, 마지막에 나는 팝콘

그래프 ② 아몬드 페이스트의 스니핑

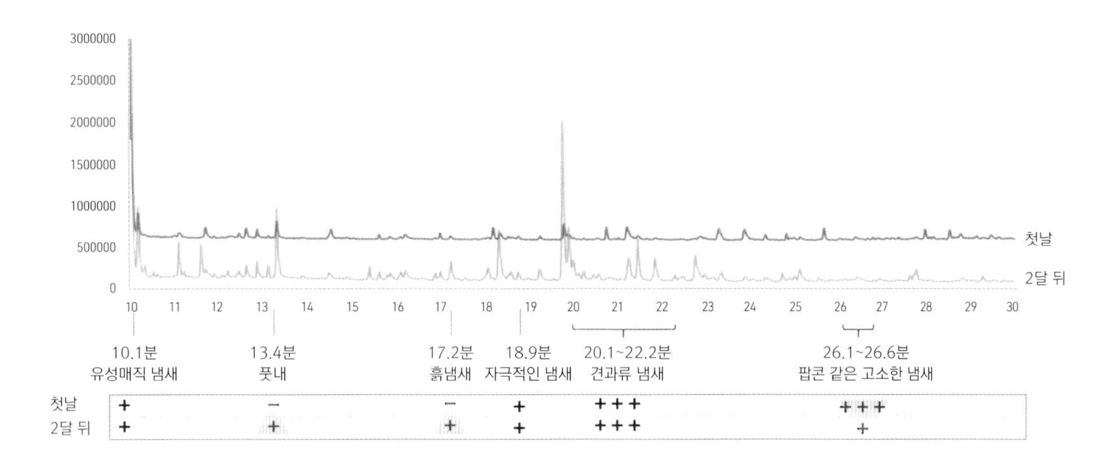

같은 좋은 냄새가 4일이 지나면 거의 사라집니다. 즉, 약 1주일 동안 점점 날아가는 향도 있고, 유지되는 향도 있습니다. 그 뒤에는 냄새에 큰 변화는 보이지 않지만, 아몬드 페이스트처럼 역시 여러 가지 물질이 나오거나 하면서 전체적으로 변해갑니다. 큰 변화는 역시 1주일 뒤까지라고 할 수 있습니다.

니시노 확실히 구운 뒤 1주일 정도면 향이 변하는 것을 실감할 수 있어요.

데라이 우리 가게에서는 탈산소제를 넣지 않기 때문에, 「신선도」를 고려하여 유통기한은 냉장 1주일입니다. 다만 매일 냄새를 맡는 것은 아니고, 어디까지나 감각적인 부분입니다. 갓 구웠을 때의 매우 강하고 좋은 향은 아니지만, 4일 동안은 향이 크게 줄지 않는 것을 느꼈습니다.

도하라 분석 결과를 보면 비록 팝콘 향은 4일째에 없어지지만, 1주일 정도까지는 갓 구운 향이 어느 정도 유지되는 것으로 보입니다. 소비자의 경우 첫날의 마들렌을 먹는 경우는 별로 없고, 기본적으로 며칠~1주일 뒤의 마들렌을 먹게 됩니다.

데라이 갓 구웠을 때는 확실히 매우 강하고 좋은 향이 나지만, 달걀 비린내 같은 잡내도 납니다. 그래서 갓 구웠을 때보다는, 식혀서 그렇게 안 좋은 향이 없어진 다음에 먹는 것이 좋지 않을까 생각합니다.

니시노 그렇지요. 며칠 지나면 더 좋은 향이 날 수도 있고, 식감도 촉촉해지는 좋은 점도 있어요.

도하라 이런 경우도 있습니다. 소비자 입장에서 느끼기에는 특히 견과류 디저트의 경우, 바로 산화되어 불쾌한 향이 나는 경우와 깨끗한 향이 그대로 유지되는 경우가 있습니다. 무엇이 다를까요?

데라이 일단 디저트를 만드는 시점에서의 견과류와 견과류 가공품의 신선도 차이가 아닐까요? 예를 들어 같은 아몬드라도 시판품을 사용하면, 어쨌든 견과류를 가공한 뒤 디저트에 사용하기까지 시간차가 크게 납니다. 그것을 이번처럼 직접 페이스트나 파우더로 만들면, 신선도가 현격히 달라집니다.

도하라 그렇군요. 시작부터 다르군요. 이번 분석에서 좋은 향이 오래 유지되고 산화취 같은 나쁜 냄새가 그다지 많이 나지 않은 것도, 애초에 신선도가 높고 향도 깨끗한 재료를 사용했기 때문이군요.

니시노 확실히 다르다고 생각합니다.

데라이 시판품은 한 번에 사용할 만큼만 구입하기 어려우므로, 결국 가게에서 보관해야 합니다. 신선도는 풍미와 직결되기 때문에, 파우더든 페이스트든 직접 견과류를 가공하여 사용하는 것이 훨씬 유리하다고 생각합니다. 좀 더 맛있는 과자를 만들기 위해서는 이 점을 중요하게 생각해야 합니다.

도하라 맞습니다, 향이 전혀 다릅니다.

향을 유지하는 보관방법

니시노 가공된 재료도 그렇고, 구운 시트나 완성된 디저트를 관리하는 방법도, 향을 유지한다는 의미에서 매우 중요합니다. 우리 가게에서는 몽블랑에 뚜껑을 덮어서 판매하고 있는데, 밤의 부드러운 향을 유지하기 위해서입니다. 또한 외부의 냄새가 배는 것을 막기 위해서이기도 하지요.

도하라 그렇군요. 그런데 여러분은 구움과자를 담는 비닐백 등은 어떤 것을 사용하나요?

니시노 우리 가게에서는 산소가 통하지 않는 폴리프로필렌 봉투를 사용하고 있습니다. 여기에 탈산소제를 넣고 기계로 밀

실험 ②

마들렌의 시간에 따른 변화

〈에그르두스〉의 마들렌 사용. 구운 뒤 실온(약 25℃)까지 식혀서 냄새를 포집(방법은 아몬드 페이스트와 동일)하였다. 보관은 작은 병에 넣어 뚜껑을 덮고 실온에서 보관하였다. 구운 첫날, 2일 뒤, 3일 뒤, 4일 뒤, 7일 뒤, 1달 뒤에 「가스크로마토그래피 후각측정기」로 스니핑을 실시하였는데, 7일 뒤와 1달 뒤의 결과는 4일 뒤와 비교해 큰 변화가 나타나지 않아서 그래프에 표시하지 않았다.

그래프 ③ 마들렌 스니핑

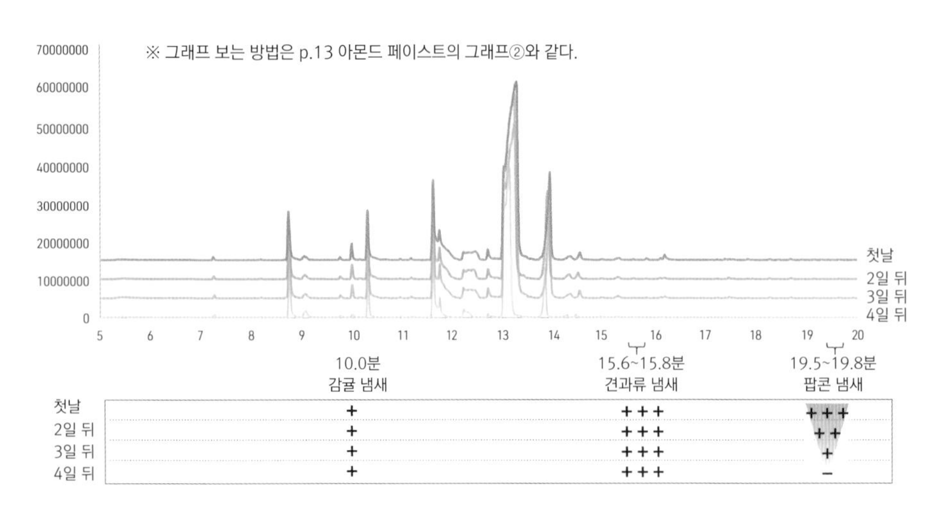

	10.0분 감귤 냄새	15.6~15.8분 견과류 냄새	19.5~19.8분 팝콘 냄새
첫날	+	+++	+++
2일 뒤	+	+++	++
3일 뒤	+	+++	+
4일 뒤	+	+++	−

〈에그르두스〉 마들렌 레시피

그래뉴당 … 1209g
달걀 … 20개
버터*1 … 1008g
박력분 … 705g
강력분 … 302g
아몬드파우더*2 … 302g
베이킹파우더 … 30g
오렌지 껍질*3 … 2.5개 분량

*1 버터는 태우지 않고 사용한다.
*2 스페인산 마르코나 품종의 생아몬드를 직접 갈아서 사용한다.
*3 잘게 간다.

폐합니다.

도하라 산소가 통하지 않으면 냄새도 통하지 않아 향이 유지되겠군요. 탈산소제는 불쾌한 냄새가 나지 않게 하는 데는 효과적이지만, 그것을 넣더라도 니시노씨처럼 산소가 통하지 않는 봉투로 밀폐하지 않는 한 향은 날아가기 마련입니다. 그렇다면 탈산소제를 넣고 밀폐하면 향이 계속 변하지 않을 것 같지만, 그렇지는 않습니다. 산화와는 별개로 여러 가지 반응이 일어나기 때문에 역시 달라집니다. 마이야르 반응처럼 숙성 반응도 일어납니다.

데라이 디저트의 좋은 풍미를 1주일 이상 유지해야 할 때는, 이처럼 보관방법이 중요합니다. 온도를 낮게 유지하는 것도 중요하다고 생각합니다. 디저트나 재료를 보관하는 온도가 낮으면 향도 잘 유지할 수 있지 않나요? 예를 들어 영하 20℃ 정도의 냉동고처럼.

도하라 물론 온도가 낮으면 상온에서보다 냄새가 잘 날아가지 않는다고 할 수 있습니다. 하지만 영하 20℃ 정도에서 냄새는 자유롭게 움직일 수 있어서, 확실히 날아갑니다. 날아갈 뿐 아니라, 냉장고나 냉동고 냄새도 배어듭니다. 냉장고나 냉동고 냄새를 제거하려면 활성탄이 가장 간단하고 효과적입니다.

니시노 조립식 냉동고 냄새도 신경이 쓰입니다. 여러 가지가 들어 있으니까요.

도하라 조립식 냉동고는 공기의 흐름이 크기 때문에 냄새도 흐릅니다. 오히려 완전히 밀폐된 곳이 출구가 적고 공간도 좁기

실험 ③

바닐라향을 물과 우유로 이동시키는 방법

인도산 바닐라빈 사용. 같은 양의 물과 우유에 바닐라빈 깍지와 씨를 각각 같은 분량씩 넣고, 불에 올려 끓인 뒤 걸러서 작은 병에 담아 식혔다. 이것을 「가스크로마토그래피 질량분석기」를 이용하여 분석하였다. 바닐라빈의 향이 이동한 물과 우유에서 나오는, 바닐라의 주요 향물질 「바닐린」의 양을 액상*1과 기상*2에서 각각 측정하여 비교하고, 같은 실험을 3번 실시하여 물과 우유 각각의 평균값을 산출하였다.

*1 여기서는 물 또는 우유의 액체 부분을 말한다.
*2 여기서는 작은 병 속의 공기 부분을 말한다.

그래프④ 물과 우유로 이동한 「바닐린」의 양

그래프 보는 방법
왼쪽은 바닐라빈의 향이 밴 물과 우유, 각각의 액상에 함유된 바닐린의 양을 면적값으로 표시한 것이다. 오른쪽은 바닐라빈의 향이 밴 물과 우유를 담은 작은 병 속의 공기에 함유된 바닐린의 양을 면적값으로 표시한 것이다. 실험은 3번 실시하였고 그래프는 평균값이다.

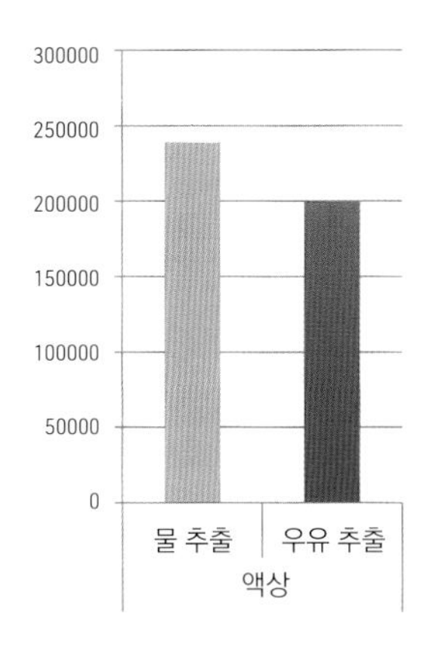

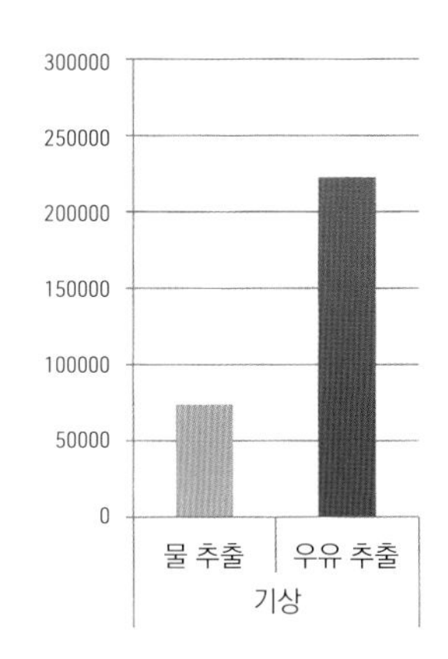

때문에 냄새가 더 잘 뱁니다.

데라이 그러면 랩으로 싸거나 일반 지퍼백에 넣어서 냉동고에 보관해도, 냄새를 유지하는 효과는 거의 없나요?

도하라 맞아요. 모두 냄새를 통과시키니까요. 알루미늄포일로 싸면 냄새는 통과하지만, 금속이온의 효과로 나쁜 냄새가 배는 것을 방지하는 효과는 있습니다.

데라이 냉동고에 넣어두면 괜찮을 줄 알았는데, 아니군요. 냄새에 대한 개념이 근본부터 틀렸네요.

바닐라 향의 이동방법

도하라 이번에는 재료의 향을 추출하는 실험으로, 물로 바닐라 향을 추출한 경우와 우유로 추출한 경우의 차이를 비교하였습니다. 결과는 실험을 3번 실시한 뒤 평균값을 표시한, 위의 그래프④로 확인할 수 있습니다. 그래프를 보면 액체 속에 추출된 바닐린, 즉 바닐라 향의 주요 성분인 향물질의 양은 거의 같은 것으로 나타났습니다. 지방은 냄새를 쉽게 흡착하기 때문에 물보다 지방을 함유한 우유에서 더 많이 추출될 것으로 예상했는데 아니었습니다. 그런데 병 속의 공기에 함유된 향물질은, 우유로 추출한 쪽이 훨씬 많았습니다.
아마도 물로 추출한 것은 바닐라에서 나온 향물질이 액체 속에 뭉쳐서 갇혀 있는 것으로 생각됩니다. 반면, 우유로 추출한 것은 우유에 지방이 함유되어 있기 때문에, 향물질이 따로 분리되어 향이 잘 나는 것으로 추측됩니다.

니시노 음, 그렇게 설명하니 이해가 되네요.

데라이 확실히 지방과 관계가 있는 것 같아요. 물에 바닐라빈을 넣고 거품기로 섞어도, 덩어리가 되어 좀처럼 흩어지지 않습니다.

니시노 즉, 우리가 일반적으로 사용하는 바닐라 사용법이 과학적으로 맞는 것이군요. 바닐라를 추출할 때는 대부분 지방 성분이 있는 것과 섞으니까요.

도하라 그쪽이 향이 더 잘 난다는 것입니다. 젤리나 시럽은 향이 잘 나지 않고. 반대로 생각하면 물로 추출하는 경우에는 향이 갇혀 있어서, 나중에 서서히 향이 나고 오래 지속되는 면이 있을지도 모르겠습니다. 어쨌든 이번 추출 결과는 저에게는 예상 밖이었습니다. 하지만 현장에서 일하는 분들의 감각과 일치하는 결과라면 맞는 것이겠지요.

니시노 지금까지 경험을 바탕으로 깊이 생각하지 않고 하던 일들을 과학적으로 분석해 주셔서, 올바른 방법이라고 인정받은 기분입니다. 보관방법을 비롯하여 여러 가지 면에서 사고의 범위가 넓어져 공부가 되었습니다.

데라이 그렇습니다. 일상적으로 하던 작업과 연결됩니다.

도하라 우리 같은 과학자들은 자연의 섭리를 명확하게 밝히기 위해 노력하고, 그것이 밝혀지면 기쁩니다. 파티시에 여러분은 그러한 자연의 섭리를 자연스럽게, 경험적으로 이용하고 있습니다. 왜 그렇게 하는지에 대해서는 생각하지 않고 무의식적으로 하는 일일 수도 있지만, 의미가 있고 맞는 일을 하고 있습니다. 그렇게 일치한다는 것을 알게 되어 매우 기쁩니다. 맛있는 음식이 만들어지는 것은, 과학적으로도 올바르고 가장 좋은 조건이 선택된 것이라고 생각합니다.

향기로운 디저트의 매력

향과 맛을 연결하는 방법

도하라 가즈시게 [東原 和成]

도쿄대학 대학원 농학생명과학연구과
응용생명화학전공 생화학연구실 교수

피에르 에르메(Pierre Hermé)

1961년 프랑스 콜마르 출생으로, 〈르노트르〉에서 제과를 배운 뒤 26세에 〈포숑〉의 셰프 파티시에로 취임하였다. 〈라뒤레〉를 거쳐, 98년에 도쿄 기오이쵸 호텔 뉴오타니에 〈피에르 에르메 파리〉를 오픈하였다. 현재 프랑스를 중심으로 10여 개국에서 매장을 운영 중이다.

디저트에서 향의 역할

도하라 에르메씨는 디저트의 향을 어떻게 생각하시나요?

에르메 디저트의 향에는 여러 단계가 있다고 생각합니다. 먼저 구울 때 등과 같이 만들 때 나는 향입니다. 만드는 사람에게는 진행 상황의 기준이 되지만, 만드는 과정 중에 나는 향이기 때문에 소비자는 기본적으로 맡을 수 없습니다. 그리고 가게에 진열된 디저트는 거의 향을 발산하지 않지만, 입안에서 느껴지는 향은 디저트를 먹는 기쁨에서 큰 비중을 차지합니다.
맛을 내기 위해서는 향이 중요합니다. 그 증거로 감기에 걸리면 음식을 입에 넣어도 맛도 향도 느낄 수 없습니다. 혀는 짠맛, 단맛, 신맛, 쓴맛 등의 기본적인 맛은 느끼지만, 예를 들어 장미나 리치 등의 섬세한 풍미는 느낄 수 없습니다.

도하라 그렇습니다. 과학적으로 말하면, 향과 맛은 상승효과와 억제효과로 상호작용합니다. 향은 맛을 확실하게 만드는 역할을 합니다. 감기에 걸렸을 때 향과 동시에 맛도 알 수 없게 되는 것은, 향이 미각의 윤곽을 확실하게 만들어 주는 역할을 하기 때문입니다. 맛은 기본적으로 5가지(짠맛, 단맛, 신맛, 쓴맛, 감칠맛)밖에 없지만, 디저트에서 나는 향은 수백 가지나 되는 여러 가지 향물질이 섞여 있으므로 그 폭이 넓습니다. 그래서 디저트의 경우 입안에 넣은 뒤에 느껴지는 「뒷향」이 맛을 다양하게 만들어 줍니다.

에르메 디저트는 먹는 동안 풍미가 달라지는 경우도 많아요.

도하라 디저트의 향에서 가장 특징적인 것은 시간차에 따른 향의 변화라고 생각합니다. 단단함이나 식감이 다른 파트가 여러 개의 층을 이루고, 그것이 씹어서 부서지는 순서대로 향도 납니다. 또한 입속에 넣어서 온도가 올라가면서 나는 향도 있습니다. 침과 섞여서 반응하거나 pH(페하)가 변하는 등, 과학적 변화에 의해서도 향이 나는 방식이 달라집니다. 입에 넣고 씹어서 삼켜도, 그 뒤의 여운으로 여러 가지 향이 느껴집니다. 이런 것이 디저트의 맛이자 매력이라고 생각합니다.

에르메 디저트를 만들 때는 맛, 텍스처, 온도 등을 고려하여 상상하면서 구성합니다. 먹고 난 뒤의 온도 변화는 매우 중요한 요소라고 생각하는데, 예를 들면 진한 크렘 옹크튀외 쇼콜라(Crème Onctueuse Chocolat)의 경우 실온과 냉장에서 텍스처도 다르고 받는 느낌도 전혀 다릅니다. 또한 설탕의 배합이 달라지면 같은 온도로 먹어도 전혀 다른 느낌을 받습니다. 저는 전체의 맛을 살리기 위해 설탕을 사용하고 있습니다.

도하라 확실히 설탕의 양도 향이 나는 방식과 느낌에 영향을 줍니다. 단맛도 향을 살려주고, 향도 단맛을 살리는 상승효과가 있어요.

에르메 향은 먹는 사람이 가진 이미지를 연상시켜 감동으로 이어지기도 합니다. 특히 여러 재료를 조합하여 생기는 향은 구체적인 이미지를 만들기 쉬워요. 예를 들어 레몬, 오렌지플라워

이스파한

Ispahan

장미, 프랑부아즈, 리치의 화려한 향이 조화를 이룬 마카롱

1997년에 발표된 피에르 에르메의 대표작 중 하나이다. 장미 오일과 시럽을 넣은 향긋한 버터크림에 리치 콩포트를 조합하고, 핑크빛 마카롱 셸 사이에 끼워 넣었다. 가장자리는 신선한 프랑부아즈.

워터, 꿀을 조합하면 동양적인 이미지가 생깁니다. 이러한 이미지는 개인이 태어나고 자란 지역의 문화와 지금까지의 경험이 바탕이 됩니다.

제가 만든 일종의 「기호」는 먹는 사람에 따라 달라질 수 있습니다. 예를 들어 다크 초콜릿과 미소된장의 조합은 프랑스인과 일본인이 받는 느낌이 다릅니다. 즉, 제가 구체적인 이미지를 만들었다고 해도, 먹는 사람은 태어난 장소, 환경, 문화 등에 따라 저와는 다른 이미지를 가질 수도 있습니다.

도하라 그렇습니다. 과학적으로 보아도 맞아요. 향의 「신호」는 머릿속의 기억이나 정동(분노, 슬픔, 두려움 등과 같이 일시적으로 급격하게 생기는 강한 감정)을 담당하는 부분에, 시각이나 청각보다 빨리 입력됩니다. 그래서 향과 기억은 매우 깊이 연결되어 있습니다. 향을 느꼈을 때 무슨 향인지 몰라도 기억과 연결되면, 향과 기억이 연결된 기쁨이 정동을 움직여서 기분 좋은 상태가 됩니다. 이미지가 기억과 연결되는 것이지요.

에르메 사실 저는 「개인의 문화」와 「복수의 문화(=출신지 등에 의한 문화)」, 그리고 복수의 맛과 향이라는 테마로도 접근하고 싶습니다. 과학, 민속학, 철학 등 다양한 관점에서 풍미를 추구하면, 새로운 발견을 하게 될지도 모릅니다.

도하라 연구자들도 지금 개인의 후각수용체 유전형, 음식문화, 경험이라는 데이터를 베이스로, 그 사람의 감성이나 기분을 흔드는 향을 제공하려고 시도하는 중입니다. 빅데이터를 모으고 AI 등을 사용하여 맞춤형으로 만들고 싶습니다.

에르메 굉장히 폭넓고 흥미로운 주제입니다. 계속 연구해도 끝이 없겠어요.

이스파한의 향

도하라 이번에는 에르메씨의 디저트 중 2가지를 살펴보았습니다. 첫 번째는 장미, 리치, 프랑부아즈로 만든 생과자 「이스파한」입니다. 먼저 TDS(Temporal Dominance of Sensations)라는, 시간 경과에 따라 향이 어떻게 변해가는지 살펴보는 관능평가(그림①)를 실시하였습니다. 직접 맛을 보니 리치, 프랑부아즈의 순서로 향이 느껴지고, 그런 다음 씹으니까 서서히 장미 향이 나면서 리치와 장미의 향이 기분 좋게 섞입니다. 그리고 프랑부아즈의 신맛이 단맛의 윤곽을 살려주고, 마지막으로 아몬드의 향과 고소한 풍미, 단맛이 느껴집니다. 시간 경과에 따라 여러 재료의 향이 「시간차 공격」으로 찾아옵니다. 이것이 이스파한 향의 특징이라고 생각했습니다. 장미와 리치의 향이 단맛과 신맛을 뚜렷하게 만들어줘서, 매우 깊은 맛이 느껴집니다.

에르메 매우 흥미로운 분석입니다. 사실 이 분석 방법은 제가 맛이나 향을 생각하는 방법에 가깝습니다. 저도 맛이나 향을 상상하거나 표현하고 싶은 것을 생각할 때, 맛의 농담이나 신맛, 단맛, 향이라는 부분을 이런 방법으로 생각하고, 시간 경과에 따라 어떻게 변할지 생각합니다. 무의식적으로 하는 일도 있고, 의식적으로 하는 일도 있습니다.

도하라 이번에는 「가스크로마토그래피 후각측정기」라는 기계도 사용하여 어떤 향물질이 포함되어 있는지도 분석하였습니다. 먼저 재료인 프랑부아즈, 리치, 장미의 향을 각각 분석하

분석 방법

대상은 「이스파한」과 「마카롱 자르뎅 데 포에트(Macaron Jardin des Poètes)」. 먼저 도하라 교수가 시식한 뒤 관능평가를 실시하였다. 그런 다음 「가스크로마토그래피 후각측정기」를 사용하여, 2개의 디저트에서 각각 중심이 되는 재료의 향 성분을 분석하였다. 이스파한은 신선한 프랑부아즈, 리치 콩포트, 장미 오일, 마카롱은 시로미소와 생레몬을 사용하였다. 그리고 자른 상태와 으깬 상태에서 이스파한의 향 성분도 조사하였다.

그림① 이스파한의 관능평가

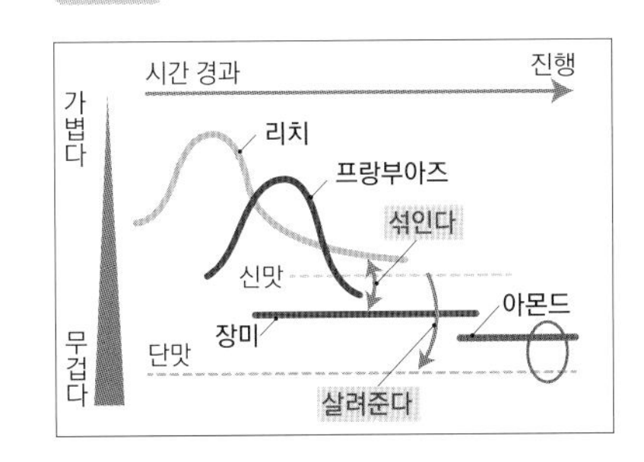

도하라 교수의 평가. 처음에는 리치 향, 다음은 프랑부아즈 향이 느껴지며 서서히 장미 향이 퍼진다. 리치와 장미는 향이 섞여서 느껴지며, 프랑부아즈의 신맛이 디저트의 단맛을 살려준다. 마지막으로 마카롱에서 비롯된 아몬드 향, 고소한 맛, 단맛이 느껴진다.

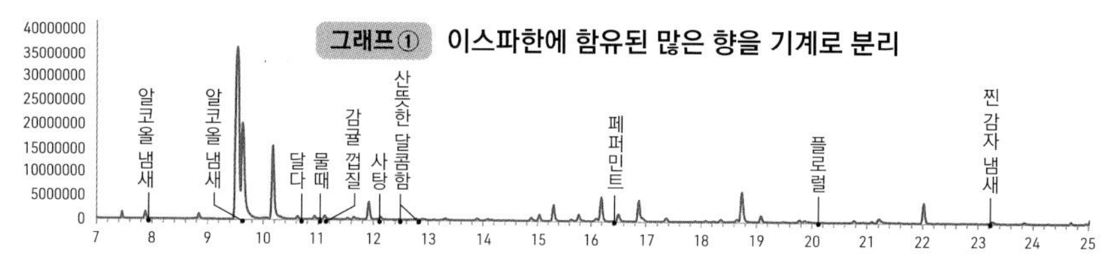

그래프① 이스파한에 함유된 많은 향을 기계로 분리

유지 시간	느낀 냄새	장미	리치	프랑부아즈
7.8	알코올 냄새	○	○	○
9.6	알코올 냄새	○	○	○
10.6	달다			○
11	물때	○	○	○
11.5	감귤 껍질		○	○
12.1	사탕	○	○	○
12.4	산뜻한 달콤함			○
12.7	산뜻한 달콤함		○	○
16.4	페퍼민트	○	○	○
20.1	플로럴	○	○	
23.2	찐 감자 냄새	○	○	○
33.3	플로럴	○	○	

「가스크로마토그래피 후각측정기」를 이용하여 시간별로 분리되어 나온 이스파한의 향을 분석하였다. 또한 실제로 향을 느낀 시점의 구체적인 향의 예를 기록하여, 3가지 중심 재료 중 어느 것에서 유래되었는지를 조사하였다. 그래프①은 이스파한을 고형 상태 그대로, 그래프②는 씹은 것처럼 으깬 상태로 분석한 것이다. 장미에 비해 가벼운 프랑부아즈의 향이 전반부에 나오고, 고형일 때보다 으깼을 때 향물질의 종류가 증가한 것을 알 수 있다.

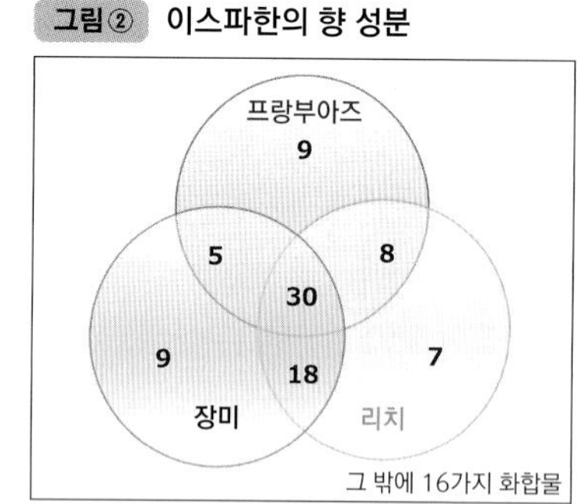

그림② 이스파한의 향 성분

이스파한에서 발산되는 화합물의 수를 조사하였다. 원 안의 숫자는 프랑부아즈, 장미, 리치 각각에서 유래된 화합물 수를 나타낸다. 원이 겹쳐진 부분의 숫자는 겹쳐진 재료에 공통된 화합물 수이다. 그림②는 이스파한을 고형 상태 그대로, 그림③은 으깬 상태로 분석한 것이다. 리치와 장미에는 공통된 성분이 많으며, 으깬 쪽이 장미 향이 많이 방출된다는 것을 알 수 있다.

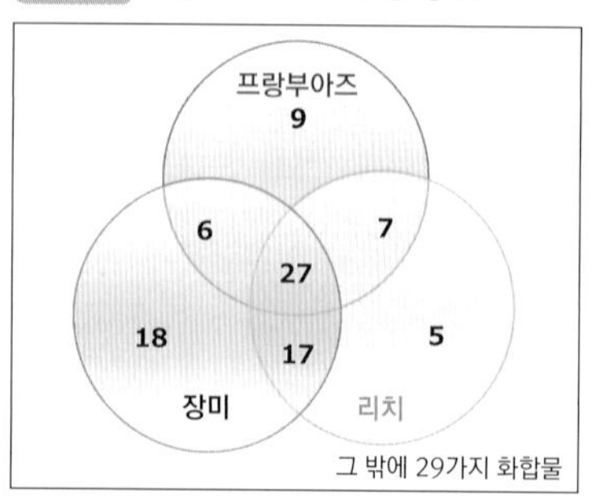

그림③ 으깬 이스파한의 향 성분

그래프② 으깬 이스파한의 향을 기계로 분리

유지 시간	느낀 냄새	장미	리치	프랑부아즈
9.6	알코올 냄새	○	○	○
10.6	달다			○
11.5	감귤 껍질	○	○	○
12.1	사탕, 달다	○	○	○
13.2	산뜻한 풀냄새	○		
16.1	낡은 카펫	○	○	○
16.4	페퍼민트	○	○	○
16.9	산뜻한 달콤함	○		
18.9	생버섯	○	○	
20.1	플로럴	○	○	
20.7	흙냄새	○	○	
21.2	흙 비린내	○	○	○
22.4	비누	○		
23.2	찐 감자 냄새	○	○	○
25.5	감귤 껍질		○	
33.3	플로럴	○	○	

주요 풍미는 장미, 리치, 프랑부아즈.

여 공통점을 알아봤더니, 리치와 프랑부아즈보다 리치와 장미의 공통점이 많다는 것을 알았습니다. 다음으로 이스파한을 으깨서 분석하자 장미 향이 증가하였습니다. 이것은 아마 크림이 입안에서 녹을 때 나는 향일 것입니다. 으깨야 비로소 이 향이 나온다는 것은, 조금 전에 이야기한 TDS에서 씹고 나서 서서히 장미 향이 난다는 의견과도 일치합니다.

에르메 이스파한은 불가리아와 일부 지역에서 먹던 장미에서 힌트를 얻어서 만든 프랑부아즈 & 장미 디저트가 베이스입니다. 이 디저트를 만들고 10년 정도 지났을 때, 직감적으로 리치가 잘 어울릴 것 같아서 리치를 넣어 완성하였습니다. 이 3가지 재료의 향 요소에 연결된 부분이 있나요?

도하라 마리아주에 대해 이야기하면 조화나 덧셈 등 밸런스는 여러 가지가 있는데, 이스파한은 리치와 장미의 향이 섞여서 서로를 잘 살려주는 느낌입니다. 반면 프랑부아즈와 리치, 그리고 프랑부아즈와 장미는 서로의 향이 주인공으로 전면에 부각되는 느낌입니다. 관능평가와 분석을 보아도 서로 잘 어울리는 조합입니다.

에르메 사실 1987년에 만든 이스파한의 베이스가 된 프랑부아즈 & 장미 디저트는 별로 인기가 없었습니다. 그러다가 지금의 이스파한으로 바꾸고 2000년대 초에 큰 인기를 얻게 되었어요. 30~40년 전에는 프랑스에서도 장미 등 꽃의 향을 음식에 더하는 일이 드물었습니다. 그런 부분을 서서히 받아들이게 된, 문화적 변화와도 관계가 있다고 생각합니다.

마카롱 자르뎅 데 포에트의 향

도하라 다음은 시로미소와 레몬으로 만든 「마카롱 자르뎅 데

마카롱 자르뎅 데 포에트

Macaron jardin des poètes

시로미소 × 레몬으로 산뜻한 풍미와 깊이 있는 감칠맛을 표현

2017년에 기간 한정으로 판매된 「시인들의 정원」을 뜻하는 이름을 가진 마카롱. 화이트 초콜릿과 생크림에 레몬즙과 껍질, 부드러운 시로미소를 섞은 크림을 마카롱 셸 사이에 넣었다.

그림④ 마카롱 자르뎅 데 포에트의 관능평가

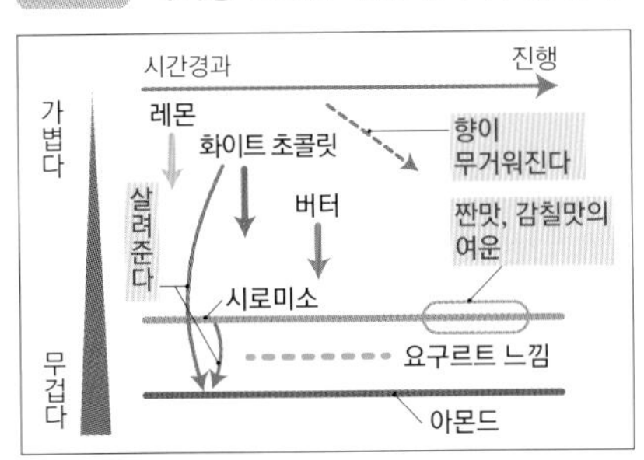

도하라 교수의 평가. 향보다 맛의 측면이 강하기 때문에, 풍미 측면에서 평가하였다. 아몬드의 풍미를 바탕으로 레몬, 화이트 초콜릿, 버터의 풍미가 순서대로 느껴지고, 후반부에 요구르트 같은 풍미가 나타난다. 시로미소의 짠맛과 감칠맛은 처음부터 느껴지지만, 여운이 더 강하게 남는다.

그림⑤ 마카롱 자르뎅 데 포에트의 향 성분

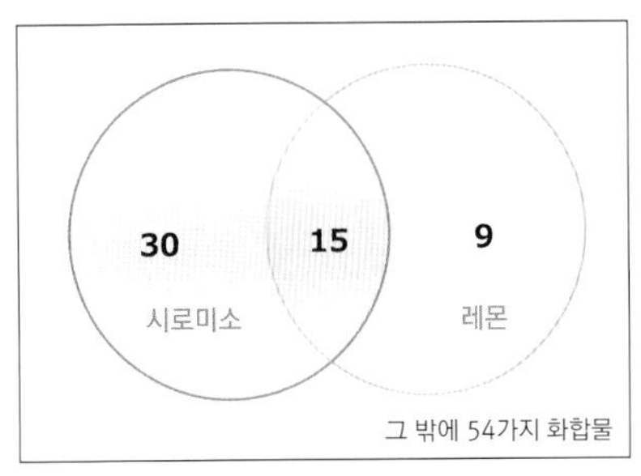

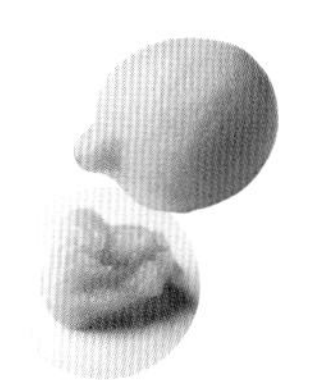

주요 풍미는 레몬과 부드러운 시로미소.

마카롱 자르뎅 데 포에트에서 발산되는 화합물의 수를 조사하였다. 원 안의 숫자는 시로미소와 레몬 각각에서 유래된 화합물 수를 나타낸다. 원이 겹쳐진 부분의 숫자는 양쪽 재료에 공통된 화합물 수이다. 분석은 고형 상태 그대로 실시하였다. 레몬에 비해 시로미소에서 유래된 성분이 많은 것을 알 수 있다.

포에트」를 분석한 결과인데, 향이라기 보다는 미각적인 특징이 강하게 나타납니다. TDS에서도 짠맛과 감칠맛 측면이 매우 강하다고 생각하였습니다. 아몬드 향이 베이스에 있으면서 처음에는 레몬, 다음은 화이트 초콜릿, 버터로 가벼운 것에서 점점 무거운 것으로 향이 옮겨갑니다. 중간에 요구르트 같은 풍미도 느꼈습니다. 여운으로는 주요 재료인 시로미소의 짠맛과 감칠맛이 이어집니다. 시로미소의 짠맛과 감칠맛을 살리기 위해 다른 향이 있는 것으로 저는 평가하였습니다. 「가스크로마토그래피 후각측정기」로도 분석하였지만, 향이라는 측면에서는 이스파한과 같이 알기 쉬운 결과가 나오지 않았기 때문에, 미각적 측면의 특징이 강한 것이라고 생각했습니다.

에르메 저는 시로미소의 맛을 매우 좋아해서, 예전부터 디저트에 사용하고 싶다고 생각하였습니다. 단맛과 짠맛의 균형이 훌륭하다고 생각합니다. 처음에는 다크 초콜릿과 조합하였지만, 나중에는 화이트 초콜릿, 레몬과 조합하였습니다. 화이트 초콜릿은 우유 같은 향과 단맛 외에는 그다지 많은 풍미가 느껴지지 않는 재료이므로, 레몬이나 미소의 풍미를 받쳐주기 위해 사용하고 있습니다. 레몬은 신맛, 쓴맛, 단맛을 살리고 싶을 때 사용하는데, 이 마카롱에서는 쓴맛을 많이 내지 않고 신맛을 살려서 균형을 맞추었습니다. 시로미소의 발효 향에는 크게 주목하지 않았지만, 흥미로운 향이었기 때문에 살짝만 느낄 수 있을 정도로 조합하였습니다. 발효 향과 레몬 향은 서로의 신맛을 잘 살려준다고 생각합니다.

도하라 일본의 유자미소와 비슷한 아이디어네요.

에르메 미소는 요리 분야에서는 다양하게 활용되지만, 달콤한 디저트에서는 거의 사용된 적이 없습니다. 저는 시로미소의 단맛을 디저트로 표현하고 싶었습니다.

도하라 저는 에르메씨의 디저트는 향이 특별하고 포인트 역할을 하는 것이 특징이라고 생각했습니다. 그런데 향이 미각에 영향을 주는 부분을 제대로 파악하고 있다는 것을 알게 되어 감동했습니다.

에르메 저와는 다른 관점에서 저의 디저트를 깊이 생각해 주셔서, 앞으로 작품을 만들때 큰 도움이 되겠습니다. 과학과 문화가 만나면 서로가 새로운 발견을 할 수 있겠다는 생각이 듭니다.

쿠푸아수 & 그라비올라 향

생포니

Symphonie

파티스리 쇼콜라트리 마 프리에르

Pâtisserie Chocolaterie Ma Prière

남미 원산의 「아마존 과일」이 개성을 뽐낸다. 가나슈에 사용하는 브라질 토메아수산 카카오에서 아이디어를 얻어, 같은 브라질산 그라비올라의 요구르트 같은 향과 쿠푸아수의 독특한 풍미를 화이트 초콜릿의 부드러운 우유 맛으로 감싸고, 카카오 펄프(과육)의 리치 같은 향을 살짝 더했다. 망고의 진한 과일 느낌과 다크 초콜릿으로 가벼움과 무거움의 균형을 맞췄다. 사루다테 히데아키 셰프는 「개성이 강한 재료는 화이트 초콜릿의 부드러운 우유 맛과 향으로 완화시켜, 깔끔한 뒷맛으로 완성하는 경우가 많습니다」라고 설명한다.

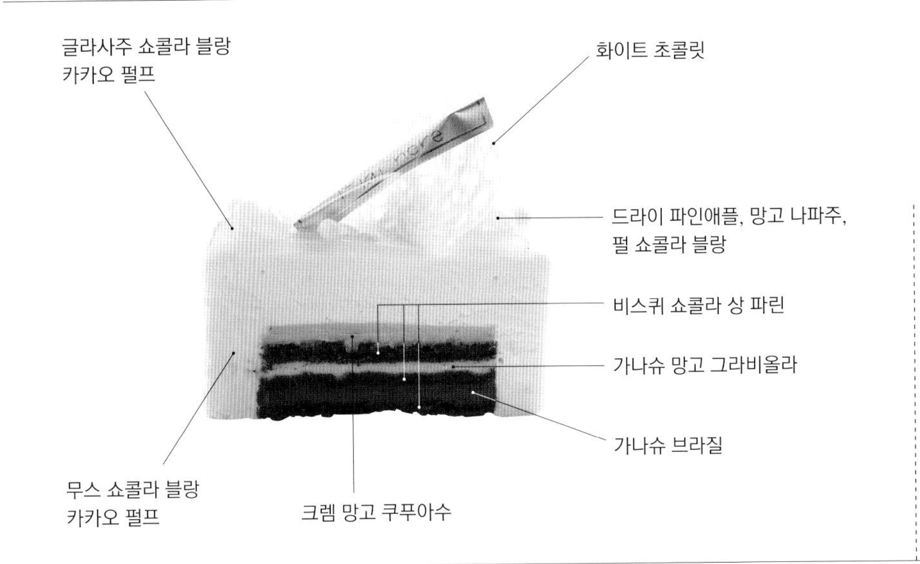

POINT

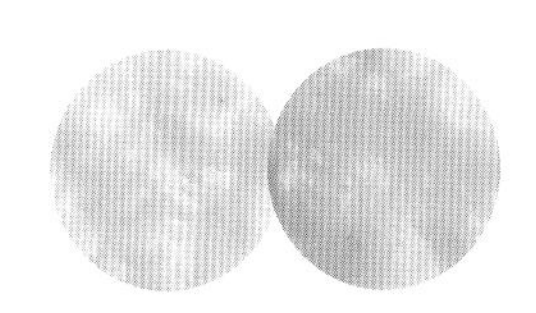

쿠푸아수 & 그라비올라 퓌레

젖산 계열의 향이 나는 그라비올라와 달콤상큼하고 독특한 향이 있는 쿠푸아수 퓌레를 사용한다. 모두 남미산 과일이다.

| 재료 |

비스퀴 쇼콜라 상 파린

〈84개 분량〉

달걀흰자 … 540g
그래뉴당 … 540g
달걀노른자 … 360g
카카오파우더*1 … 180g
다크 초콜릿(카카오 70%)*2 … 적당량

*1 체로 친다.
*2 템퍼링한다.

가나슈 브라질

〈84개 분량〉

카카오 펄프 … 500g
다크 초콜릿(메이지 「그린 카카오」 카카오 62%) … 500g

가나슈 망고 그라비올라

〈84개 분량〉

망고 퓌레 … 200g
그라비올라 퓌레 … 200g
꿀(백화꿀) … 50g
화이트 초콜릿(Carma 「뉘 블랑슈」)* … 500g
요구르트 … 50g
망고 리큐어 … 50g

* 녹인다

크렘 망고 쿠푸아수

〈84개 분량〉

생수 … 360g
한천가루(이나 식품공업 「이나겔 코르넬」) … 50g
그래뉴당 … 250g
생크림(유지방 40%) … 100g
망고 퓌레 … 165g
쿠푸아수 퓌레 … 175g
망고 리큐어 … 10g

무스 쇼콜라 블랑 카카오 펄프

〈84개 분량〉

카카오 펄프 … 1035g
증점제(잔탄검) … 20g
젤라틴 매스*1 … 125g
가당 달걀노른자 … 300g
그래뉴당 … 75g
화이트 초콜릿(Carma 「뉘 블랑슈」)*2 … 400g
생크림(유지방 35%) … 1500g

*1 젤라틴가루와 물을 1:5의 비율로 섞어서 불린 것.
*2 녹여서 45℃로 조절한다.

글라사주 쇼콜라 블랑 카카오 펄프

〈만들기 쉬운 분량〉

카카오 펄프 … 100g
물엿(하야시바라 「할로덱스」) … 400g
젤라틴 매스* … 10g
화이트 초콜릿(Carma 「뉘 블랑슈」) … 130g

* 젤라틴가루와 물을 1:5의 비율로 섞어서 불린 것.

완성

화이트 초콜릿(장식용)* … 적당량
식용 글리터 … 적당량
망고 나파주 … 적당량
드라이 파인애플 … 적당량
펄 쇼콜라 블랑 … 적당량

* 녹인다

| 만드는 방법 |

비스퀴 쇼콜라 상 파린

1 믹싱볼에 달걀흰자와 그래뉴당을 넣고, 휘퍼로 떴을 때 뿔이 뾰족하게 서는 상태까지 중속으로 휘핑한 뒤, 다시 저속으로 2분 정도 휘핑한다.
2 볼에 달걀노른자를 넣고 1의 일부를 넣어 거품기로 섞는다. 1의 믹싱볼에 다시 옮겨서 80~90% 정도 섞일 때까지 손으로 섞는다.
3 카카오파우더를 넣고 덩어리가 없어질 때까지 스크레이퍼로 섞는다.
* 카카오파우더는 머랭과 달걀노른자가 완전히 섞이기 직전에 넣는다. 넣는 타이밍이 지나치게 빠르거나 지나치게 늦으면, 구울 때 반죽이 잘 부풀지 않는다.
4 오븐시트를 깐 53㎝ × 38㎝ 오븐팬 3개에 3을 1/3씩 붓고, L자 팔레트 나이프로 빠르게 편다.
* 기포를 최대한 살리기 위해, 가능하면 손을 많이 대지 않는다.
5 200℃ 컨벡션오븐에서 9분 동안 굽는다. 완성되면 오븐팬을 제거하고 철망 위에 올려, 그대로 실온에서 한 김 식힌다.
6 사방 가장자리를 2.5㎝씩 잘라 48㎝ × 33㎝로 만든다.
7 1장의 구운 면에 다크 초콜릿을 바른다.
* 초콜릿을 지나치게 얇게 바르면 부서지기 쉽고, 지나치게 두껍게 바르면 식감이 좋지 않으므로 알맞은 두께로 바른다.

가나슈 브라질

1 냄비에 카카오 펄프를 넣고 중불로 끓인다.
2 볼에 다크 초콜릿을 넣는다. 1을 3~4번에 나눠서 넣고, 넣을 때마다 거품기로 천천히 섞어서 유화시킨다.
3 스틱 믹서로 섞어서 균일하고 매끄러운 상태로 만든다.
* 식감을 부드럽게 만들기 위해 묽은 상태로 OK. 30℃ 이하가 되면 분리되므로 30℃ 이하로 내려가지 않도록 주의한다.

가나슈 망고 그라비올라

1 냄비에 망고 퓌레와 그라비올라 퓌레를 넣고 불에 올려서, 데워지면 꿀을 넣고 거품기로 섞는다.
2 녹인 화이트 초콜릿을 볼에 넣은 뒤 1을 2~3번에 나눠서 넣고, 넣을 때마다 잘 섞어서 유화시킨다.
3 요구르트와 망고 리큐어를 넣고 고무주걱으로 섞는다.
4 스틱 믹서로 섞어서 고르고 매끄러운 상태로 만든다.

크렘 망고 쿠푸아수

1 냄비에 생수와 한천가루를 넣고 불에 올려서, 끓으면 그래뉴당을 넣고 거품기로 섞으면서 걸쭉해질 때까지 5분 정도 가열한다.
2 생크림을 넣고 섞은 뒤 불을 끈다.
3 2를 볼에 옮기고 망고 퓌레와 쿠푸아수 퓌레를 넣어 섞는다. 그대로 잠시 두고 한 김 식힌다.
4 망고 리큐어를 넣고 스틱 믹서로 섞어서 고르게 만든다.

조립1

1 작업판 위에 48㎝ × 33㎝ × 높이 5㎝ 틀을 올리고, 초콜릿을 바른 비스퀴 쇼콜라 상 파린을 초콜릿을 바른 면이 아래로 가게 넣는다.
2 1에 가나슈 브라질을 붓고 스크레이퍼로 평평하게 편다. 판째로 살짝 흔들어 공기를 뺀다.
3 비스퀴 쇼콜라 상 파린 1장을 구운 면이 아래로 가도록 겹쳐 올린 뒤, 작업판 등으로 살짝 눌러준다. 냉동고에 넣고 차갑게 식혀서 굳힌다.
4 3에 가나슈 망고 그라비올라를 붓고, 스크레이퍼로 평평하게 편다. 판째로 흔들어서 공기를 뺀다.
5 3과 같은 작업을 반복한다.
6 5에 크렘 망고 쿠푸아수를 붓고 스크레이퍼로 평평하게 편다. 냉동고에 넣고 차갑게 식혀서 굳힌다.

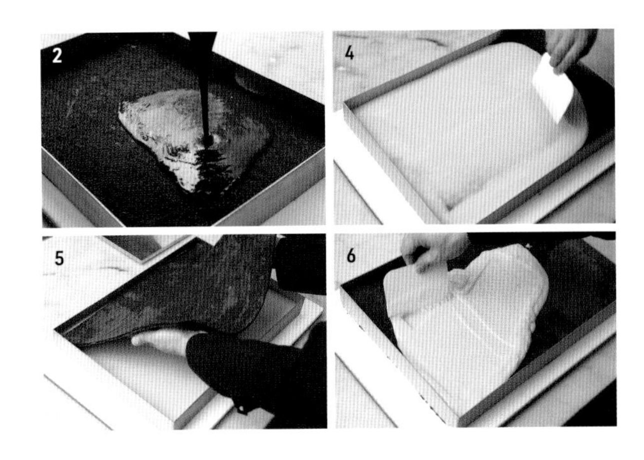

무스 쇼콜라 블랑 카카오 펄프

1 냄비에 카카오 펄프와 증점제를 넣고 스틱 믹서로 간다. 불에 올려 한소끔 끓인 뒤 불을 끄고, 젤라틴 매스를 넣어 거품기로 골고루 섞어서 녹인다.
* 젤라틴을 넣을 경우에는 체로 거르는 것이 일반적이지만, 카카오 펄프의 섬유질을 살리기 위해 거르지 않고 사용한다.
2 볼에 가당 달걀노른자와 그래뉴당을 넣고 거품기로 섞는다.
3 2에 1을 조금 넣고 섞은 뒤 다시 1의 냄비에 옮기고, 84℃까지 가열하여 2분 정도 더 익힌다.
* 84℃로 가열한 뒤 다시 2분 정도 더 익히면 형태를 오래 유지할 수 있다.
4 볼에 옮겨서 얼음물을 받친 뒤 저으면서 36℃로 조절한다.
5 다른 볼에 45℃로 조절한 화이트 초콜릿을 넣고, 4를 조금씩 넣으면서 거품기로 섞는다.
6 다른 볼에 생크림을 넣고 거품기로 60% 휘핑한다. 온도는 10℃ 정도.
* 거품기 자국이 남고 볼을 흔들면 그 자국이 사라지는 정도가 기준이다.
7 5에 6의 일부를 넣고 스틱 믹서로 섞는다. 나머지 6을 넣고 최대한 기포가 꺼지지 않도록 고무주걱으로 바닥에서부터 퍼올리듯이 섞는다. 완성 온도는 22~25℃.

글라사주 쇼콜라 블랑 카카오 펄프

1 냄비에 카카오 펄프와 물엿을 넣고 끓인다. 불을 끄고 젤라틴 매스를 넣어 거품기로 골고루 섞어서 녹인다.

* 단맛이 지나치게 강하지 않고 일반 물엿보다 가열했을 때 색이 덜 변하는, 트레할로스로 만든 물엿을 선택한다.

2 볼에 화이트 초콜릿을 넣고 **1**을 넣어 섞는다.

3 스틱 믹서로 섞어서 유화시킨다.

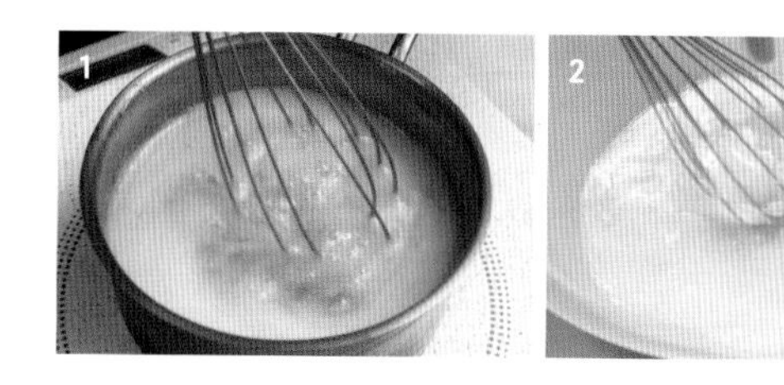

조립2·완성

1 〈조립1〉에서 사각형틀을 제거한 뒤 작업판에 가로로 길게 놓고, 세로로 칼을 넣어 6.5㎝ 폭으로 자른다(7개).

2 **1**을 1개씩 가로로 길게 놓고 양끝을 5㎜씩 잘라서, 32㎝ × 9㎝ × 높이 5㎝ 사각형틀 가운데에 넣는다.

3 무스 쇼콜라 블랑 카카오 펄프를 사각형틀에 가득 붓고, 팔레트 나이프로 빈틈이 없도록 골고루 편 뒤, 윗면을 평평하게 정리한다. 냉동고에 넣고 차갑게 식혀서 굳힌다.

* 냉동하면 전체가 살짝 가라앉기 때문에, 무스를 넉넉하게 넣어야 보기 좋게 완성할 수 있다.

4 비닐랩을 깐 트레이에 철망을 올리고, **3**의 사각형틀을 제거한 뒤 올린다. 글라사주 쇼콜라 블랑 카카오 펄프를 뿌리고, L자 팔레트 나이프로 평평하게 편다. 작업판에 옮겨서 냉동고에 넣고 차갑게 식혀서 굳힌다.

5 작업대에 OPP 시트를 깐다. 녹인 화이트 초콜릿을 코르네에 넣고, OPP 시트 위에 작은 원이 조금씩 겹치게 짜서, 사진처럼 둥근 모양을 만든다. 그대로 실온에 두고 굳힌 뒤, 식용 글리터를 뿌리고 키친타월 등으로 살짝 문질러서 윤이 나게 만든다.

6 **4**를 가로로 길게 놓고 양쪽 끝을 자른다. 폭이 2.5㎝가 되도록 세로로 자른다(12조각).

7 코르네에 망고 나파주를 넣고 윗면에 나선모양으로 짠다.

8 드라이 파인애플로 장식하고, 위에 망고 나파주를 짠다. **5**와 펄 쇼콜라 블랑으로 장식한다.

타이베리 향

에클레르 자르디나주

Éclair Jardinage

료라

Ryoura

타이베리의 장미 같은 향을 잘 살리기 위해, 깊은 맛이 있는 피스타치오를 조연으로 선택하였다. 매끄러운 무스와 과일 맛이 풍부한 콩피튀르로 만든 타이베리의 꽃 향과 달콤짭조름한 맛을, 피스타치오 바바루아와 크렘 샹티이의 부드러운 풍미가 밀어 올린다.「향을 제대로 살리고 싶을 때, 풍미를 응축시킨 줄레나 콩피튀르를 사용하는 경우가 많습니다」라는 것이 스가마타 료스케 셰프의 설명이다. 입안에서 천천히 풀어지는 콩피튀르의 화려한 향이 여운으로 남는다. 신선한 딸기도 타이베리의 풍미를 살려준다.

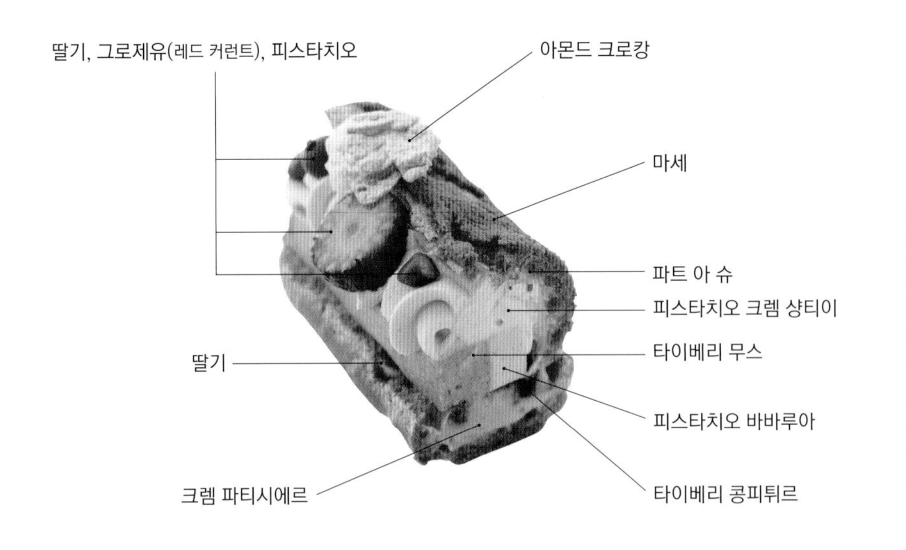

POINT

타이베리 퓌레

타이베리는 프랑부아즈와 블랙베리의 교배종이다. 장미를 연상시키는 화려하고 고급스러운 향이 특징이며 풍미도 강하다.

| 재료 |

마세

〈만들기 쉬운 분량〉
강력분…370g
그래뉴당…300g
버터*1…300g
색소(레드)*2…적당량

※ 재료는 모두 차갑게 식혀둔다.
*1 1.5㎝ 크기로 깍둑썬다.
*2 레드 2호와 레드 102호 색소가루를 각각 4배 분량의 물에 녹인 뒤 1:1 비율로 섞는다.

파트 아 슈

〈약 24개 분량〉
우유…150g / 물…150g
버터…150g / 그래뉴당…10g
소금…3g
박력분…180g
달걀…약 350g

크렘 파티시에르

〈약 20개 분량〉
우유…300g
생크림(유지방 45%)…100g
바닐라빈*1…1/4개
달걀노른자…95g
그래뉴당…95g
옥수수전분*2…10g
커스터드파우더…20g

*1 깍지에서 씨를 긁어낸다. 깍지도 사용한다.
*2 체에 친다.

타이베리 콩피튀르

〈약 46개 분량〉
그래뉴당…100g
펙틴…4g
레몬즙…15g
타이베리 퓌레…250g

타이베리 무스

〈114개 분량〉
베리 크렘 앙글레즈
달걀노른자…200g
그래뉴당…220g
물…45g
딸기 퓌레…140g
그로제유 퓌레…45g
타이베리 퓌레…360g
판젤라틴*…14g
생크림(유지방 35%)…450g

* 찬물에 불린다.

피스타치오 크렘 샹티이

〈약 10개 분량〉
생크림A(유지방 35%)…100g
생크림B(유지방 45%)…200g
사탕수수 설탕…24g
피스타치오 페이스트*…9.5g

* Babbi 「피스타치오 페이스트」와 Tabata 「피스타치오 슈퍼 그린 페이스트」를 1:1 비율로 섞는다.

피스타치오 바바루아

〈114개 분량〉
크렘 앙글레즈
우유…515g
바닐라빈*1…2.5g
달걀노른자…195g
그래뉴당…165g
판젤라틴*2…19g
생크림(유지방 35%)…455g
피스타치오 페이스트*3…40g

*1 깍지에서 씨를 긁어낸다. 씨만 사용한다.
*2 찬물에 불린다.
*3 Babbi 「피스타치오 페이스트」와 Tabata 「피스타치오 슈퍼 그린 페이스트」를 섞는다. 배합 비율은 풍미와 색감의 균형을 고려하여 조절한다.

조립·완성

〈1개 분량〉
아몬드 크로캉*…적당량
나파주(접착용)…적당량
딸기(둥글게 썰기)…약 8조각
피스타치오(2등분)…1.5개
그로제유…1개

* 아몬드 슬라이스 100g(만들기 쉬운 분량, 이하 동일)에 보메 30도 시럽 28g을 넣어 버무리고, 슈거파우더 56g을 조금씩 추가하여 섞는다. 스푼으로 조금씩 떠서 오븐팬에 올리고, 155℃ 컨벡션오븐에서 10~12분 정도 굽는다. 장식하기 직전 차거름망을 이용하여 슈거파우더를 적당히 뿌린다.

| 만드는 방법 |

마세

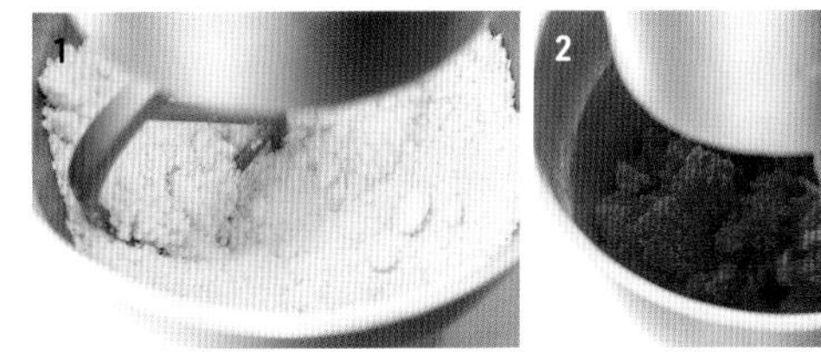

1 믹싱볼에 강력분, 그래뉴당, 버터를 넣고, 버터가 골고루 보슬보슬해질 때까지 비터를 사용하여 저속으로 섞는다.

2 색소를 넣고 한 덩어리가 될 때까지 섞는다.

* 색소를 여러 번에 나눠 넣으면서 색감을 조절한다.

3 필름을 붙인 트레이에 **2**를 올리고 위에서 필름을 1장 더 씌운 뒤, 밀대로 밀어서 2㎜ 두께로 만든다.

4 12㎝ × 2㎝ 직사각형으로 잘라서 나눈다.

파트 아 슈

1 냄비에 우유, 물, 버터, 그래뉴당, 소금을 넣고 가열한다. 버터가 녹으면 주걱으로 섞는다.

2 보글보글 끓으면 일단 불을 끄고, 박력분을 넣어 날가루가 없어질 때까지 거품기로 섞는다.

* 수분이 필요 이상 날아가지 않도록 불을 끈다.

3 중불에 올려서 걸쭉해지고 냄비 바닥에 막이 생길 때까지, 주걱으로 저으면서 가열한다.

* 주걱으로 끊임없이 저어서 가루를 완전히 익혀야 구울 때 보기 좋게 부풀어 오른다.

4 믹싱볼에 **3**을 넣고 믹서에 비터를 끼운 뒤, 저속으로 섞어서 한 김 식힌다.

5 볼에 달걀을 넣고 거품기로 풀어준다. 시누아로 걸러서 덩어리 없이 잘 풀어준다.

* 달걀을 체로 걸러서 풀어주면 잘 섞인다.

6 **4**에 **5**를 3~4번에 나눠서 넣고 섞는다.

* 달걀물이 완전히 섞이기 전에 다음 달걀물을 넣으면, 전체가 골고루 잘 섞인다. 지나치게 섞으면 유지성분이 흘러나와 분리되기 쉽다.
* 상태를 확인하여 넣는 달걀물의 양을 조절한다.

7 주걱으로 떴을 때 천천히 떨어지고, 주걱에 남은 반죽이 사진처럼 삼각형이 될 때까지 섞는다. 따뜻할 때 **8**의 작업을 진행한다.

8 지름 15㎜ 둥근 깍지를 끼운 짤주머니에 **7**을 넣고, 오븐팬에 길이 12㎝(약 40g) 막대 모양으로 짠다. 냉동고에 넣고 차갑게 식혀서 굳힌다.

9 **8**에 마세 반죽을 올리고 윗불·아랫불을 모두 190℃로 예열한 데크오븐에 넣어 30분 정도 구운 뒤, 윗불·아랫불을 모두 170℃로 낮춰서 30분 정도 더 굽는다.

* 처음 30분 동안 반죽을 충분히 팽창시키고, 다음 30분 동안 수분을 완전히 날린다.

크렘 파티시에르

1 냄비에 우유, 생크림, 바닐라빈을 넣고 불에 올려서 끓기 직전까지 가열한다. 거품기로 살짝 섞고 뚜껑을 덮은 뒤, 불을 끄고 10분 동안 그대로 둔다.

* 생크림을 넣으면 덩어리도 생기지 않고, 매끄러운 상태가 되며, 감칠맛도 더해진다.

2 볼에 달걀노른자와 그래뉴당을 넣고 거품기로 섞는다.

3 옥수수전분과 커스터드파우더를 넣고 섞는다.

4 **3**에 **1**의 1/2을 넣고 섞은 뒤 다시 **1**의 냄비에 옮겨서 섞는다.

5 **4**를 시누아로 걸러서 볼에 옮기고, 불에 올려 거품기로 저으면서 가열한다. 점점 걸쭉해지던 크림이 살짝 묽어지고 윤기가 나면 불을 끈다.

* 가끔 볼을 돌려주면 잘 섞인다.

6 **5**에 얼음물을 받치고 고무주걱으로 저으면서 20℃ 정도로 조절한다. 비닐랩을 깐 트레이에 붓고, 비닐랩을 안쪽으로 접듯이 싸서 냉장고에 넣고 식힌다.

* 얼음물로 단숨에 식히면 수분이 날아가서 묽어지지 않는다.

타이베리 콩피튀르

1 용기에 그래뉴당과 펙틴을 넣고 섞는다.
* 펙틴을 그래뉴당과 섞은 뒤 액체에 넣으면 덩어리지지 않는다.

2 냄비에 레몬즙과 타이베리 퓌레를 넣고 중불에 올려, 45℃까지 가열한다.

3 2에 1을 넣고 거품기로 섞는다. 끓으면 1분 정도 그대로 졸인다.
* 그래뉴당을 한꺼번에 넣으면 일단 온도가 내려가서, 온도가 올라갈 때 수분이 날아가기 때문에 조금씩 넣어서 온도를 천천히 올린다.

4 뜨거울 때 트레이에 붓는다. 주걱으로 얇게 펴서 식힌다.
* 김을 완전히 빼서 농도를 올린다.

5 깊이가 있는 용기에 4를 넣고 스틱 믹서로 섞어서 매끄럽게 만든다.

피스타치오 바바루아

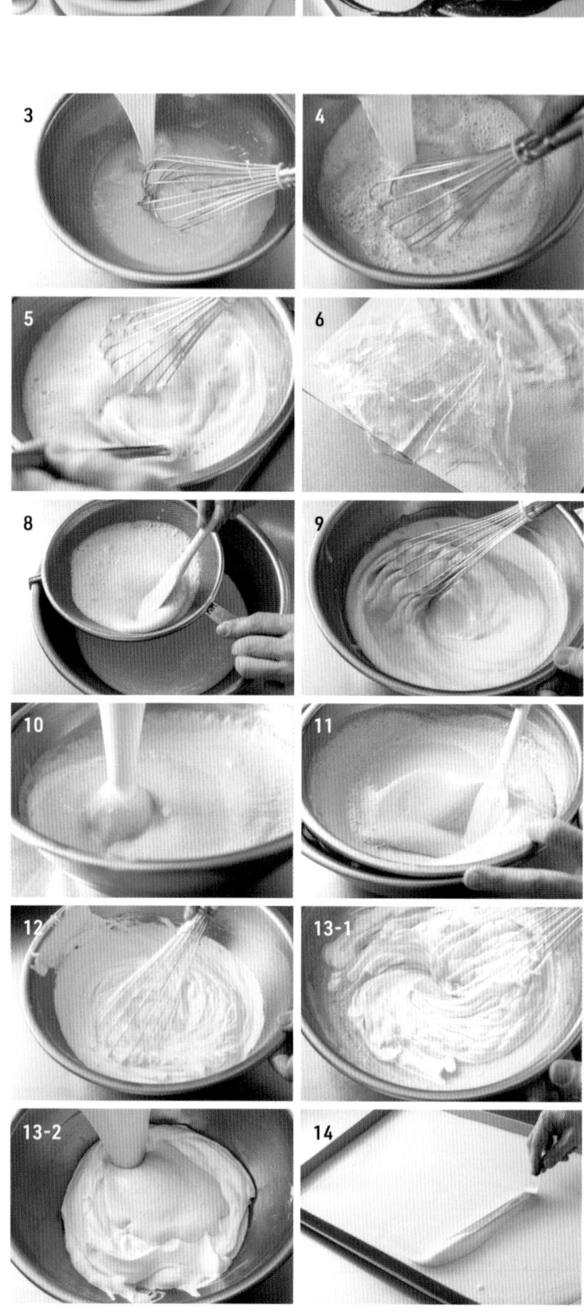

1 크렘 앙글레즈를 만든다. 냄비에 우유와 바닐라빈 씨를 넣고 약불에 올려 끓기 직전까지 가열한다.

2 볼에 달걀노른자와 그래뉴당을 넣고 거품기로 섞는다.

3 2에 1을 1/3 정도 넣고 섞는다.
* 골고루 섞어서 베이스를 만든다.

4 3에 1의 나머지를 넣고 섞는다.

5 4를 약불에 올려 거품기로 저으면서, 수분을 날려 졸이는 느낌으로 익힌다. 82℃가 되면 불에서 내린다.

6 찬물에 불린 판젤라틴을 1~2장씩 키친타월로 감싸서 물기를 제거한다.
* 키친타월로 물기를 완전히 제거한다.

7 5에 6을 넣고 섞어서 녹인다.

8 시누아로 걸러서 볼에 옮긴다.
* 제대로 걸러야 매끄러워진다. 달걀 껍질 등 이물질이 들어가는 것도 막을 수 있다.

9 다른 볼에 피스타치오 페이스트를 넣고 고무주걱으로 섞은 뒤, 8의 1/2을 조금씩 여러 번에 나눠서 넣고 섞는다. 중간에 거품기로 바꿔서 저으면, 덩어리가 잘 생기지 않는다. 다시 8의 볼에 옮겨서 섞는다.
* 피스타치오 페이스트의 1/2을 크렘 앙글레즈와 섞어서 나머지 크렘 앙글레즈와 비슷한 농도로 만들면, 양쪽을 섞었을 때 전체가 빠르게 골고루 섞인다.

10 스틱 믹서로 골고루 잘 섞어서 충분히 유화시킨다.

11 얼음물을 받치고 고무주걱으로 저으면서 24~26℃로 만든다.

12 다른 볼에 생크림을 넣고 거품기로 80% 휘핑한다. 냉장고에 30분 정도 넣어두고 10~11℃로 조절한 뒤, 다시 거품기로 살짝 섞는다.
* 냉장고에 30분 정도 넣어두고 전체를 안정시킨다. 물이 생겨도 13을 진행하기 전에 거품기로 섞어주면 상태를 유지할 수 있다.

13 11에 12의 1/2을 넣고 거품기로 섞는다. 다시 12의 볼에 옮겨서 18~19℃까지 고무주걱으로 섞는다.
* 18~19℃가 작업하기 좋다.

14 필름을 붙인 알루미늄 트레이에 57㎝ × 37㎝ 사각형틀을 놓고 13을 부은 뒤, L자 팔레트 나이프로 평평하게 편다. 냉동고에 넣고 차갑게 식혀서 굳힌다.

타이베리 무스

1 베리 크렘 앙글레즈를 만든다. 볼에 달걀노른자와 그래뉴당을 넣고 거품기로 섞는다.
2 1에 물을 넣고 섞는다.
3 딸기 퓌레와 그로제유 퓌레를 넣고 섞는다.
4 3을 약불에 올려 거품기로 저으면서 수분을 날려 졸이는 느낌으로 가열한다. 82℃가 되면 불에서 내린다.
5 찬물에 불린 판젤라틴을 1~2장씩 키친타월로 감싸서 물기를 뺀다.
6 4에 5를 넣고 섞어서 녹인다. 시누아로 걸러서 다른 볼에 옮긴다.
7 6에 타이베리 퓌레를 넣고 거품기로 섞는다.
8 얼음물을 받치고 저으면서 24~26℃로 만든다.
9 다른 볼에 생크림을 넣고 거품기로 80% 휘핑한다. 냉장고에 넣고 30분 정도 식혀서 10~11℃로 조절하고, 다시 거품기로 살짝 휘핑하여 굳기를 고르게 만든다.
10 8에 9의 1/3을 넣고 거품기로 섞는다. 다시 9의 볼에 옮기고 고무주걱으로 섞는다.
* 대강 섞은 뒤 고무주걱으로 바꿔서 섞는다.
11 사각형틀에 부어 차갑게 굳힌 피스타치오 바바루아에 10을 붓는다. L자 팔레트 나이프로 평평하게 편 뒤, 냉동고에 넣고 차갑게 식혀서 굳힌다.

피스타치오 크렘 샹티이

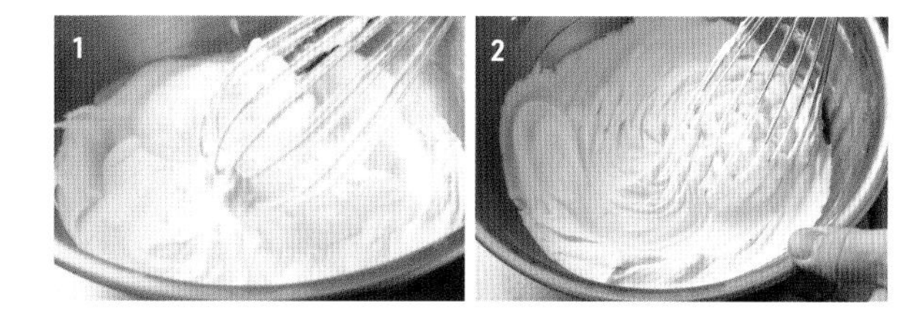

1 볼에 생크림A, 생크림B, 사탕수수 설탕을 넣고 거품기로 70% 휘핑한다.
2 볼에 피스타치오 페이스트를 넣고 1을 조금 넣어 섞는다. 다시 1의 볼에 옮기고 거품기로 섞는다.

조립·완성

1 파트 아 슈는 가운데보다 조금 위쪽에 빵칼을 수평으로 넣어 가른다.
2 지름 15㎜ 둥근 깍지를 낀 짤주머니에 크렘 파티시에르를 넣고, 아래쪽 파트 아 슈에 30g 정도씩 짠다.
* 파트 아 슈 높이와 같아지도록, 빈 공간을 채우는 느낌으로 짠다.
3 코르네에 타이베리 콩피튀르를 넣어서, 2의 크림 파티시에르 속에 묻히도록 2줄(약 8g)을 짠다.
4 둥글게 썬 딸기를 6조각 정도 올린다.
5 겹쳐서 차갑게 굳힌 피스타치오 바바루아와 타이베리 무스를 냉동고에서 꺼낸 뒤, 사각형틀 옆면을 토치로 녹여서 틀을 분리한다. 11.5㎝ × 1.5㎝ 직사각형으로 잘라서 나눈다.
6 4에 5를 올려서 포갠다.
7 7발 별모양 깍지를 끼운 짤주머니에 피스타치오 크렘 샹티이를 넣고, 6의 피스타치오 바바루아 위에 작은 원을 그리듯이 짠다.
8 피스타치오 크렘 샹티이 위에 걸치듯이 위쪽 파트 아 슈를 올리고, 손가락으로 살짝 눌러준다.
9 아몬드 크로캉 뒷면에 나파주를 살짝 발라서, 위쪽 파트 아 슈 가장자리에 2개씩 붙인다. 피스타치오 크렘 샹티이에 둥글게 썬 딸기 2조각, 2등분한 피스타치오 3조각, 그로제유 1개를 올려서 장식한다.

칼라만시 향

둘세 아시드

Dulce Acide

트레 칼름

TRÈS CALME

블론드 초콜릿, 다크 초콜릿, 그리고 동남아시아 원산 칼라만시의 조합. 향과 신맛이 인상적인 칼라만시를 깊은 맛이 있는 크림으로 만들어 존재감을 살리고, 이 크림을 넣은 크렘 샹티이를 곁들여 상큼한 향이 돋보인다. 칼라만시의 향과 신맛이 블론드 초콜릿으로 만든 가나슈의 단맛과 은은한 짠맛을 감싸서, 입안에서 매끄럽게 녹는 동시에 진한 풍미를 깔끔한 뒷맛으로 바꿔준다. 기무라 다다히코 셰프는 「맛의 주인공은 초콜릿, 향의 주인공은 칼라만시라는 의외성을 노렸습니다」라고 설명한다.

POINT

칼라만시 퓌레

칼라만시는 동남아시아의 감귤류로, 오키나와산 시콰사를 닮은 신맛과 산뜻한 향이 특징이다. Sicoly의 퓌레를 사용한다.

| 재료 |

파트 사블레 바니유

〈만들기 쉬운 분량〉

버터*1 … 805g
그래뉴당*2 … 330g
바닐라슈거*2·3 … 43g
소금 … 4g
달걀노른자*4 … 118g
아몬드파우더*5 … 430g
강력분*5 … 550g
박력분*5 … 455g
밀크 초콜릿(Valrhona 「바히베 락테」 카카오 46%)*6 … 적당량

*1 포마드 상태로 만든다.
*2 섞는다.
*3 그래뉴당과 말려서 분쇄한 바닐라 껍질을 5:1 비율로 섞은 것.
*4 실온에 둔다.
*5 각각 체로 쳐서 섞는다.
*6 템퍼링해서 30℃ 정도로 조절한다.

가나슈 둘세

〈약 25개 분량〉

생크림(유지방 35%) … 500g
전화당 … 39g
블론드 초콜릿(Valrhona 「둘세」) … 430g
다크 초콜릿(Valrhona 「P125 쾨르 드 과나하」) … 112g

크렘 칼라만시

〈약 50개 분량〉

달걀노른자 … 121g
그래뉴당 … 258g
칼라만시 퓌레(Sicoly) … 500g
박력분*1 … 21g
옥수수전분*1 … 21g
판젤라틴*2 … 5g
버터*3 … 255g

*1 섞는다.
*2 찬물에 불린다.
*3 실온에 둔다.

크렘 샹티이 칼라만시

〈약 50개 분량〉

생크림(유지방 43%) … 500g
그래뉴당 … 40g
크렘 칼라만시 … 200g

완성

〈1개 분량〉

피스톨레 쇼콜라*1 … 적당량
초콜릿 판*2 … 1장

*1 다크 초콜릿(Valrhona 「카라크」 카카오 56%)과 카카오버터를 1:1 비율로 섞어서 녹인 뒤, 35~40℃로 조절한 것.
*2 다크 초콜릿(Valrhona 「카라크」 카카오 56%)을 두께 0.8㎜ 정도로 민 뒤, 지름 4㎝ 틀로 찍어서 굳힌 것.

| 만드는 방법 |

파트 사블레 바니유

1 믹싱볼에 버터, 미리 섞어둔 그래뉴당과 바닐라슈거, 소금을 넣고, 믹서에 비터를 끼워서 하얗게 변할 때까지 중속으로 섞는다.
* 바닐라 알갱이가 부분적으로 뭉치지 않도록 주의한다.
2 달걀노른자를 한 번에 넣고 전체를 고르게 섞는다. 중간에 볼 안쪽에 붙은 반죽을 떼어낸다.
3 섞어둔 아몬드파우더, 강력분, 박력분을 넣고, 가루가 날리지 않도록 저속으로 섞는다. 대충 섞이면 중속으로 바꾸고 날가루가 없어질 때까지 섞는다.
* 수분은 달걀노른자가 거의 전부여서 파사삭 부서지는 가벼운 식감을 낼 수 있지만, 바닥 역할도 해야 하므로 지나치게 약해지지 않게 강력분을 배합한다. 충분히 섞어서 글루텐 양을 늘리고 바삭한 식감도 표현한다.
4 골고루 섞이도록 스크레이퍼로 바닥에서부터 퍼올리듯이 섞어서 한 덩어리로 만든다.
5 비닐랩으로 싸서 3㎝ 두께의 정사각형으로 정리한 뒤, 냉장고에 하룻밤 넣어둔다.
6 덧가루(분량 외)를 뿌리고 밀대 또는 롤러를 사용하여 3㎜ 두께로 밀어서, 지름 6㎝ 틀로 찍는다.
* 바삭한 식감을 내기 위해 두껍게 민다.
7 타공 실리콘 매트를 깐 오븐팬에 가지런히 놓고 포크로 구멍을 낸다.
8 뎀퍼를 연 150℃ 컨벡션오븐에 넣고 13분 정도 굽는다. 그대로 실온에서 식힌다.
9 구운 면에 솔로 밀크 초콜릿을 얇게 바른다.
* 눅눅해지는 것을 막고 밀크 초콜릿의 풍미도 더해준다.

가나슈 둘세

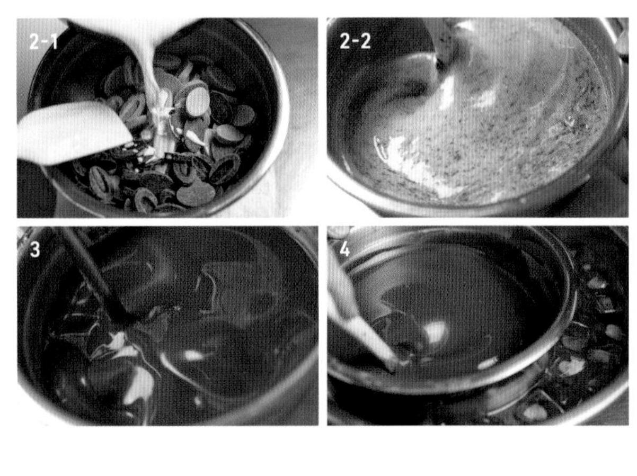

1 냄비에 생크림과 전화당을 넣고 가열한다.
2 볼에 블론드 초콜릿과 다크 초콜릿을 넣고 1을 넣어, 고무주걱으로 천천히 섞는다.
* 가능한 한 공기가 들어가지 않게 주의한다.
3 스틱 믹서로 매끄러운 상태가 될 때까지 섞어서 충분히 유화시킨다.
4 얼음물을 받치고 고무주걱으로 저으면서 한 김 식힌다.

조립1

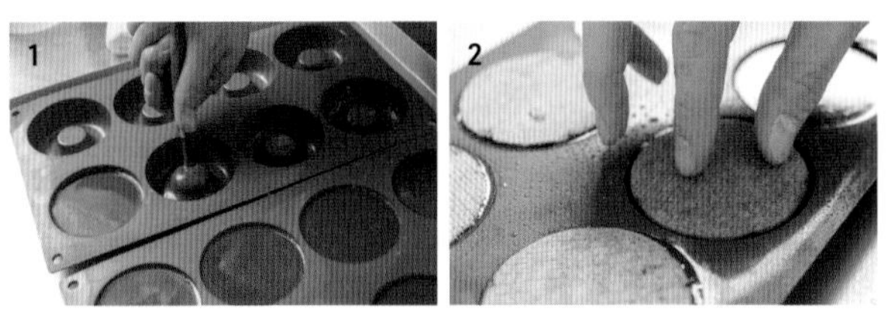

1 가나슈 둘세를 짤주머니에 넣고 끝부분을 가위로 잘라서, 지름 6.5㎝ × 높이 2.5㎝ 사바랭틀에 90% 정도 차도록 짠다.
2 파트 사블레 바니유를 밀크 초콜릿을 바른 면이 아래로 가도록 1에 올린 뒤, 손가락으로 살짝 누른다. 냉동고에 넣고 속까지 완전히 냉동한다.

크렘 칼라만시

1 볼에 달걀노른자와 그래뉴당을 넣고 거품기로 섞는다.
* 칼라만시 퓌레의 신맛에 맞게 단맛을 강하게 만들기 위해 그래뉴당을 많이 넣는다. 달걀노른자와 그래뉴당이 잘 섞이지 않으면, 고무주걱으로 반죽하듯이 섞는 것이 좋다.

2 구리 냄비에 칼라만시 퓌레를 넣고 불에 올려서 한소끔 끓인다.
* 지나치게 익히면 향이 날아가므로, 보글보글 끓이지 말고 끓으면 바로 불을 끈다.

3 1에 2를 조금 넣고 거품기로 섞는다.
* 그래뉴당은 많고 수분은 적기 때문에 퓌레를 넣어 수분을 보충하면, 4에서 넣는 박력분과 옥수수전분이 잘 섞이고 나머지 퓌레도 빨리 섞인다.

4 박력분과 옥수수전분 섞은 것을 넣고 가루가 날리지 않게 천천히 섞는다.

5 나머지 2를 넣고 섞는다.

6 시누아로 거르면서 다시 2의 구리냄비에 옮긴다.

7 6을 중불로 끓인다. 점성이 있는 큰 거품이 올라오고 전체가 걸쭉해질 때까지, 거품기로 저으면서 가열한다.
* 살균을 위해 충분히 끓을 때까지 가열한다. 그래뉴당의 양이 많으므로, 카라멜리제되지 않도록 계속 거품기로 젓는다.

8 볼에 옮겨서 판젤라틴을 넣고 고무주걱으로 섞어서 녹인다.

9 얼음물을 받쳐서 40℃로 조절한다.
* 40℃는 10에서 넣는 버터가 완전히 녹지 않고 포마드 상태를 유지하면서 섞이는 온도.

10 버터를 3~4번에 나눠서 넣고 거품기로 섞는다.
* 버터를 한 번에 넣으면 온도가 단숨에 떨어져서 잘 섞이지 않는다.

11 스틱 믹서로 매끄러운 상태가 될 때까지 잘 섞는다.
* 전체가 균일한 상태가 되면 OK. 지나치게 오래 섞으면 스틱 믹서의 열이 전달되어 버터가 녹아서 풀어진다.

12 얼음물을 받쳐서 고무주걱으로 떴을 때 주르륵 떨어지고, 떨어진 자국이 잠시 뒤에 사라질 정도가 될 때까지 가끔씩 저으면서 식힌다.

크렘 샹티이 칼라만시

1 볼에 생크림과 그래뉴당을 넣고 거품기로 90% 휘핑한다.

2 다른 볼에 크렘 칼라만시를 넣고 1을 넣어 섞는다.

조립2·완성

1 〈조립1〉의 가나슈 둘세+파트 사블레 바니유를 틀에서 떼어내, 완전히 냉동된 상태 그대로 뒤집어 놓은 트레이 위에 홈이 있는 부분이 위로 오게 올린다.

2 피스톨레 쇼콜라를 피스톨레용 스프레이건에 넣고, 1을 트레이째 돌리면서 뿌린다. 받침접시 위에 올린다.

3 크렘 칼라만시를 짤주머니에 넣고 끝부분을 가위로 잘라서, 2의 가운데 홈에 가득 짜 넣는다.
* 날씨, 기온, 습도 등에 따라 짜는 양을 미세하게 바꾸어 신맛을 조절한다.

4 크렘 칼라만시가 초승달 모양으로 보이도록 초콜릿 장식을 올린다.

5 8발 별모양 깍지를 끼운 짤주머니에 크렘 샹티이 칼라만시를 넣고, 초콜릿 판 위에 짠다.

맥주 향

이치고이치에

Ichigoichie

파티스리 S 살롱

PÂTISSERIE.S Salon

섬세하고 깔끔한 풍미가 매력적인 맥주, 「이치고이치에[一期一会]」가 주인공이다. 「화이트와인 같은 프루티하고 산뜻한 맛이 아니스와 민트의 상쾌한 풍미와 매치되었습니다」라고 제조를 맡은 나카모토 슈헤이 셰프와 상품 개발을 맡은 아내 가오루씨는 입을 모은다. 가오루씨는 「섬세한 풍미에는 향신료나 허브의 향을 조합하여 균형을 잡는 경우도 많습니다」라고 설명한다. 가벼운 무스로 완성한 맥주의 섬세한 향에 그린 아니스와 민트를 조합하고, 같은 계열의 상쾌한 풍미가 있는 파인애플과 고나쓰[小夏, 고치현 특산품인 여름 귤]를 더해 과일 맛을 플러스하였다. 느낌은 비슷하지만 다른 풍미를 겹쳐서 깊은 맛을 냈다.

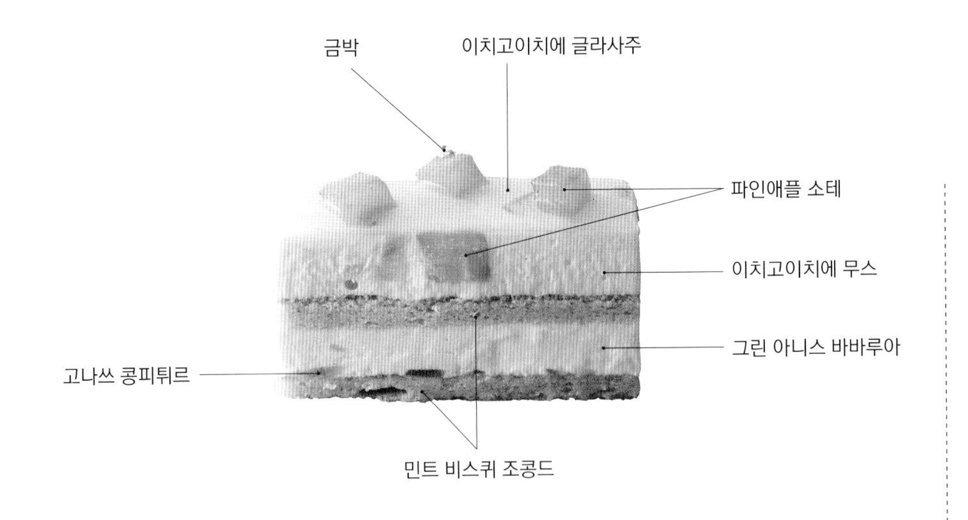

POINT

맥주

교토 양조(주)의 「이치고이치에[一期一会]」 맥주를 사용한다. 깔끔한 목넘김과 프루티한 향이 특징이다. 가스를 뺀 상태로 사용한다.

| 재료 |

민트 비스퀴 조콩드

〈60㎝ × 40㎝ 오븐팬 2개 분량·77개 분량〉

민트 … 16g
달걀노른자*1 … 176g
달걀흰자A*1 … 112g
아몬드파우더*2 … 200g
슈거파우더*2 … 200g
달걀흰자B … 400g
그래뉴당 … 240g
박력분*3 … 176g

*1 각각 차갑게 식힌 뒤 섞는다.
*2 섞어서 체로 친다.
*3 체로 친다.

고나쓰 콩피튀르

〈만들기 쉬운 분량〉

고나쓰 … 2.2㎏
그래뉴당A … 850g
물 … 500g
글루코스 … 400g
그래뉴당B* … 648g
펙틴* … 27.8g
레몬즙 … 적당량
라임즙 … 138g
자몽즙 … 103g
자몽시럽(Monin「자몽시럽」) … 35g

* 섞는다.

파인애플 소테

〈77개 분량〉

파인애플 … 600g
맥주(교토 양조「이치고이치에」)* … 48g

* 가스를 뺀 상태.

이치고이치에 앵비바주

〈77개 분량〉

시럽(보메 30도) … 225g
물 … 125g
맥주(교토 양조「이치고이치에」)* … 225g

※ 모든 재료를 섞는다.
* 가스를 뺀 상태.

이치고이치에 무스

〈77개 분량〉

달걀노른자 … 202g
그래뉴당A … 65g
맥주(교토 양조「이치고이치에」)*1 … 380g
판젤라틴*2 … 20g
맥주(교토 양조「이치고이치에」)*1 … 285g
그래뉴당B … 153g
물 … 40g
달걀흰자 … 101g
크렘 푸에테*3 … 571g

*1 가스를 뺀 상태.
*2 찬물에 불린다.
*3 유지방 40%와 35% 생크림을 같은 비율로 섞은 뒤 80% 휘핑한다.

그린 아니스 바바루아

〈77개 분량〉

우유 … 661g
그린 아니스(홀) … 11g
달걀노른자 … 212g
그래뉴당 … 238g
판젤라틴*1 … 20g
키르슈 … 29g
크렘 푸에테*2 … 633g

*1 찬물에 불린다.
*2 유지방 40%와 35% 생크림을 같은 비율로 섞은 뒤 80% 휘핑한다.

이치고이치에 글라사주

〈만들기 쉬운 분량〉

나파주 뇌트르 … 225g
맥주(교토 양조「이치고이치에」)* … 27g

* 가스를 뺀 상태.

완성

〈1개 분량〉

금박 … 적당량

| 만드는 방법 |

민트 비스퀴 조콩드

1 분쇄기에 민트와 식혀서 섞어둔 달걀노른자와 달걀흰자A의 일부를 넣고 간다.
  * 민트는 색이 잘 변하므로 재빨리 작업한다.

2 믹싱볼에 나머지 달걀노른자와 달걀흰자A 섞은 것, **1**, 미리 섞어서 체로 친 아몬드파우더와 슈거파우더를 넣고, 믹서에 휘퍼를 끼워서 중속으로 섞는다. 날가루가 없어지면 고속으로 바꿔서, 하얗고 폭신해질 때까지 계속 섞는다. 볼에 옮긴다.
  * 가루 종류는 날리기 쉬우므로, 처음에는 중속으로 섞는다.
  * 중간에 바깥쪽에서 믹싱볼 옆면을 토치로 살짝 데우면, 민트 향이 잘 배어든다.

3 다른 믹싱볼에 달걀흰자B와 그래뉴당 조금을 넣고 고속으로 휘핑한다. 하얗게 변하면 나머지 그래뉴당을 넣고, 휘퍼로 떴을 때 뿔이 섰다가 천천히 흘러내리는 정도가 될 때까지 계속 휘핑한다.

4 **2**에 **3**의 1/2을 넣고 고무주걱으로 자르듯이 대충 섞는다.
  * 마블 상태로 섞이면 OK. 단단한 고무주걱을 선택하면 빠르게 잘 섞을 수 있다.

5 **4**에 박력분을 조금씩 넣고 섞는다.

6 **5**에 나머지 **3**을 넣고 전체가 고르게 될 때까지, 고무주걱으로 바닥에서부터 퍼올리듯이 섞는다.

7 오븐시트를 깐 60㎝ × 40㎝ 오븐팬에 **6**을 740g씩 붓고, L자 팔레트 나이프로 평평하게 정리한다. 구운 다음 오븐팬이 쉽게 분리되도록, 사방 테두리를 손가락으로 닦는다.

8 230℃ 컨벡션오븐에 넣고 5~6분 굽는다. 3분 정도 지났을 때 오븐팬 방향을 돌려준다. 오븐팬을 제거하고 오븐시트째 철망에 올려 한 김 식힌다.

고나쓰 콩피튀르

1 고나쓰를 잘라서 즙을 짠다. 껍질과 흰 속껍질을 잘라서 굵게 채썬다.

2 볼에 **1**의 과즙과 흰 속껍질, 그래뉴당A를 넣고 실온(25℃ 정도)에 하룻밤 그대로 둔다.

3 냄비에 **1**의 껍질과 물(분량 외)을 넣고 가열한 뒤, 끓으면 껍질은 체로 건지고 물은 버린다. 이렇게 데쳐서 물을 버리는 과정을 여러 번 반복한다.

4 냄비에 **2**, **3**, 물, 글루코스를 넣고 불에 올린다.

5 끓으면 그래뉴당B와 펙틴 섞은 것을 넣고, 거품기로 저으면서 신맛과 쓴맛이 살짝 남을 정도로 조린다.

6 불에서 내린 뒤 신맛과 수분량이 부족하면 레몬즙을 추가한다.
  * 고나쓰는 개체마다 풍미나 수분량 등이 다르므로, 레몬즙으로 신맛과 농도를 조절한다.

7 한 김 식으면 라임즙, 자몽즙, 자몽시럽을 넣어 섞는다.
  * 라임과 자몽의 풍미로 고나쓰의 산뜻하고 쌉싸름한 맛을 살린다.

조립1

1 민트 비스퀴 조콩드의 구운 면이 위로 오게 도마 위에 놓고, 빵칼로 사방 가장자리를 잘라 57㎝ × 37㎝ 정도로 만든다.

2 1 1장에 고나쓰 콩피튀르를 640g 정도 올리고, L자 팔레트 나이프로 얇게 편다. 실온에 둔다.

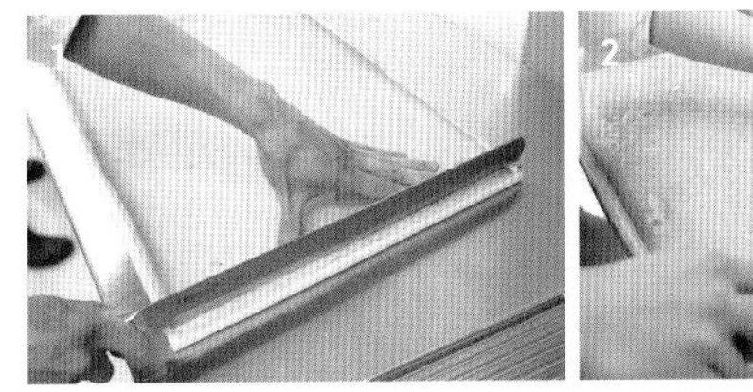

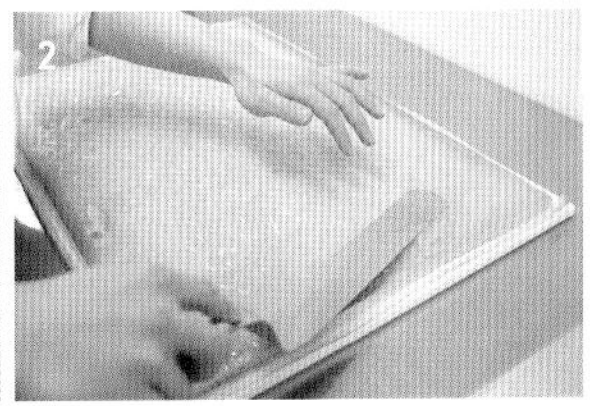

파인애플 소테

1 파인애플 과육을 가로세로 1.5㎝ 크기로 깍둑썬다.

2 프라이팬을 달군 뒤 1을 넣고 살짝 눌어붙을 때까지 가열한다.

* 가열하면 부드러운 신맛과 단맛이 생겨, 비스퀴와는 다른 고소한 풍미를 더할 수 있다.

3 맥주를 넣고 수분을 대충 날린다. 트레이에 펼쳐서 급랭한다.

이치고이치에 무스

1 볼에 달걀노른자를 넣고 거품기로 풀어준 뒤, 그래뉴당A를 넣고 하얗게 될 때까지 섞는다.

* 달걀 풍미가 강하지 않도록, 담백한 풍미의 달걀인 교토 교탄바 미즈호팜의 「사쿠라타마고」를 선택였다. 반대로 달걀 풍미를 살리고 싶은 파트나 디저트에는, 풍미가 강한 「미즈호」 달걀을 사용한다.

2 냄비에 맥주A를 넣고 김이 나는 정도(60℃ 정도)까지 데운다.

3 1에 2의 1/2을 넣고 섞는다.

4 2의 냄비에 3을 다시 옮기고 고무주걱으로 저으면서 걸쭉해질 때까지 가열한다.

* 달걀이 응고되지 않을 정도의 불 세기로, 가능한 한 단시간에 가열한다. 골고루 잘 섞어야 매끄럽게 완성된다.

5 시누아로 걸러서 볼에 옮긴다.

6 판젤라틴을 넣고 섞는다.

7 섞으면서 50℃보다 조금 낮게 조절한 뒤, 맥주B를 넣어 섞는다. 냉장고에 넣어 식힌다.

* 50℃ 이상이면 맥주 향이 날아간다. 단, 온도가 지나치게 낮으면 잘 섞이지 않고, 시간이 지날수록 향이 날아간다. 단시간에 섞어서 향을 유지하기 위해, 온도 관리를 철저히 해야 한다.

8 7의 작업과 동시에 냄비에 그래뉴당B와 물을 넣고 117℃까지 가열한다.

9 8의 작업과 동시에 믹싱볼에 달걀흰자를 넣고, 믹서에 휘퍼를 끼워서 고속으로 휘핑한다.

10 9가 하얗게 변하면 8을 조금씩 넣어 섞고, 휘퍼로 떴을 때 뿔이 뾰족하게 서는 상태가 될 때까지 섞는다.

11 다른 볼에 80% 휘핑한 크렘 푸에테를 넣고 10을 넣은 뒤 거품기로 섞는다. 7의 상태를 보고 휘핑 정도를 조절한다.

12 11에 7을 넣고 섞는다.

13 파인애플 소테를 640g 정도 넣고, 고무주걱으로 바닥에서부터 퍼올리듯이 섞는다. 나머지 파인애플 소테는 장식으로 사용한다.

조립2

1 OPP 시트를 깐 알루미늄 트레이에 57cm × 37cm × 높이 4.5cm 정도의 사각 형틀을 올린 뒤, 이치고이치에 무스를 1750g 붓고 L자 팔레트 나이프로 평평하게 펴준다.
2 민트 비스퀴 조콩드의 구운 면이 아래로 가도록 **1** 위에 올리고 오븐시트를 떼어낸다. 작업판 등으로 살짝 눌러서 밀착시킨다.
3 솔로 이치고이치에 앵비바주를 듬뿍 바른다. 급랭한다.

그린 아니스 바바루아

1 냄비에 우유와 그린 아니스를 넣고 따듯하게 데운다.
2 볼에 달걀노른자와 그래뉴당을 넣고 거품기로 하얗게 될 때까지 섞는다.
3 **2**에 **1**을 1/2 정도 넣고 섞는다.
4 **1**의 냄비에 **3**을 다시 옮기고, 고무주걱으로 저으면서 걸쭉해질 때까지 가열한다.
* 오래 가열하면 향이 나지 않는다. 수분량이 적어서 응고되기 쉬우므로, 단시간에 가열한다.
5 시누아로 걸러서 볼에 옮기고 그린 아니스를 제거한다. 판젤라틴을 넣고 섞는다.
6 얼음물을 받치고 저으면서 50℃보다 조금 낮게 식힌다.
7 키르슈를 넣고 섞으면서 23~24℃까지 식힌다.
8 다른 볼에 80% 휘핑한 크렘 푸에테를 넣고, **7**을 넣어 거품기로 섞는다. **7**의 상태를 보고 섞는 정도를 조절한다.

이치고이치에 글라사주

1 볼에 나파주 뇌트르와 맥주를 넣고, 기포가 들어가지 않도록 조심스럽게 섞는다.

조립3·완성

1 〈조립2〉에서 급랭한 사각형틀에 그린 아니스 바바루아를 1750g 넣고, L자 팔레트 나이프로 평평하게 정리한다.
2 **1**에 〈조립1〉에서 고나쓰 콩피튀르를 바른 민트 비스퀴 조콩드를 콩피튀르가 아래로 가도록 올리고, 오븐시트를 벗긴다. 작업판 등으로 살짝 눌러서 밀착시킨다.
3 이치고이치에 앵비바주를 솔로 듬뿍 바른다. OPP 시트를 씌우고, 트레이 바닥이 위로 오게 올려서 급랭한다.
4 **3**을 트레이째 거꾸로 뒤집어 철망에 올리고, 트레이와 사각형틀을 분리한다. 따뜻하고 매끄럽게 만든 이치고이치에 글라사주를 뿌리고, 윗면을 L자 팔레트 나이프로 평평하게 정리하면서 여분의 글라사주를 제거한다. 급랭한다.
5 **4**를 가로로 길게 놓고, 폭이 8cm가 되도록 세로로 자른다(7개).
6 **5**를 가로로 길게 놓고, 폭이 3.2cm가 되도록 세로로 자른다(11조각).
7 파인애플 소테를 3개씩 올리고 금박으로 장식한다.

럼주 향

타르트 바니유 마르티니크

Tarte au Vanille Martinique

샹 두아조

Chant d'Oiseau

「제대로 된 맛은 질리지 않는다」라는 것이 무라야마 다이치 셰프의 지론이다. 단, 맛이 지나치게 직접적으로 전달되면 진하게 느껴질 수 있으므로, 향이나 식감으로 가볍고 입체적으로 만든다. 바닐라 아이스크림의 이미지로 만든 디저트로, 진한 풍미에 럼주의 향으로 깔끔한 뒷맛을 더하였다. 고급스러운 향의 바닐라 무스에는 앙글레즈로 달걀 향을 더하고, 우유 콩피튀르로 우유 맛을 강조하였다. 임팩트를 주기 위해 강조한 단맛과 우유 맛을 부드럽게 잡아주고, 깔끔하면서도 깊은 뒷맛을 연출하는 것이 럼주다. 향기롭고 강렬한 풍미의 럼주가 기분 좋은 여운을 선사한다.

POINT

럼주

바닐라의 뉘앙스가 은은하게 느껴지는, 마르티니크 섬에서 증류된 향기로운 럼주를 사용한다. 진한 단맛과 깔끔한 뒷맛을 선사한다.

| 재 료 |

파트 쉬크레

〈만들기 쉬운 분량〉

달걀 … 6개
가당 달걀노른자 … 450g
그래뉴당 … 1.34㎏
버터 … 2.72㎏
박력분* … 4.2㎏
소금 … 20g

* 체로 친다.

제누아즈

〈약 60㎝ × 40㎝ 오븐팬 4개 분량〉

달걀 … 2.67㎏
가당 달걀노른자 … 595g
그래뉴당 … 2㎏
트레할로스 … 333g
꿀 … 250g
박력분*1 … 1.88㎏
생크림(유지방 36%)*2 … 333g
바닐라 익스트랙(Chatel「몽레위니옹 바닐라」) … 10방울

*1 체로 친다.
*2 데운다.

바닐라 무스

〈58개 분량〉

크렘 앙글레즈

생크림(유지방 36%) … 348g
우유 … 173.5g
바닐라빈*1 … 1¼개
가당 달걀노른자 … 319g
그래뉴당 … 256g
판젤라틴*2 … 12.5g
바닐라 익스트랙(Chatel「몽레위니옹 바닐라」) … 14방울

생크림(유지방 36%) … 약 1㎏

*1 깍지에서 씨를 긁어낸다. 깍지도 사용한다.
*2 찬물에 불린다.

밀크 콩피튀르

〈만들기 쉬운 분량〉

그래뉴당 … 125g
LM 펙틴 … 4.75g
생크림(유지방 36%) … 500g
우유 … 500g
바닐라빈* … 1/4개

* 깍지에서 씨를 긁어낸다. 깍지도 사용한다.

럼주 크렘 앙글레즈

〈만들기 쉬운 분량〉

우유 … 233g
생크림(유지방 36%) … 67g
바닐라빈*1 … 1/2개
가당 달걀노른자 … 87g
그래뉴당 … 60g
판젤라틴*2 … 2.7장
럼주(Bardinet「네그리타 럼」) … 110g

*1 깍지에서 씨를 긁어낸다. 깍지도 사용한다.
*2 찬물에 불린다.

럼 레이즌

〈만들기 쉬운 분량〉

시럽(보메 30도) … 적당량
럼주(Bardinet「네그리타 럼」) … 적당량
건포도 … 적당량

조립·완성

〈1개 분량〉

피스톨레 쇼콜라 블랑 … 적당량
럼을 넣은 시럽* … 적당량
초콜릿 장식 … 1개
금박 … 적당량

* 시럽(보메 30도)과 럼주(Bardinet「네그리타 럼」)를 1:2의 비율로 섞는다.

| 만드는 방법 |

파트 쉬크레

1 볼에 달걀, 가당 달걀노른자, 그래뉴당을 넣고 거품기로 섞는다.
2 버터를 넣고 섞는다.
3 박력분과 소금을 넣고 날가루가 없어질 때까지 섞는다.
4 한 덩어리로 뭉친 뒤 비닐랩으로 싸서 냉장고에 하룻밤 넣어둔다.
5 밀대를 이용하여 3㎜ 두께로 민 뒤, 지름 9.5㎝ 원형틀로 찍어서 냉장고에 넣고 차갑게 식힌다.
6 덧가루(분량 외)를 살짝 뿌리고 지름 7㎝ × 높이 2㎝ 타르트링 안에 깐다.
* 반죽이 차갑고 단단할 때 타르트링 안에 깔면 균일한 두께를 유지할 수 있다. 옆면에 조금 세게 눌러서 붙여도 반죽이 링에서 분리될 정도로, 차갑고 단단한 상태가 좋다.
7 타르트링에서 삐져나온 여분의 반죽을 프티 나이프로 잘라서 정리한다. 냉장고에 넣고 차갑게 식힌다.
8 타공 실리콘 매트를 깐 오븐팬에 가지런히 올리고, 170℃ 컨벡션오븐에 넣어 15~20분 굽는다. 그대로 실온에서 식힌다.

제누아즈

1 볼에 달걀, 가당 달걀노른자, 그래뉴당, 트레할로스, 꿀을 넣고 하얗고 폭신해질 때까지 거품기로 섞는다.
2 체로 친 박력분을 여러 번에 나눠서 넣고, 날가루가 없어질 때까지 전체를 고르게 섞는다.
3 생크림과 바닐라 익스트랙을 넣고 고무주걱으로 섞는다.
4 58㎝ × 38㎝ 오븐팬에 붓고 팔레트 나이프로 편다.
5 윗불 175℃, 아랫불 170℃ 데크오븐에 넣고 22분 정도 굽는다. 그대로 실온에서 한 김 식힌다.
6 지름 4㎝ 틀로 찍어서 1~2㎜ 두께로 슬라이스한다.

바닐라 무스

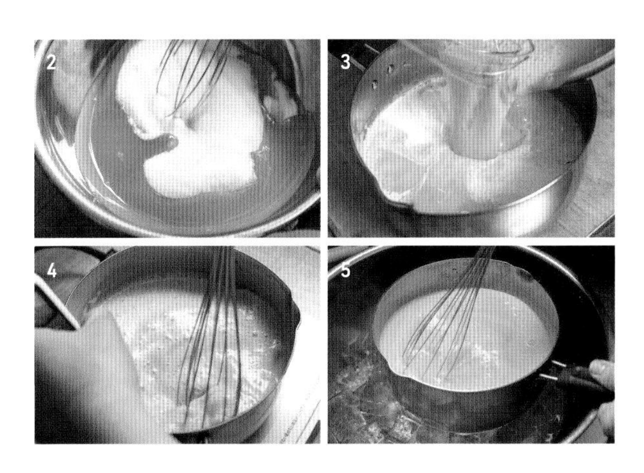

1 크렘 앙글레즈를 만든다. 냄비에 생크림, 우유, 바닐라빈 깍지와 씨를 넣고 거품기로 저으면서 끓인다.
2 볼에 가당 달걀노른자와 그래뉴당을 넣고 거품기로 섞는다.
3 **2**에 **1**을 조금 넣고 섞은 뒤, 다시 **1**의 냄비로 옮긴다.
4 **3**을 중불에 올려 거품기로 저으면서 82℃까지 끓인다.
* 8자를 그리듯이 계속 저으면서 고르게 익힌다.
5 불에서 내리고, 남은 열로 인해 82℃ 이상으로 올라가지 않도록 냄비 바닥에 얼음물을 받친다.
* 85℃ 이상으로 올라가면 달걀노른자가 응고된다. 충분히 익히면서 달걀노른자가 응고되지 않는 가열 온도는 82℃까지이다. 82℃ 정도부터 익은 달걀의 좋은 냄새가 난다.

6 일단 얼음물을 뺀 뒤 판젤라틴을 넣고 섞는다.

7 시누아로 걸러서 볼에 옮긴 뒤 얼음물을 받치고, 고무주걱으로 저으면서 30℃ 정도로 조절한다.

* 젤라틴의 응고점은 20℃이므로, 생크림을 넣을 때 빨리 굳도록 30℃ 정도로 만든다.

8 바닐라 익스트랙을 넣고 섞는다.

9 믹싱볼에 생크림을 넣고 85% 휘핑한다. 휘퍼로 떴을 때 리본 모양으로 부드럽게 흘러내리고, 흘러내린 자국이 천천히 사라지는 정도면 OK.

* 생크림을 액체 상태로 크렘 앙글레즈에 섞으면 골고루 섞이는 데 시간이 걸리기 때문에, 기포가 꺼져서 폭신한 질감이 되지 않고 묽은 질감의 무스가 된다.

10 8에 9를 넣고 거품기로 섞는다. 대충 섞이면 고무주걱으로 바꿔서, 바닥에서부터 퍼올리듯이 섞어서 고르게 만든다.

11 원형 깍지를 끼운 짤주머니에 10을 넣고, 지름 6.5㎝ 사바랭틀에 짠다. 냉동고에 넣고 차갑게 식혀서 굳힌다.

밀크 콩피튀르

1 볼에 그래뉴당과 LM펙틴을 넣고 섞는다.

2 냄비에 생크림, 우유, 바닐라빈 깍지와 씨를 넣고 중불에 올려, 거품기로 섞으면서 1을 넣고 끓인다.

3 끓어 넘치지 않을 정도로 불을 약하게 줄이고, 가끔씩 저어주면서 브릭스 50%까지 졸인다.

* 펙틴을 완전히 녹인다. 냄비 바닥에 눌어붙지 않도록 주의한다.

4 용기에 옮기고 비닐랩을 씌워서 급랭한다.

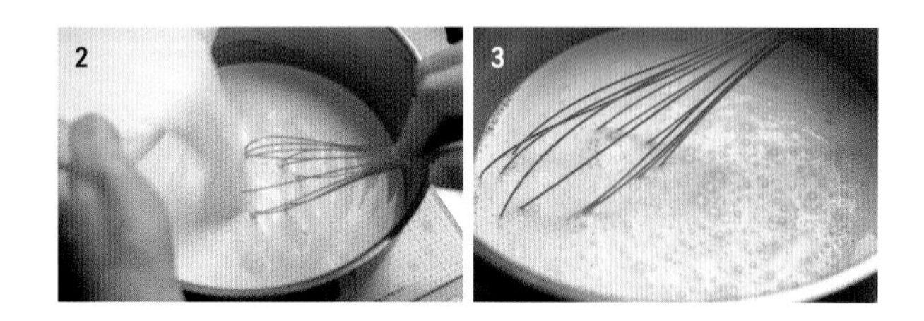

럼주 크렘 앙글레즈

1 냄비에 우유, 생크림, 바닐라빈의 깍지와 씨를 넣고 끓인다.

2 볼에 가당 달걀노른자와 그래뉴당을 넣고 거품기로 섞는다.

3 2에 1을 조금 넣고 섞은 뒤, 다시 1의 냄비에 옮긴다.

4 3을 중불에 올려 고무주걱으로 저으면서 82℃까지 가열한다.

* 8자를 그리듯이 계속 저으면서 고르게 익힌다.

5 불에서 내리고, 저으면서 남은 열로 살짝 익힌다.

6 판젤라틴을 넣고 섞는다.

* 마지막에 럼주를 넣으면 잘 굳지 않으므로, 젤라틴을 넉넉하게 배합한다. 냉장고에 넣으면 푸딩 같은 질감이 되는 양이다.

7 시누아로 걸러서 볼에 옮기고 사용하기 직전에 럼주를 섞는다.

* 럼주 향은 쉽게 날아가므로 사용하기 직전에 섞는다. 바로 사용하지 않을 때는 럼주를 넣지 않고 냉동보관한 뒤, 사용할 때 해동하여 럼주를 넣는다.

럼 레이즌

1 볼에 시럽과 럼주를 1:1 비율로 넣는다.
2 용기에 건포도를 넣고 건포도가 잠길 때까지 1을 넣는다.
3 비닐랩을 씌우고 냉장고에 하룻밤 넣어둔다.
4 사용하기 직전에 1알을 2~3등분 정도로 굵게 다진다.
* 존재감을 살리면서 콩피튀르나 무스의 식감과도 잘 어울리도록 굵게 다진다.

조립·완성

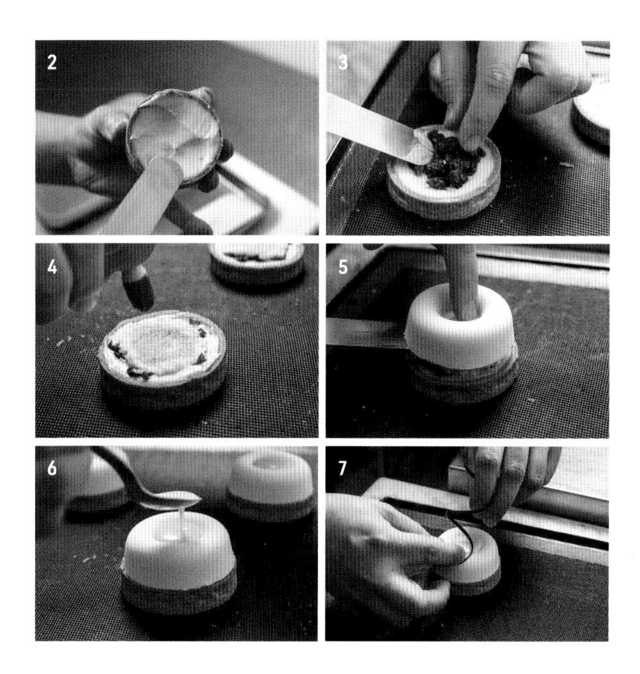

1 냉동시킨 바닐라 무스를 틀에서 떼어낸 뒤, 뒤집어서 트레이에 올린다. 피스톨레 쇼콜라 블랑을 피스톨레용 스프레이 건에 넣고 전체에 뿌린다.
2 파트 쉬크레에 우유 콩피튀르를 채운 뒤, 가운데를 팔레트 나이프로 오목하게 만든다.
3 2의 가운데에 다진 럼 레이즌을 10g 정도씩 얹고, 팔레트 나이프로 살짝 눌러서 평평하게 만든다.
4 3의 가운데에 제누아즈를 올리고, 스프레이로 럼주를 넣은 시럽을 뿌린다.
* 제누아즈는 시럽을 담는 역할이다. 존재감이 없어도 되므로 매우 얇게 슬라이스한다.
5 4에 1을 올린다.
6 5의 오목한 부분에 스푼으로 럼주 크렘 앙글레즈를 넣고, 냉동고에서 차갑게 식혀서 굳힌다.
7 초콜릿 장식과 금박을 올린다.
* 초콜릿 장식은 무게중심과 균형을 생각해서 올린다. 금박은 바람에 흔들릴 정도로 넉넉하게 붙여서 임팩트를 준다.

아피네

Affiné

리베르타블

Libertable

「글로벌한 시각으로 일본 전통 식재료의 매력을 전하고 싶습니다」라는 모리타 가즈요리 셰프는, 기후현 양조장에서 만든 고급스럽고 부드러운 단맛과 진하고 복잡한 향이 있는 혼미린[本ミリン]을 넣은 베린(Verrine)을 완성하였다. 여기에 역시 일본에서 많이 사용하는 산뜻한 맛의 유자를 조합하고, 부드러운 풍미의 사과로 맛술과 유자를 연결하였다. 또한 녹색 채소와 과일 쿨리, 과일 마리네이드를 층층이 올려서 깔끔한 뒷맛과 청량감을 더하였다. 응고제인 젤라틴과 아가를 구분하여 사용하고, 유자 줄레는 큐브 모양으로 만들어 식감에 변화를 줌으로써, 각각의 향이 시간차를 두고 느껴진다. 카르다몸 향은 맛을 깊게 만들어준다.

POINT

맛술

일본산 찹쌀, 쌀누룩, 소주만을 사용하여, 3년 동안 숙성시킨「혼미린」. 디저트 와인 같은 고급스러운 맛이 매력적이다.

| 재료 |

맛술 줄레

〈10개 분량〉
물 … 250g
판젤라틴* … 10g
맛술(하쿠센 주조「후쿠라이준 전통제법 숙성 혼미린」) … 250g
* 찬물에 불린다.

사과 줄레

〈10개 분량〉
사과즙 … 300g
카르다몸(홀) … 9알
아가 … 12g

유자 줄레

〈만들기 쉬운 분량〉
물 … 200g
그래뉴당* … 60g
아가* … 12g
유자즙 … 50g
* 골고루 섞는다.

쿨리 베르

〈만들기 쉬운 분량〉
그린 파파야 … 적당량
오이 … 적당량
키위 … 적당량
물 … 300g
그래뉴당 … 60g
레몬즙 … 적당량

그린 토마토·아보카도·키위 마리네이드

〈1개 분량〉
그린 토마토 … 적당량
아보카도 … 적당량
키위 … 적당량
카르다몸파우더 … 적당량
레몬즙 … 적당량
맛술(하쿠센 주조「후쿠라이준 전통제법 숙성 혼미린」) … 적당량

조립·완성

〈1개 분량〉
레몬 풍미의 나파주* … 적당량
색소(그린) … 적당량
펜넬 … 적당량
* 나파주 뇌트르, 물, 레몬즙을 섞어서 가열한 뒤 식힌 것.

| 만드는 방법 |

맛술 줄레

1 냄비에 물을 넣고 가열한다.
2 끓으면 불을 끄고 판젤라틴을 넣은 뒤 거품기로 섞어서 녹인다.
3 맛술을 넣고 섞는다.
* 맛술은 향이 날아가지 않도록 마지막에 넣는다.
4 볼에 옮기고 얼음물을 받친 뒤, 살짝 걸쭉해질 때까지(30℃ 정도) 고무주걱으로 저으면서 식힌다.
5 디포지터에 4를 넣고 지름 7㎝ × 높이 4㎝ 유리잔에 50g씩 담는다. 냉장고에 넣고 차갑게 식혀서 굳힌다.

사과 줄레

1 냄비에 사과즙을 넣고 카르다몸을 손으로 부셔서 넣는다.
* 카르다몸은 부셔야 향이 제대로 난다.
2 아가를 넣고 거품기로 골고루 섞는다.
* 아가는 덩어리지기 쉬우므로 충분히 섞는다.
3 2를 중불에 올려 거품기로 저으면서 끓인다.
4 불에서 내리고 시누아로 걸러서 볼에 옮긴 뒤, 얼음물을 받치고 한 김 식힌다. 비닐랩을 씌워서 밀착시킨 뒤, 냉장고에 넣고 차갑게 식혀서 굳힌다.

유자 줄레

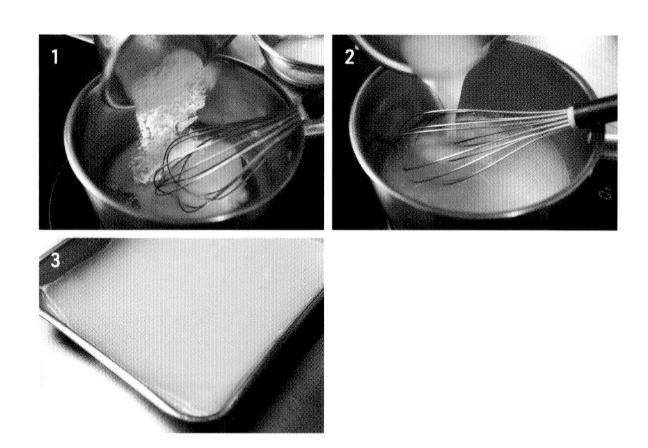

1 냄비에 물, 미리 섞어둔 그래뉴당과 아가를 넣은 뒤, 센불에 올려 거품기로 저으면서 끓인다.
* 아가는 덩어리지기 쉬우므로 미리 그래뉴당과 잘 섞어 놓는다.
2 불을 끄고 유자즙을 넣어 섞는다.
3 트레이에 1㎝ 정도의 높이로 부은 뒤, 실온에 두고 한 김 식힌다. 비닐랩을 씌워 밀착시킨 뒤, 냉장고에 넣고 차갑게 식혀서 굳힌다.

쿨리 베르

1 그린 파파야는 씨를 빼고 껍질을 벗겨서 5㎜ 두께로 썬다. 오이는 꼭지를 잘라내고 5㎜ 두께로 어슷하게 썬다. 키위는 껍질을 벗기고 1㎝ 크기로 깍둑썬다.
2 냄비에 물과 그래뉴당을 넣고 끓인다. **1**의 그린 파파야와 오이를 넣고 중불로 부드러워질 때까지 5분 정도 끓인다.
3 볼에 옮기고 얼음물을 받쳐서 식힌다.
4 과육과 시럽을 분리하여 각각 용기에 담는다.
5 과육을 담은 용기에 **1**의 키위를 넣고 시럽을 조금 붓는다.
6 스틱 믹서로 퓌레 상태가 될 때까지 간다.
7 레몬즙을 넣고 섞는다.
* 레몬의 신맛으로 맛을 조절하고, 채소와 과일의 변색도 막을 수 있다.

그린 토마토·아보카도·키위 마리네이드

1 그린 토마토는 살짝 데쳐서 껍질과 씨를 제거한 뒤 4등분한다. 아보카도는 씨와 껍질을 제거하고 1㎝ 크기로 깍둑썬다. 키위는 껍질을 벗겨 5㎜ 크기로 깍둑썬다.
2 볼에 **1**을 넣고 카르다몸파우더, 레몬즙, 맛술을 넣어 스푼으로 섞는다.

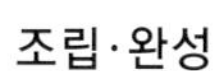

조립·완성

1 사과 줄레를 거품기로 굵게 풀어준 뒤, 유리잔에 담아 차갑게 식혀서 굳힌 맛술 줄레를 스푼으로 30g씩 올린다. 표면을 평평하게 정리한다.
2 **1**의 가운데에 쿨리 베르를 15g씩 올린다.
3 그린 토마토·아보카도·키위 마리네이드를 15g씩 올린다.
4 레몬 풍미의 나파주에 색소를 넣어 섞은 뒤, 솔로 **3**의 표면 전체에 바른다.
5 유자 줄레를 1㎝ 크기로 깍둑썰어서, **4**에 3개씩 올린다.
6 펜넬로 장식한다.

향신료 & 허브 향의 효과

기무라 다다히코 [木村 忠彦]

〈트레 칼름〉의 오너 셰프. 1982년 도쿄 출생으로 요리사에서 파티시에로 변신하였다.
프렌치 레스토랑과 호텔에서 배운 요리나 디저트를 만드는 감각을 반영하여,
향신료와 허브를 균형있게 사용한, 인상적인 디저트를 만들고 있다.

요리를 만드는 감각으로 향신료를 디저트에 사용한다.

「숨은 향」이 인상적인 디저트

기무라 디저트를 만들 때는 식감과 미각도 중요하지만, 향도 상당히 의식하고 있습니다.

도하라 음식은 향이 중요합니다. 향이 있으면 미각의 윤곽이 뚜렷해져요.

기무라 프렌치 셰프로 요리에 입문했는데, 예를 들어 퐁 드 보처럼 먹어본 적 없던 맛과 만났을 때의 설렘을, 디저트로 표현하고 싶다는 것이 저의 콘셉트 중 하나입니다. 그래서 상당히 강하거나 특별한 향을 넣는 일이 적지 않습니다. 그중에서도 향신료 향을 더하는 경우가 많은데, 향을 나의 디저트 세계로 초대하는 느낌입니다. 「숨은 맛」이 아니라 「숨은 향」이라고 할 수 있지요.

도하라 그렇군요. 향이란 수백 가지 이상의 다양한 향물질로 구성된 혼합취입니다. 설사 좋은 향일지라도 구성되는 향물질 중에는 좋은 냄새뿐 아니라, 나쁜 냄새도 섞여 있습니다. 순간적으로 맡았을 때는 나쁜 냄새를 못 느끼지만, 사실 이런 나쁜 냄새도 「숨은 향」처럼 존재하며 전체적인 향을 형성하기도 합니다. 와인에도 발바닥이나 마구간 냄새 같은 안 좋은 냄새가 들어 있기도 합니다.

기무라 의식한 적은 없었지만, 디저트에도 분명 들어 있겠네요. 제가 향으로 의식하는 것은 이미지일까요? 향이란 기억과 밀접하게 연결되어 있지요? 그래서 저는 저의 기억으로 디저트를 만들지만, 예를 들어 코코넛과 파인애플이라면 바캉스를 추억하며 먹는 사람이 많지 않을까 생각합니다. 먹는 순간 그 장면이 떠오를 것 같은 이미지로 향을 내는 겁니다.

도하라 기무라씨의 디저트는 무엇이 들어 있는지 말해주지 않으면 알기 힘든 부분도 있어요. 하지만, 비록 무슨 향인지 인지할 수 없어도, 기억에는 확실히 호소하고 있고, 그 사람 안에서 무언가가 꿈틀거리고 있습니다. 그것은 냄새의 신호가 오감 중에서도 최단 거리로 뇌의 변연계에 전해져, 정서나 기억에 직접 호소하기 때문입니다.

기무라씨의 디저트는 하나하나의 향이 독립되어 시간차를 두고 바로 느껴진다기보다, 혼합된 향이 한꺼번에 느껴지기 때문에, 바로 무슨 향이라고 맞출 수 없어요. 그래서 한 번 더 맡고 싶어집니다. 무슨 향인지 모르면 뇌가 열심히 일을 합니다. 그래서 한 번 더 맡고 싶어지고, 한 입 더 먹고 싶은 마음이 듭니다. 매력적인 또는 매혹적인 느낌이라고 할 수 있어요.

기무라 우리 가게의 생과자 중 절반 정도는 향신료를 사용하는 등 조금 복잡하게 만듭니다. 약간의 위화감을 주는 과자라고나 할까요?

도하라 음, 그건 위화감이 아닙니다. 위화감이란 분명히 그렇지 않다고 생각하는 일이 일어났을 때의 느낌으로, 부정적인 의미가 되기 때문입니다. 예를 들어, 옛날에는 장미 향을 케이크에서 느끼면 위화감이 있었습니다. 향수 이미지가 강해서이지요. 기무라씨의 향의 표현은 신기하다고 해야 할지, 알 수 없는 느낌이라고 해야 할지…….

기무라 향 발상의 원점은 중국요리나 카레 등일지도 모릅니

도하라 가즈시게 [東原 和成]

도쿄대학 대학원 농학생명과학연구과 응용생명화학전공 생화학 연구실 교수.
냄새나 페로몬 등을 전문적으로 연구하면서 다양한 업계에서 활약하고 있다.
요리에 대한 관심도 많아서, 셰프, 파티시에, 소믈리에 등 음식 세계의 프로들과 활발하게 교류 중이다.

다. 직원 식사로 카레나 중국요리를 만들면, 향신료 향이 주방에 가득 찹니다. 언젠가 우유를 마시면서 카레를 먹던 직원이 「카레, 달콤하네요」라고 하더군요. 그래서 만약 커민 같은 것을 우유나 설탕과 섞으면, 카레의 이미지가 떠오르지만 실제로는 달콤한 디저트라는 미스 매치로 재미있는 풍미를 표현할 수 있지 않을까 생각했습니다. 또는 초콜릿이나 유지성분이 많은 재료와 조합하여, 향을 부드럽게 만들 수도 있어요.

도하라 향에는 3가지 조합 방법이 있습니다. 첫 번째는 같은 계통의 향을 조합하여 조화시키는 방법입니다. 가장 심플한 방법으로, 좋은 향이 살아나거나 불쾌한 향이 억제되어 균형을 이루게 됩니다. 두 번째는 향을 조합하여 서로를 보강하는 덧셈 방법으로, 덧셈으로 생기는 향을 추측하여 향을 보충합니다. 세 번째는 절대 마리아주하지 않을 것 같은 향을 조합하여 새로운 향을 만드는 방법입니다. 세 번째는 상당히 어렵지만, 그것을 목표로 하나요?

기무라 성공하면 좋겠지만 장벽이 높아 보입니다. 도전이 필요할 때도 있지만 지나치게 기발하면 손님도 따라오지 못하기 때문에, 상품으로서의 균형을 고려하고 있습니다.

도하라 무난한 것은 역시 조화나 덧셈 방법이네요.

기무라 그런데 향신료를 사용할 때는 가열해서 사용하는 경우가 많습니다. 그래야 좋은 향이 더 잘 나는 것 같아서요. 실제로는 어떨까요?

도하라 맞아요, 향이 잘 납니다. 가열에 의한 마이야르 반응(당과 아미노산이 작용하여, 고소한 향이 생기고 갈색으로 변하는 현상)으로 새로운 향도 생깁니다. 커피와 똑같습니다. 시간이 지나면 가벼운 향물질은 날아가지만, 볶으면 향이 오래 남습니다.

기무라 그렇군요.

도하라 그리고 향신료를 사용할 때 고르게 분쇄하여 전체에 골고루 섞는 것보다, 입자 크기가 다른 것을 무작위로 뿌리는 편이 향이 더 잘 느껴집니다. 가끔씩 향이 느껴지다가 사라지고, 잠시 후 다시 향이 나는 쪽이 더 강한 인상을 줍니다. 지나치게 잘게 분쇄하면 향이 날아가기 쉽습니다.

기무라 그렇군요. 스테이크에 뿌리는 암염 같은 것도 바로 그 원리이군요.

도하라 기무라씨는 셰프 출신이라는 경험과 장점을 알게 모르게 디저트 만들기에 활용하고 있네요. 향을 느끼는 방식은 습도에 따라서도 다르고, 향에서 무엇을 연상하는지는 그 사람의 배경이나 경험치에서 크게 영향을 받습니다. 기무라씨가 과학적인 고찰이나 분석을 하는 것은 아니지만, 요리나 디저트를 통해 감각적으로 향과 그 역할에 대해 알고 있고, 경험에 의해서도 과학적으로 맞는 일을 하는 것 같습니다.

기무라 저는 레시피를 잘 남기지 않아요. 계절 메뉴처럼 해마다 만드는 케이크도 있지만, 기본적인 배합표 같은 것이 없기 때문에 그때그때의 감각으로 만듭니다. 물론 다른 직원이 메모를 하기도 합니다(웃음).

도하라 그런 기무라씨의 디저트를 향신료 전문가, 와인 전문가, 그리고 냄새를 연구하는 제가 먹으면 어떻게 느끼는지 비교해 보면 재미있겠네요. 한 번 해봅시다.

생토노레 프누유
Saint-Honoré Fenouil

사바랭 아나나스
Savarin Ananas

므랭그 샹티이
Meringue Chantilly

레피스
L'épice

단맛과 우유 맛이 강한 디저트에 독특한 향이 있는 향신료와 허브를 조합하면 어떤 느낌일까. 도하라 교수, 기무라 셰프, 향 전문가 3명이, 향신료나 허브를 사용한 기무라 셰프의 생과자 4가지, 그리고 같은 레시피에서 향신료나 허브를 빼고 만든 것을 비교하였다. 또한 향물질을 분리하는 기계를 이용하여, 각 디저트의 향신료나 허브를 넣은 재료를 분석하였다. 향신료와 허브 향의 효과에 대해 생각해보자.

오코시 모토히로 [大越 基裕]

와인 테이스터, 소믈리에. 모던 베트남 식당 〈안디〉, 〈안콤〉의 오너. 1976년 홋카이도 출생으로, 〈긴자 레칸〉의 셰프 소믈리에를 거쳐 독립하였다. 세계 각국을 돌며 컨설턴트나 강사, 와인과 사케 품평회 심사위원도 맡고 있다.

사가와 다케히토 [佐川 岳人]

에스비식품주식회사 개발생산그룹 중앙연구소 수석 전문가. 1964년 홋카이도 출생으로 약학박사이다. 2013년에 가나자와대학 자연과학연구과 후기박사과정을 수료하였다. 식품 풍미를 연구 및 개발하며 맛을 위한 향를 추구한다.

히라사와 유케이 [平澤 佑啓]

도쿄대학 대학원 농학생명과학연구과 응용생명화학전공 생화학연구실 박사 연구원. 1989년 도쿄 출생으로, 도하라 교수가 인솔하는 생화학 연구실 소속이다. 여기서는 향 성분 분석을 담당하였다. 악취와 아기 냄새에 대해 연구한다.

생토노레 프누유

Saint-Honoré Fenouil

퓌이타주와 슈로 이루어진 바닥 부분에 프랑부아즈 콩피튀르와 진을 넣은 크렘 레제르를 포개고, 아니스 씨, 펜넬 씨, 레몬 향 크렘 샹티이를 짰다. 프티 슈에도 진을 넣은 크렘 레제르를 듬뿍 채웠다.

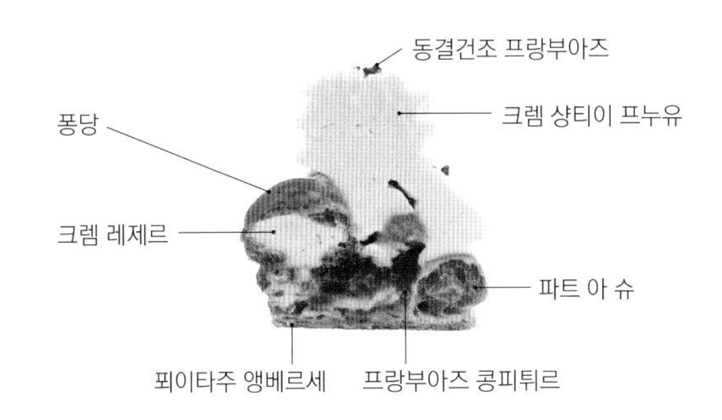

사용 향신료 아니스 씨, 펜넬 씨

분석 「유」: 향신료 향이 나는 레몬 껍질을 넣은 생크림 / 「무」: 레몬 껍질을 넣은 생크림
「유」는 45종 정도의 향이 분리되어 느껴진 반면, 「무」는 30종 정도. 「유」에서는 「무」에 없는 「허브」, 「초록사과」, 「박하」, 「코코넛」 향 등도 검출되었다.

비교 ※ 변경하는 파트만 기재.
1. 향신료를 넣은 크렘 샹티이 2. 향신료를 뺀 크렘 샹티이

※ 분석은 각 디저트에서 향신료나 허브를 넣은 재료를 대상으로, 향신료나 허브를 넣은 「유」와 향신료나 허브를 뺀 「무」를 「가스크로마토그래피 후각측정기(냄새 물질을 분리하는 기계)」를 이용하여 분석하였다. 30분 정도 스니핑한 향의 계열을 표현하였다.

생토노레 프누유

기무라 출발점은 레몬과 프랑부아즈 생토노레입니다. 레몬의 풍미를 살리고 싶어서, 레몬 크렘 샹티이에 달콤한 향을 더해야겠다는 생각으로 펜넬 씨(프누유)와 아니스 씨의 향을 더했습니다.

도하라 먼저 크렘 샹티이만 먹어보겠습니다. 오! 이거 대박이네요. 향신료를 넣지 않은 것(이하 「무」)과 넣은 것(이하 「유」)이 전혀 다르군요. 「무」는 레몬의 깔끔한 풍미가 인상적이고, 「유」는 3가지 향이 어우러져 중후함이 있습니다.

오코시 전혀 다르네요. 「유」는 향신료가 전체적인 풍미를 길게 살려줘서 후반에 진하게 느껴집니다. 여운이 길어요. 레몬도 향신료도 우유 맛이 있는 지나친 단맛을 없애주는 역할을 하는 것 같습니다.

사가와 「무」는 레몬이 강하게 느껴집니다. 「유」는 아니스와 펜넬 향, 레몬 풍미가 산뜻하고 부드러운 느낌입니다.

오코시 전체를 먹으면 슈의 고소한 풍미에 향신료 향이 녹아드는 느낌이네요.

사가와 새콤달콤한 프랑부아즈와 아니스는 굉장히 잘 어울립니다. 깔끔하게 조화를 이루어 계속 부드러운 맛이 이어집니다.

아니스 향은 독특하기 때문에 튀기 쉽다고 생각하는데, 이렇게 조화를 이루다니 놀랍습니다.

도하라 그렇네요. 아니스보다 펜넬이 더 강하게 느껴집니다. 전체를 함께 먹으면 아니스가 들어 있다는 것을 모를 수도 있겠어요. 하지만 아니스 향이 있기 때문에 맛에 깊이가 생깁니다. 저는 「유」와 「무」, 둘 다 좋습니다.

오코시 「무」는 해변, 「유」는 숲의 이미지가 떠오릅니다.

사가와 맞아요. 레몬의 청량감에서는 「차가움」이, 펜넬과 아니스의 향에서는 「따뜻함」에 가까운 느낌이 듭니다.

도하라 제가 느낀 이미지는 「유」는 살짝 추워지기 시작한 미국의 추수감사절 시기에, 벽난로가 있는 집에서 먹는 디저트 같아요.

오코시 맞아요. 따뜻한 느낌이에요.

기무라 펜넬은 레몬의 풍미를 돋보이게 하는 한편, 퐁당의 강한 단맛을 레몬과 함께 깔끔하게 만들어주는 역할도 한다고 생각합니다. 거기에 마찬가지로 따뜻한 향이 있는 아니스 씨를 조합하여 깊이를 더하였습니다.

오코시 와인을 곁들일 경우, 「무」에는 순수한 과일 느낌과 달콤함이 있는 화이트와인이, 「유」에는 산화 숙성하여 견과류 뉘앙스가 있는 스위트 와인이 좋을 것 같습니다.

사바랭 아나나스

Savarin Ananas

패션프루트와 럼주 시럽이 스며든 파트 아 바바에, 시나몬, 스타아니스, 강황의 향이 있는 파인애플 콩포트와 코코넛 풍미의 크렘 레제르를 겹쳐 담았다. 안에 넣은 바질 & 민트 소스가 서프라이즈.

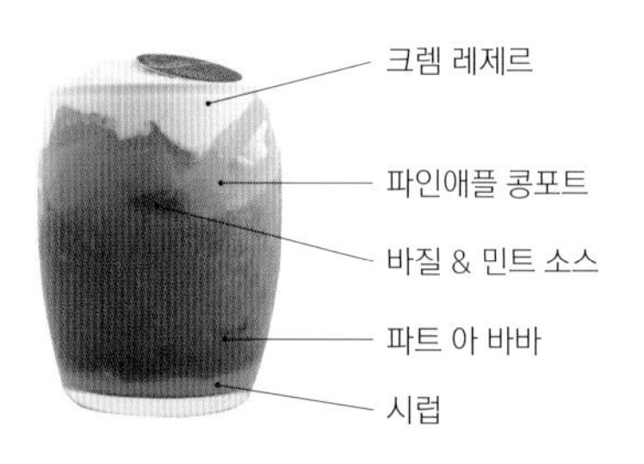

사용 향신료 & 허브 시나몬, 스타아니스, 강황, 바질, 페퍼민트

분석 「유」: 향신료 향 시럽 / 「무」: 시럽(파인애플 콩포트에 사용한 것), 바질 & 민트 소스
「유」는 55종 정도의 향이 분리되어 느껴졌고, 「무」는 6종, 바질 & 민트 소스는 59종이다. 「무」에 비해, 「유」는 3가지 향신료를 넣어서 향이 크게 증가하였다. 「달콤한」 향이 증가하고, 「허브」, 「초피」, 「사쿠라모치」, 「계수나무 뿌리껍질」 등의 향도 느껴졌다. 바질 & 민트 소스는 바질과 민트의 향이 직접적으로 느껴졌다. 향의 계열은 「바질」, 「박하」, 「오이」, 「맛차」 등.

비교 ※ 관련된 파트만 기재.

1. 향신료를 넣은 파인애플 콩포트, 바질 & 민트 소스
2. 향신료를 넣은 파인애플 콩포트(소스 없음)
3. 향신료를 뺀 파인애플 콩포트(소스 없음)

사바랭 아나나스

도하라 식품의 향 분석에 자주 사용되는 「가스크로마토그래피 후각측정기(냄새 물질을 분리하는 기계)」를 이용하여 시럽에 함유된 향을 모든 사람이 함께 스니핑(냄새를 실제로 맡는 것)하였습니다(p.53 참조).

기무라 사바랭 아나나스에 들어가는 파인애플 콩포트에 사용하는 시럽입니다. 시나몬 외에 달콤한 향을 더하기 위해 스타아니스를 넣고, 파인애플을 조릴 때 색을 내기 위해 강황을 추가하였습니다.

히라사와 스니핑 결과를 보면 5명의 향 표현이 각각 다르고 다양해서 재미있습니다.

도하라 저는 전반부에 느꼈던 달콤한 향을 포도 풍미 같다고 느꼈는데, 그 향은 어디에서 유래된 건가요?

오코시 저도 포도 같다고 생각했습니다.

사가와 맞아요. 과일 같은 향.

기무라 스타아니스가 아닐까요? 달콤한 과일 향을 표현하고 싶을 때 스타아니스를 사용하는 경우가 많습니다.

도하라 그렇군요. 역시 기무라씨는 아시는군요.

사가와 실제로 향을 다룬 사람, 즉 기무라씨는 평소부터 재료의 향을 자연스럽게 기억하고 있기 때문에, 다른 사람보다 잘 알 수 있습니다.

기무라 완전히 감각에 의한 것입니다만.

도하라 셰프나 제과 장인의 경험치를 바탕으로 한 작업이나 사고방식에는 근거가 있고, 이야기를 들어보면 과학적으로도 이치에 맞아요. 흥미롭습니다.

오코시 포도 같은 향 뒤에는 민트 같은 상쾌한 향이 나네요.

사가와 민트는 들어 있지 않으니, 그것도 스타아니스의 효과일 것 같습니다. 바로 뒤에 철이나 피 냄새 같은 향을 여러분도 느꼈지요. 향신료를 분석하면 이런 경우가 많습니다. 하지만 그것이 무엇인지는 잘 모르겠습니다.

도하라 후반부에는 시나몬 계열의 향이 강했어요. 그리고 민트 같은 향과 마지막에는 살구 향.

기무라 확실히 시나몬 향이 나고, 봄여름을 연상시키는 상쾌한 향이 난 뒤, 마지막으로 살구와 통카콩의 향이 났습니다.

도하라 이것은 시나몬에서 유래된 것인가요?

사가와 그렇습니다. 실론 시나몬이라고 생각합니다. 그리고 오코시씨가 대단하다고 생각했던 부분은, 마지막에 「풀 같다」, 「고기 같다」라고 말했지요? 이것은 아마도 강황에서 유래되었을 것입니다. 강황 향이 흙 냄새와 비슷하게 느껴지기도 해요. 매우 약하지만 미묘하게 여운이 느껴집니다.

오코시 계속해서 여러 가지를 연상시키는 향이 났습니다. 저는 단무지 같은 냄새와 흰곰팡이 냄새가 나기도 했지만, 중간중간 느껴지는 베리 계열, 멜론 계열, 에스테르 계열의 향이 그런 냄새를 부드럽게 감싸서 불쾌한 느낌은 적었습니다. 뭔가가 돌출되는 느낌도 별로 없었고, 밸런스가 좋아서 기분 좋은 느낌이었습니다.

사가와 깊은 곳에서부터 향신료가 느껴졌고, 밸런스가 매우 잘 맞았습니다.

기무라 3가지 향신료밖에 넣지 않았는데, 이렇게 여러 향으로 나뉘어서 느껴진다는 점이 놀라웠습니다. 맡아 보고 어떤 과일이든 잘 어울리겠다고 생각했습니다.

도하라 자, 그럼 이제 시식을 해봅시다. 3종류가 있습니다.

기무라 네. 상품으로 완성한 것은 파트 아 바바에 향신료를 넣은 파인애플 콩포트를 조합하고, 바질 & 민트 소스를 더한 것입니다. 맨 위는 코코넛 크림입니다. 이게 첫 번째입니다. 이 디저트는 소스의 풍미가 강한 편이므로, 두 번째는 첫 번째에서 소스만 뺐습니다. 그래서 향신료 향은 있습니다. 그리고 세 번째는 소스도 향신료도 뺀 것입니다.

오코시 맛있어요. 향신료와 소스가 더해질수록 향도 맛도 복잡해집니다. 맛이 깊어지고 만족감도 커지는군요.

도하라 모두 맛있지만, 역시 첫 번째가 가장 밸런스가 잘 맞아요. 향신료는 넣고 소스는 뺀 두 번째는 파트 아 바바에 스며든 럼주의 풍미가 강하게 느껴지고, 소스도 향신료도 뺀 세 번째는 단순히 과일 느낌만 남아 있습니다. 소스만으로는 풍미가 강하지만, 나른 풍미와 섞이면 부드러운 쓴맛과 단맛으로 잘 어우러집니다.

오코시 향신료에서 느껴지는 「따뜻함」과, 민트와 바질에서 느껴지는 「차가움」이 공존하고, 향이 여러 층으로 겹쳐있습니다.

사바랭시럽의 향 분석

「사바랭 아나나스」의 파인애플 콩포트에 사용하는 향신료를 넣은 시럽을 대상으로, 「가스크로마토그래피 후각측정기」를 이용하여 스니핑*을 실시하였다. 흡착제로 시럽 냄새를 포집하여 기계에 넣으면 기계 안에서 50~250℃의 열이 서서히 가해져, 시럽에 포함된 향물질이 분리되어 냄새를 맡을 수 있게 되는 방식이다. 또한 이 기계는 냄새에 함유된 물질을 추정하는 것도 가능하다. 아래의 그래프 중 각각의 피크는 검출된 물질을 나타낸다. 여기서는 그중 향신료에 포함된 대표적인 물질을 그래프에 기재하였다. 그래프 밑에는 스니핑에 의해 모두가 느낀 향의 계열과, 거기에서 연상되는 향의 계열의 예시를 기재하였다.

* 냄새를 실제로 맡는 것.

향신료 시럽의 배합

물 … 3000g
그래뉴당 … 890g
시나몬스틱 … 30g
스타아니스 … 30g
강황가루 … 3g

※ 실제로는 패션프루트 퓌레도 넣는데 향신료의 향을 돋보이게 하므로, 분석할 때는 사용하지 않았다.

그래프 향신료를 넣은 시럽의 스니핑

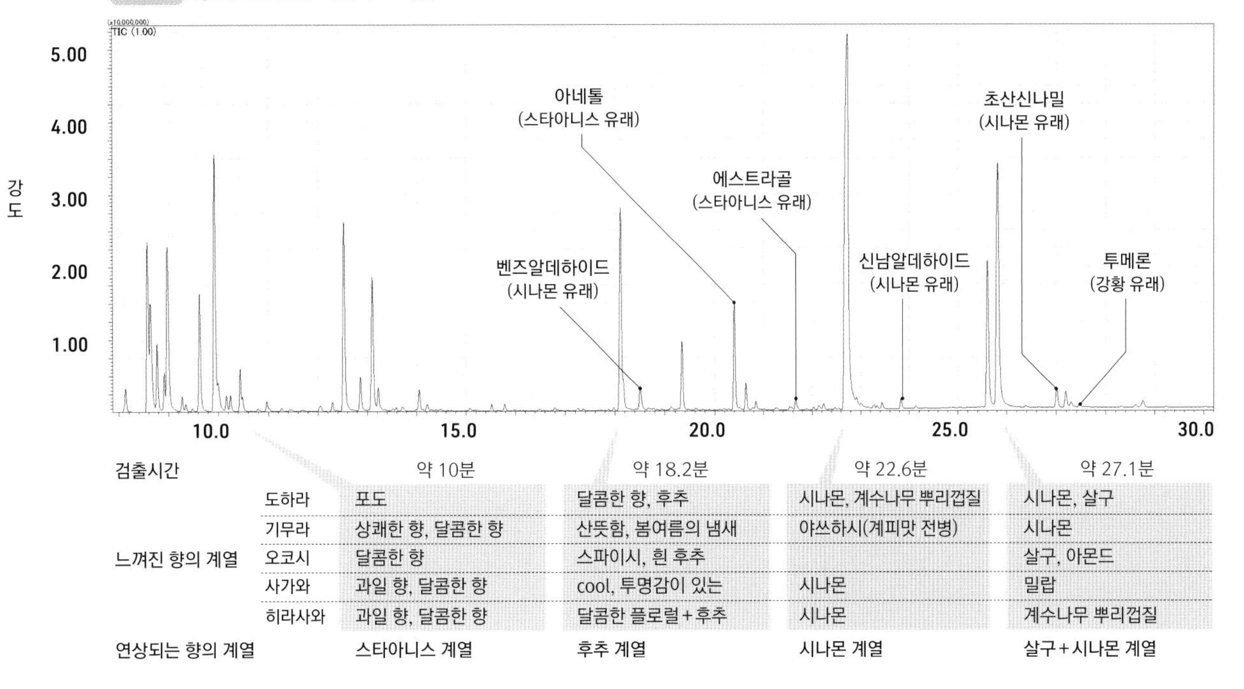

검출시간		약 10분	약 18.2분	약 22.6분	약 27.1분
느껴진 향의 계열	도하라	포도	달콤한 향, 후추	시나몬, 계수나무 뿌리껍질	시나몬, 살구
	기무라	상쾌한 향, 달콤한 향	산뜻함, 봄여름의 냄새	아쓰하시(계피맛 전병)	시나몬
	오코시	달콤한 향	스파이시, 흰 후추		살구, 아몬드
	사가와	과일 향, 달콤한 향	cool, 투명감이 있는	시나몬	밀랍
	히라사와	과일 향, 달콤한 향	달콤한 플로럴+후추	시나몬	계수나무 뿌리껍질
연상되는 향의 계열		스타아니스 계열	후추 계열	시나몬 계열	살구+시나몬 계열

동시에 맛에도 층이 있어서 입체감이 있습니다. 특히 민트를 조합하는 발상이 재미있어요. 의외의 맛이었습니다.

사가와 향신료 자체라기보다는 향신료가 다른 재료의 풍미에 입체감을 주는 것인지도 모르겠습니다.

기무라 사바랭 아나나스는 원래 레스토랑에서 따뜻한 디저트로 제공하고 있습니다. 구운 파인애플에 향신료 소스를 뿌리고 코코넛 아이스를 올립니다. 온도차가 있으면 질리지 않고 먹을 수 있으므로, 그 감각을 생과자로 표현하고 싶었습니다. 살짝 변화구일지도 모르겠네요.

도하라 제가 떠올린 것은 해리포터의 세계입니다. 역대 당주의 초상화가 장식되어있는 영국의 오래된 저택으로, 창밖에는 푸른 잎이 무성하고……. 그런 중후한 공간에서 홍차와 함께 먹는 이미지였어요. 여러 향이 섞여서 마법에 걸린 듯한 느낌도 있습니다.

오코시 재미있습니다. 술은 아이스와인을 곁들이 어떨까요? 향이 복잡해지면 곁들이는 음료도 단순한 것은 안 됩니다. 응축된 과일의 달콤함과 화려함이 있는 아이스와인의 독특한 뉘앙스가, 파인애플 콩포트나 럼주의 분위기에 잘 어울린다고 생각합니다.

도하라 다 먹고 난 뒤에 느껴지는 향의 여운도 좋습니다.

사가와 신기한 향의 조합으로, 먹기 전 이미지와 달라서 충격이었습니다.

므랭그 샹티이

기무라 므랭그 샹티이는 크렘 샹티이에 라벤더와 레몬그라스의 향을 더하여, 오렌지 껍질을 넣은 머랭 사이에 끼워 넣었습니다. 안에는 오렌지와 살구 콩피튀르도 들어 있습니다. 시식용으로는 허브를 넣은 크렘 샹티이(「유」)와 허브를 뺀 크렘 샹티이(「무」)를 준비하였습니다.

사가와 매우 신비로운 맛이네요. 따뜻함이 느껴져요.

도하라 「무」는 향이 약해진 느낌, 「유」는 깔끔한 느낌이네요.

오코시 풍미가 깊어지는 느낌입니다.

도하라 저는 라벤더 향에서 먼저 계절감을 느꼈습니다. 레몬그라스도 같은 계절이지요. 라벤더 향으로 화장실 방향제를 연상하는 세대도 있습니다. 저희 세대는 금목서인데 말이지요. 앞에서 먹은 2가지 디저트는 어떤 정경이 떠오르는데, 이것은 기억이 떠오릅니다. 라벤더 향은 사람에 따라 다른 기억을 떠올리게 한다고 생각합니다.

오코시 맞습니다. 저는 홋카이도 출신이기 때문에 라벤더가 상당히 친숙한 꽃이라 위화감이 없습니다.

므랭그 샹티이

Meringue Chantilly

오렌지 껍질을 넣은 스위스 머랭으로, 살구를 넣은 오렌지 콩피튀르와 라벤더+레몬그라스 향이 나는 화이트 초콜릿을 넣은 크렘 샹티이를 사이에 끼워 넣었다. 위에도 같은 샹티이를 올렸다. 노란색과 흰색의 색감도 산뜻하다.

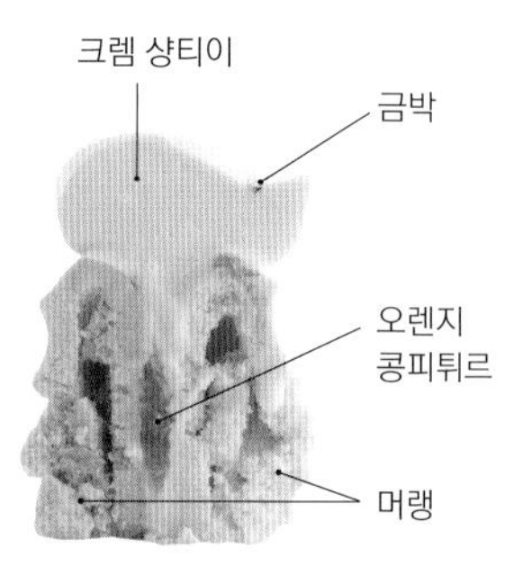

사용 허브 라벤더, 레몬그라스

분석 「유」: 허브향이 나는 생크림 / 「무」: 생크림

「유」는 약 35종, 「무」는 약 14종의 향이 분리되어 느껴졌다. 「유」에는 「달콤한 향」, 「허브」, 「박하」, 「시트러스」 등 다채로운 향의 계열이 더해졌다.

비교 ※ 관련된 파트만 기재.

1. 허브를 넣은 크렘 샹티이 2. 허브를 뺀 크렘 샹티이

사가와 저도 홋카이도 출신이라서 압니다. 라벤더는 흔히 보는 꽃이었기 때문에, 과거를 떠올리며 신비롭게 느꼈는지도 모르겠습니다.

기무라 사실 초여름에 홋카이도 후라노의 라벤더밭에서 라벤더 소프트아이스크림을 먹은 것이 발상의 원점입니다. 그날은 추웠기 때문에, 조금 시원한 허브를 추가하고 싶어서 레몬그라스를 넣었습니다.

오코시 계절감이 느껴지는 향은 기억과도 연결됩니다. 향을 맡으면 그해 여름이 생각나는 것 같은…….

히라사와 맞아요. 하지만 방향제 향이 생각나기도 합니다.

사가와 각인된 것은 바꾸기 어려워요.

히라사와 그리고 『시간을 달리는 소녀』라는 소설도 생각났어요. 주인공이 시공을 초월할 때 등장하는 것이 라벤더 향입니다.

모두 아!

도하라 라벤더 향에는 신비한 느낌이 있네요. 레몬그라스는 요리에 많이 사용되기 때문에 음식의 향으로 자연스럽게 받아들이지만, 라벤더는 음식과는 별개의 느낌을 받는 사람이 더 많습니다. 참고로 이 디저트에는 어떤 술이 잘 어울릴까요?

오코시 달콤한 스파클링 와인이 어울릴 것 같습니다.

레피스

기무라 마지막은 이 기획을 위해 만든 디저트입니다. 검은 후추, 스타아니스, 정향, 시나몬, 주니퍼베리를 가루로 만들어 크렘 샹티이와 딸기 쿨리에 배합하였습니다. 카르보나라에 검은 후추를 많이 넣으면 알갱이 느낌과 스파이시한 풍미로 맛있어

지는 느낌으로 만들었습니다.

도하라 시간차를 두고 여러 향이 찾아옵니다. 그러면서도 전체가 조화를 이룹니다. 흥미로워요. 먹을 때마다 느낌이 다릅니다. 향신료를 뺀 것은 향이 제각각이지만, 향신료를 넣은 것은 각각의 좋은 향이 서로를 잘 살려주는 느낌입니다.

사가와 굉장히 강력하네요.

오코시 달콤, 쌉쌀, 매콤의 순서로 향이 느껴집니다. 스파이시한 매운맛이 여운으로 남아, 다시 단것을 먹고 싶어지는 그런 느낌이에요.

사가와 생딸기와 함께 먹으면 신맛이 더해져 개운합니다. 전혀 다른 느낌이어서 깜짝 놀랐어요.

도하라 딸기와 조합하면 또 다르네요. 중독성이 있습니다.

사가와 정향은 중독성이 있는 편입니다.

도하라 저에게는 치과 의사가 연상되는 향이기도 합니다. 예전에는 염증 억제를 위해서 정향의 향 성분을 사용했어요.

오코시 진에 사용하는 주니퍼베리는 청량감이 있습니다. 검은 후추의 자극적인 매운맛이나, 정향의 쌉쌀함 등, 모두 적당히 세련된 풍미로 잘 어우러져서 여운이 오래 가는 느낌입니다.

도하라 농후함과 복잡함도 정경이라기보다는 기억인 것 같습니다. 먹을 때마다 느끼는 향에서 여러 기억들이 뒤섞여, 한입 더 먹고 싶어집니다. 향은 그 사람의 기억에 따라 호불호가 달라지기도 합니다.

오코시 주니퍼베리 이외의 향신료는 「따뜻함」이 느껴지는 무거운 향이어서, 곁들이는 술은 숙성 밤꿀 같은 풍미의 달콤한 소테른이나 핫 버터드 럼 등이 좋다고 생각했습니다.

사가와 저는 두드러지지는 않지만 시나몬이 의외로 효과적이라고 생각했습니다. 정향의 향은 화려하고 묵직하지만, 약 냄새도 납니다. 실론 시나몬을 넣으면, 그런 약 냄새가 억제되어 농후하고 깊은 맛이 납니다. 그래서 전체적으로 깊은 향이 되는 것 같습니다.

히라사와 사용한 5가지 믹스 스파이스도 「가스크로마토그래피 후각측정기」를 사용하여 스니핑하였는데, 향이 지나치게 많이 감지되는 느낌이었습니다. 분석이 끝난 뒤에도 샘플을 책상 위에 두었는데, 매우 좋은 향이 나서 맡으면 집중이 잘 되는 느낌이었습니다. 동료들도 가끔 향을 맡으러 와서, 「향 냄새 같아요」라고 하더군요.

사가와 시나몬이나 정향도 향으로 사용하니까요.

오코시 이 향을 저는 상당히 좋아합니다.

기무라 요리 세계에 입문하여 디저트를 담당했을 때, 딸기에 향신료와 발사믹비네거를 조합하는 디저트가 있었습니다. 조합이 새롭고 신선한 느낌이었어요. 손님 대부분이 향신료에 익숙하지 않기 때문에, 향신료를 디저트에 사용하는 것으로 일상에서 벗어난 느낌을 받았으면 좋겠다고 생각했습니다. 이번에는 그다지 익숙하지 않은 주니퍼베리를 사용하고 싶었는데, 정신을 차리고 보니 스타아니스, 정향, 시나몬도 사용하고 있었습니다(웃음). 자주 사용하는 향신료예요. 왜 자주 사용하는지는 잘 모르겠지만.

사가와 정향과 시나몬은 매우 궁합이 좋고, 서로의 좋은 향을 잘 살려줘서 부드러운 향을 만드는 효과가 있다고 생각합니다. 그렇게 섬세하지는 않고, 살짝 밀어 올리는 느낌. 담배나 시가에도 씁니다. 스타아니스도 같은 계열입니다.

기무라 그렇군요.

사가와 그건 그렇고, 기무라씨의 디저트는 어떤 향이 돋보인다기보다는, 밸런스가 잘 맞아서 하나가 된 느낌입니다. 어느 하나가 없으면 허전해집니다. 「유」와 「무」가 이렇게 다르다니 충격입니다.

도하라 향신료나 허브를 더함으로써 복잡함과 깊이가 생깁니다. 전혀 다르지요.

사가와 돌출되는 것이 아니라, 미묘한 차이를 느끼게 해줍니다. 새로운 향이 만들어지는, 조화의 단계가 아닐까요.

도하라 네, 좀처럼 만나기 힘든 향의 조합방법입니다.

오코시 여러 향이 어우러져서 일체감이 생겼을 때 만들어지는 것이 새로운 향이라고 생각합니다. 무엇이 들어 있는지 바로 알 수 없는.

도하라 매우 흥미로웠습니다. 향신료와 허브 향의 효과에 대해 잘 알았습니다

레피스

L'épice

헤이즐넛 크림을 채운 파트 쉬크레에 시나몬 풍미의 화이트 초콜릿 가나슈를 붓고, 주니퍼베리, 검은 후추, 스타아니스, 정향, 시나몬으로 향을 낸 딸기 쿨리와 크렘 샹티이를 겹쳐서 올렸다.

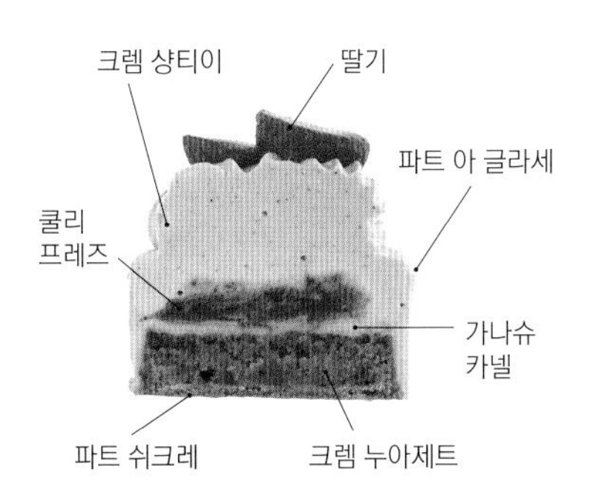

사용 향신료 검은 후추, 스타아니스, 정향, 시나몬
분석 믹스 향신료(4종류)
분리되어 느껴진 향은 36종 정도로, 「차즈기」, 「흙」, 「소나무」, 「락교」, 「정로환 계열」, 「민트」, 「향」 등 다른 디저트의 파트 분석과는 계열이 매우 달랐다.
비교 ※ 관련된 파트만 기재.
1. 향신료를 넣은 쿨리 프레즈 / 크렘 샹티이 / 가나슈
2. 향신료를 뺀 쿨리 프레즈 / 크렘 샹티이 / 가나슈

Recette

생토노레 프누유

Saint-Honoré Fenouil

| 재료 |

프랑부아즈 콩피튀르

〈25개 분량〉

A | 프랑브아즈(냉동·홀)…600g / 그래뉴당…300g / 삼온당…100g

레몬즙…40g

크렘 샹티이 프누유

〈10개 분량〉

생크림(유지방 35%)…280g / 레몬껍질(세토우치산, 간다)…0.8g

아니스 씨…2.8g / 펜넬 씨…1.9g

화이트 초콜릿(Cacao barry「제피르」)…66g / 크렘 샹티이*…200g

* 생크림(유지방 35%) 무게의 8%에 해당되는 설탕을 넣고 80% 휘핑한다.

푀이타주 앵베르세

〈만들기 쉬운 분량〉

버터 반죽

버터A(실온에 둔다)…830g

A | 박력분(닛신 제분「바이올렛」)*1…95g
강력분(닛신 제분「카멜리아」)*1…50g
밀가루(Viron「라 트라디숑 프랑세즈」 타입 55)*1…110g

데트랑프 반죽

B | 밀가루(Viron「라 트라디숑 프랑세즈」 타입 55)*2…250g
박력분(닛신 제분「바이올렛」)*2…200g
강력분(닛신 제분「카멜리아」)*2…55g / 소금…24g

버터B(깍둑썬다)…160g / 찬물…220g

*1·2 각각 섞어서 체로 친다.

파트 아 슈

〈만들기 쉬운 분량〉

A | 물…100g / 버터(깍둑썬다)…100g
우유…90g / 소금…3g / 그래뉴당…7g

강력분(닛신 제분「카멜리아」)*…75g / 박력분(닛신 제분「바이올렛」)*…50g

달걀(풀어준다)…200g

* 섞어서 체로 친다.

크렘 레제르

〈5개 분량〉

크렘 파티시에르*1…75g / 크렘 샹티이*2…75g / 진…10g

*1 냄비에 우유 500g(만들기 쉬운 분량, 이하 동일)과 마다가스카르산 바닐라빈 1/2개의 깍지와 씨를 넣고 가열하여 끓기 직전에 불을 끈 뒤, 뚜껑을 덮고 10분 동안 향을 추출한다(A). 볼에 달걀노른자 106g과 그래뉴당 122g을 넣고 섞은 뒤, 강력분 36g과 박력분 20g을 섞고 A를 체에 걸러서 넣는다. 다시 A의 냄비에 옮겨서 가열한다. 끓어서 윤기가 나면 불에서 내리고 버터 62g을 섞는다. 볼에 옮기고 바닥에 얼음물을 받쳐서 식힌 뒤, 비닐랩을 씌우고 밀착시켜서 냉장고에 하룻밤 넣어둔다.

*2 생크림(유지방 35%) 무게의 8%에 해당되는 설탕을 넣고 80% 휘핑한다.

완성

〈만들기 쉬운 분량〉

퐁당…적당량 / 시럽(보메 30도)…적당량

색소(레드)…적당량 / 동결건조 프랑부아즈…적당량

| 만드는 방법 |

프랑부아즈 콩피튀르

1 구리냄비에 A를 넣고 센불에 올려, 고무주걱으로 저으면서 떴을 때 흘러내리지 않는 정도로 가열한다.

2 레몬즙을 넣고 섞은 뒤 끓으면 불에서 내린다.

3 지름 3㎝ 실리콘 반구형틀에 붓는다. 급랭한다.

크렘 샹티이 프누유

1 냄비에 생크림을 넣고 레몬 껍질, 아니스 씨, 펜넬 씨를 넣어 가열한다. 끓기 직전에 불을 끄고 뚜껑을 덮어 10분 정도 향을 추출한다.

2 내열용기에 화이트 초콜릿을 담아 전자레인지로 녹인다.

3 2에 1을 시누아로 걸러서 옮기고 거품기로 섞는다. 비닐랩을 씌워 밀착시킨 뒤, 위에도 비닐랩을 씌워서 냉장고에 하룻밤 넣어둔다.

* 지나치게 섞으면 분리되므로 주의한다.

4 사용 직전에 3에 크렘 샹티이를 넣고 고무주걱으로 섞는다.

푀이타주 앵베르세

1 버터 반죽을 만든다. 믹싱볼에 버터A를 넣고, 믹서에 비터를 끼워서 중속으로 포마드 상태가 될 때까지 섞는다.

2 A를 넣고 저속으로 섞는다. 날가루가 조금 남아 있어도 OK.

3 한 덩어리로 뭉쳐서 비닐랩으로 싸고, 두께 2㎝ 정도의 정사각형을 만든다. 냉장고에 하룻밤 넣어둔다.

4 데트랑프 반죽을 만든다. 믹싱볼에 B를 넣은 뒤 믹서에 후크를 끼워서 저속으로 섞는다.

5 버터B를 넣고 소보로 상태가 될 때까지 섞는다. 중속으로 바꾸고 찬물을 넣는다. 날가루가 조금 남아 있어도 OK.

6 동그랗게 뭉친 뒤 비닐랩 위에 올린다. 프티 나이프로 십자 모양 칼집을 넣고, 칼집을 따라 반죽을 밖으로 벌려서 정사각형으로 정리한다.

7 비닐랩으로 싸서 버터 반죽과 같은 크기의 정사각형으로 대충 정리한다. 냉장고에 하룻밤 넣어둔다.

8 덧가루(강력분, 분량 외, 이하 동일)를 뿌리고 버터 반죽을 올린 뒤, 데트랑프 반죽을 겹쳐서 올린다. 밀대로 두드려서 잘 붙인다.

9 밀대로 두드려 가로폭을 넓힌 뒤, 덧가루를 뿌리고 롤러로 8㎜(60㎝×25㎝ 기준) 두께로 민다.

10 여분의 가루를 솔로 털어내고 3절접기한다. 밀대로 가장자리를 눌러서 밀착시킨다.

11 9~10을 1번 더 반복한다. 랩으로 싸서 냉장고에 하룻밤 둔다.

12 9~10을 3번 더 반복한다(총 5번). 랩으로 싸서 냉장고에 하룻밤 둔다.

13 필요한 양을 잘라내 밀대로 두드려 모양을 잡은 뒤, 롤러를 사용하여 2.5㎜ 두께로 늘린다. 지름 7㎝ 원형틀로 찍어서 포크로 구멍을 뚫은 뒤, 오븐팬에 올린다. 냉장고에 하룻밤 넣어둔다.

파트 아 슈

1 구리 냄비에 A를 담아 센불로 끓여서, 버터가 녹으면 불에서 내린다.
2 강력분과 박력분을 넣고 날가루가 없어질 때까지 고무주걱으로 섞는다.
3 다시 한 번 센불에 올려 눌어붙지 않도록 저으면서 가열한다. 반죽이 냄비 바닥에서 떨어질 정도가 되면 불에서 내린다.
4 믹싱볼에 옮기고 믹서에 비터를 끼워서 중속으로 섞는다. 달걀을 4~5번에 나눠서 넣고, 넣을 때마다 골고루 섞는다. 고무주걱으로 떴을 때 천천히 흘러내리고, 고무주걱에 반죽이 역삼각형으로 남으면 OK.

조립1

1 실리콘 매트를 깐 오븐팬에 푀이타주를 가지런히 올린다. 파트 아 슈를 지름 10㎜ 둥근 깍지를 끼운 짤주머니에 넣고, 푀이타주의 가장자리보다 조금 안쪽에 1바퀴 짠다.
2 1에서 남은 파트 아 슈는 실리콘 매트를 깐 오븐팬에 지름 3㎝ 정도로 둥글게 짠다.
3 1과 2를 180℃ 컨벡션오븐에 넣고 15분 정도 구운 뒤, 170℃로 올려서 10분 정도 굽는다. 실온에서 식힌다.

크렘 레제르

1 볼에 크렘 파티시에르를 넣고 매끄러워질 때까지 고무주걱으로 섞는다.
2 80% 휘핑한 크렘 샹티이의 1/2을 넣고 고무주걱으로 섞는다. 전체가 골고루 섞이면, 나머지 크렘 샹티이를 넣고 섞는다. 진을 넣고 섞는다

조립2·완성

1 내열용기에 퐁당을 넣고 보메 30도 시럽을 조금 넣어 섞은 뒤, 전자레인지로 30℃ 정도까지 가열한다. 색소(레드)를 섞어 분홍색으로 만든다.
2 〈조립1〉에서 구운 프티 슈 중 2/3를 손으로 집어서 구운 면을 1에 담갔다 뺀다. 여분의 퐁당을 손가락으로 닦아낸 뒤, 실리콘 매트를 깐 오븐팬에 퐁당이 위로 오도록 가지런히 올린다.
3 1의 퐁당을 조금 덜어서, 색소를 더 넣고 붉게 만든다. 나머지 프티 슈를 2와 같은 방법으로 퐁당에 담근다.
4 2와 3의 바닥에 가늘고 둥근 깍지로 구멍을 낸다. 가늘고 둥근 깍지를 끼운 짤주머니에 크렘 레제르를 넣고 듬뿍 짜 넣는다. 실리콘 매트를 깐 오븐팬에 가지런히 놓는다.
5 〈조립1〉에서 만든 바닥용 파트를 손으로 잡고, 슈의 윗면을 1에서 남은 퐁당에 담갔다 뺀다. 여분의 퐁당을 손가락으로 닦아낸 뒤, 실리콘 매트를 깐 오븐팬에 가지런히 올린다.
6 5의 퐁당이 마르기 전에 4의 핑크색 퐁당을 입힌 프티 슈 2개와 빨간색 퐁당을 입힌 프티 슈 1개를, 5의 슈 위에 올려서 단단히 붙인다.
7 6의 가운데에 프랑부아즈 콩피튀르를 넣는다. 지름 10㎜ 둥근 깍지를 끼운 짤주머니에 나머지 크렘 레제르를 넣고, 프랑부아즈 콩피튀르가 덮이도록 얇게 짠다.
8 8발 별모양 깍지를 끼운 짤주머니에 크렘 샹티이 프누유를 넣고, 프티 슈 사이에 짠다. 맨 위에는 장미 모양으로 3바퀴를 짠다. 동결건조 프랑부아즈를 뿌린다.

사바랭 아나나스

Savarin Ananas

| 재 료 |

파트 아 바바

〈약 100개 분량〉

A | 밀가루(Viron「라 트라디숑 프랑세즈」 타입 55)…1000g
박력분(닛신 제분「바이올렛」)…500g
소금…20g / 그래뉴당…40g / 우유…250g
달걀…1000g / 인스턴트 드라이이스트…50g

버터(깍둑썬다)…500g

파인애플 콩포트

〈만들기 쉬운 분량〉

파인애플(완숙)…3개

A | 물…3000g / 그래뉴당…890g
패션프루트 퓌레*1…250g / 스타아니스*2…30g
강황(파우더)…3g

*1 5~7㎝ 길이로 자른다. *2 적당한 크기로 나눈다.

바질 & 민트 소스

〈만들기 쉬운 분량〉

A | 파인애플 콩포트 시럽*1…150g
파인애플 콩포트(국물 제거)…150g
바질 잎(생)…15~17g
페퍼민트 잎(생)…6~8g
그래뉴당*2…30g
HM펙틴*2…6g

*1 파인애플 콩포트에 사용한 것. *2 섞는다.

시럽

〈만들기 쉬운 분량〉

A | 물…1000g
그래뉴당…500g
패션프루트 퓌레…200g

럼주…200g

크렘 레제르

〈만들기 쉬운 분량〉

크렘 샹티이*1…200g
코코넛 농축 페이스트(NARIZUKA「Jupe 코코넛」)…12g
크렘 파티시에르*2…100g

*1·2 생토노레 프누유의 크렘 레제르에서 설명한 방법대로, 크렘 샹티이와 크렘 파티시에르를 만든다.

완성

슈거파우더(장식용)…적당량

| 만드는 방법 |

파트 아 바바

1 믹싱볼에 A를 넣고 믹서에 후크를 끼운 뒤 중속으로 15분 정도 섞는다.
2 버터를 넣고 3분 정도 섞는다.
3 실리콘 매트를 깐 오븐팬에 지름 5.5㎝ × 높이 3㎝ 틀을 올린다. 짤주머니에 2를 넣고 끝부분을 가위로 잘라서 30g씩 짠다.
4 30℃ 정도의 발효기에 넣고 30분 정도 발효시킨다.
5 댐퍼를 연 180℃ 컨벡션오븐에 넣고 20분 굽는다. 완성되면 실온에서 식힌다.

파인애플 콩포트

1 파인애플은 껍질을 벗기고 1.5㎝ 두께로 둥글게 자른 뒤, 지름 8㎝ 원형틀로 심을 도려낸다.
2 냄비에 A를 넣고 저으면서 끓인다.
3 1을 넣고 약불로 5~10분 정도 끓인다. 완전히 부드러워지기 직전에 불을 끈다.
* 남은 열로 익는 것도 생각해야 한다. 살짝 단단한 단계에서 불을 끄면, 남은 열로 익어서 적당히 부드러워진다.
4 용기에 옮겨 실온에서 식힌 뒤 냉장고에 하룻밤 넣어둔다.

바질 & 민트 소스

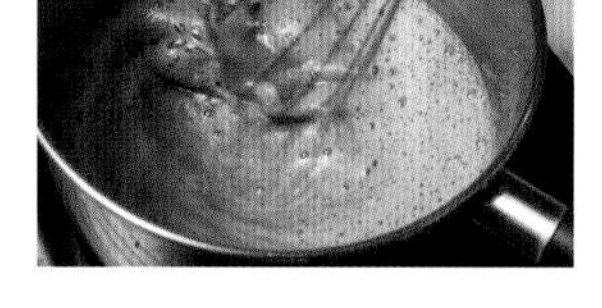

1 믹싱볼에 A를 넣고 소스 상태가 될 때까지 간다.
2 냄비에 1을 넣고 거품기로 저으면서, 체온 정도까지 가열한다. 그래뉴당과 HM펙틴을 넣고 끓인다.
3 지름 3㎝ 반구형 실리콘틀에 붓는다. 급랭한다.

시럽

1 냄비에 A를 넣고 저으면서 50℃ 정도까지 가열한다. 불을 끄고 럼주를 넣은 뒤, 냄비 바닥에 얼음물을 받쳐서 식힌다.
* 바로 사용하지 않을 경우 냉장고에 보관하고, 사용하기 직전에 50℃까지 가열한다.

조립1

1 파트 아 바바의 윗부분을 빵칼로 잘라서, 높이 3㎝ 원기둥 모양으로 만든다. 칼집을 넣어서 지름 5.5㎝ × 높이 7㎝ 유리잔의 바닥에 딱 맞게 모양을 정리하여 넣는다.

2 50℃ 정도의 시럽을 80g씩 넣는다. 파트 아 바바에 시럽이 스며들면 프티 나이프로 파트 아 바바를 눌러서 정리한다. 시럽을 거의 다 흡수할 때까지 실온에 둔다.

크렘 레제르

1 볼에 80% 휘핑한 크렘 샹티이와 코코넛 농축 페이스트를 넣고, 거품기로 대충 섞는다.
2 다른 볼에 크렘 파티시에르를 넣고 고무주걱으로 섞어서 매끄럽게 만든다. 1의 1/2을 넣고 섞은 뒤, 고르게 섞이면 나머지 1도 섞는다.

조립2·완성

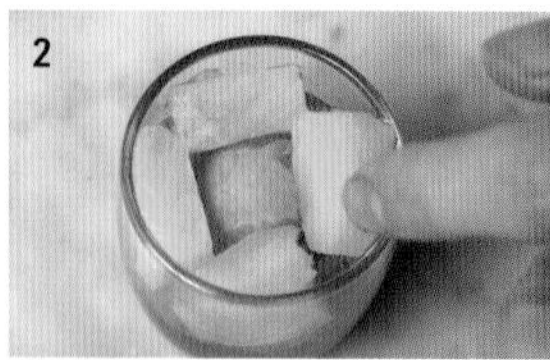

1 〈조립1〉의 글라스에 담은 파트 아 바바 가운데에 소스를 올린다.
2 파인애플 콩포트를 웨지모양으로 12등분한 뒤, 1의 주위에 채운다. 소스가 덮이도록 위에도 빈틈없이 채운다.
3 2에 팔레트 나이프로 크렘 레제르를 듬뿍 올리고, 완만한 산 모양으로 정리한다.
4 슈거파우더(장식용)를 뿌린다.

므랭그 샹티이

Meringue Chantilly

| 재료 |

머랭

〈약 8개 분량〉
달걀흰자 … 100g
그래뉴당 … 100g
슈거파우더 … 100g
오렌지 껍질(간다) … 1g
색소(오렌지) … 적당량

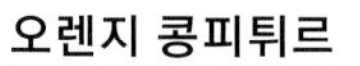

오렌지 콩피튀르

〈50개 분량〉
오렌지 … 300g
그래뉴당* … 90g
HM펙틴* … 7g
오렌지즙 … 120g
살구 퓌레 … 100g
레몬즙 … 30g
* 섞는다.

크렘 샹티이

〈15개 분량〉
생크림(유지방 35%) … 200g
라벤더(드라이) … 1g
레몬그라스(드라이) … 1.2g
화이트 초콜릿(Cacao barry 「제피르」) … 98g
크렘 샹티이* … 300g
* 생크림(유지방 35%) 무게의 8%에 해당되는 그래뉴당을 넣고 80% 휘핑한다.

완성

금박 … 적당량

| 만드는 방법 |

머랭

1 볼에 달걀흰자와 그래뉴당을 넣고 거품기로 저으면서 볼 바닥을 직접 불에 잠깐씩 대서, 60℃ 정도로 만든다.
2 믹싱볼에 **1**을 옮기고 믹서기에 휘퍼를 끼워 고속으로 섞어서, 휘퍼로 떴을 때 뿔이 뾰족하게 서는 상태까지 휘핑한다.
3 슈거파우더와 오렌지 껍질을 넣고 고무주걱으로 섞는다.
4 다른 볼에 **3**의 1/2을 넣고, 색소(오렌지)를 섞어서 오렌지색으로 만든다.
5 6발 별모양 깍지를 끼운 짤주머니에 나머지 **3**을 넣고, 실리콘 매트를 깐 오븐팬에 지름 6㎝ 정도의 장미 모양으로 짠다. **4**의 오렌지색 머랭도 같은 방법으로 짠다.
6 80℃ 컨벡션오븐에 넣고 3~4시간 정도 굽는다. 실온에서 식힌다.

크렘 샹티이

1 냄비에 생크림, 라벤더, 레몬그라스를 넣고 가열하여 끓기 직전에 불을 끈다. 뚜껑을 덮고 10분 동안 향을 추출한다.
2 내열용기에 화이트 초콜릿을 넣고 전자레인지로 녹인다.
3 **2**에 **1**을 시누아로 걸러서 넣은 뒤 거품기로 섞는다. 비닐랩을 씌워서 밀착시킨 뒤, 위에도 비닐랩을 씌워서 냉장고에 하룻밤 넣어둔다.
* 지나치게 섞으면 분리되므로 주의한다.
4 사용 직전에 **3**에 크렘 샹티이를 넣고 섞는다.

오렌지 콩피튀르

1 오렌지 껍질 표면 전체에 꼬치를 찔러서 구멍을 낸다.
2 냄비에 **1**을 넣고 물(분량 외)을 가득 담아 가열한다. 끓으면 체로 건져 물기를 뺀다.
3 **2**의 작업을 6~9번 반복한다.
4 껍질과 씨를 제거하고 칼로 다진다.
5 냄비에 **4**, 그래뉴당, HM펙틴을 넣고 불에 올린 뒤, 물기가 거의 없어질 때까지 고무주걱으로 저으면서 끓인다.
6 오렌지즙, 살구 퓌레, 레몬즙을 넣고 저으면서 약불로 끓인다. 걸쭉해져서 고무주걱으로 떴을 때 흘러내리지 않는 상태가 되면 불을 끈다. 트레이에 붓고 비닐랩을 씌워서 밀착시킨다. 실온에서 식힌다.

완성

1 흰 머랭을 구운 면이 아래로 가도록 작업대에 가지런히 올린다. 지름 10㎜ 둥근 깍지를 끼운 짤주머니에 크렘 샹티이를 넣은 뒤, 가장자리를 5㎜ 정도 남기고, 납작한 돔모양으로 짠다.
2 짤주머니에 오렌지 콩피튀르를 넣고 끝부분을 가위로 자른 뒤, **1**의 크렘 샹티이에 꽂아서 1작은술 정도 짠다.
3 오렌지색 머랭을 **2**에 덮는다. 손바닥으로 감싸듯이 잡고, 크렘 샹티이가 가장자리에 닿을 때까지 천천히 눌러서 밀착시킨다.
4 바닥에 종이를 깔고 크렘 샹티이를 조금 짠 뒤 **3**을 세워서 올리고, 쓰러지지 않게 확실히 고정시킨다.
5 생토노레 깍지를 끼운 짤주머니에 나머지 크렘 샹티이를 넣고, **4** 위에 좌우로 움직이면서 짠다. 금박으로 장식한다.

레피스

L'épice

| 재료 |

에피스

〈만들기 쉬운 분량〉
주니퍼베리* … 100g
검은 후추 … 30g
스타아니스파우더 … 30g
정향파우더 … 60g
시나몬파우더 … 10g
* 분쇄기로 간다.

크렘 샹티이

〈15개 분량〉
생크림(유지방 35%) … 250g
에피스(위의 재료로 만든 것) … 5g
오렌지 껍질(간다) … 1g
화이트 초콜릿(Cacao barry 「제피르」) … 105g
꿀 … 30g

파트 쉬크레

〈50개 분량〉
버터(실온에 둔다) … 300g
슈거파우더(체로 친다) … 200g
소금 … 5g
달걀 … 150g
아몬드파우더* … 80g
박력분* … 500g
* 각각 체로 쳐서 섞는다.

크렘 누아제트

〈만들기 쉬운 분량〉
버터(깍둑썬다) … 300g
슈거파우더(체로 친다) … 300g
달걀 … 300g
헤이즐넛파우더(껍질째)* … 300g
* 살짝 로스팅하여 식힌다.

쿨리 프레즈

〈30개 분량〉
꿀 … 100g
버터(깍둑썬다) … 150g
라임 퓌레 … 40g
레몬 퓌레 … 40g
에피스(위의 재료로 만든 것) … 18g
발사믹비네거 … 40g
딸기(냉동, Senga Sengana 품종)*1 … 300g
판젤라틴*2 … 6g
*1 해동한다.
*2 찬물에 불려 물기를 제거한다.

가나슈 카넬

〈25개 분량〉
생크림(유지방 35%) … 100g
시나몬스틱* … 0.3개
화이트 초콜릿(Cacao barry 「제피르」) … 155g
*5~7㎝ 길이로 나눈다.

파트 아 글라세

〈만들기 쉬운 분량〉
블론드 초콜릿(Callebaut 「골드」 카카오 30.4%) … 100g
코팅용 화이트 초콜릿(Cacao barry 「파트 아 글라세 이부아르」) … 50g
아몬드 다이스(굽는다) … 20g
마카다미아너트 오일 … 20g

완성

딸기(작은 것)* … 적당량
나파주 뇌트르 … 적당량
* 꼭지를 잘라내고 꼭지쪽이 아래로 가게 놓은 뒤, 칼을 수평으로 넣어 2등분한다.

| 만드는 방법 |

에피스

1 볼에 모든 재료를 넣고 거품기로 섞는다.

크렘 샹티이

1 냄비에 생크림, 에피스, 오렌지 껍질을 넣고 가열하여 끓기 직전에 불을 끈다. 뚜껑을 덮고 10분 동안 향을 추출한다.
2 내열용기에 화이트 초콜릿과 꿀을 넣고 전자레인지로 녹인다.

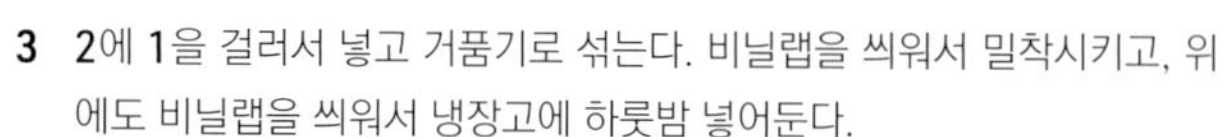

3 **2**에 **1**을 걸러서 넣고 거품기로 섞는다. 비닐랩을 씌워서 밀착시키고, 위에도 비닐랩을 씌워서 냉장고에 하룻밤 넣어둔다.

* 지나치게 섞으면 분리되므로 주의한다.

파트 쉬크레

1 믹싱볼에 버터를 넣고 믹서에 비터를 끼운 뒤 중속으로 섞어서 포마드 상태로 만든다.
2 슈거파우더와 소금을 넣고 하얗게 변할 때까지 섞는다.
3 달걀을 3번 정도에 나눠서 넣고, 넣을 때마다 골고루 섞는다.
4 아몬드파우더와 박력분을 넣고 저속으로 대충 섞는다. 중속으로 바꿔서 날가루가 없어질 때까지 섞는다.
5 스크레이퍼로 바닥에서부터 퍼올리듯이 골고루 섞는다.
6 한 덩어리로 뭉쳐서 비닐랩으로 싼 뒤, 두께 3㎝ 정도로 만든다. 냉장고에 하룻밤 넣어둔다.
7 롤러를 이용하여 2㎜ 두께로 늘린 뒤, 지름 6㎝ 틀로 찍는다. 타공 실리콘 매트를 깐 오븐팬에 가지런히 올리고, 180℃ 컨벡션오븐에 넣어 15분 정도 굽는다. 그대로 실온에서 식힌다.

크렘 누아제트

1 푸드프로세서로 버터와 슈거파우더를 섞는다.
2 달걀을 넣고 섞는다.
3 헤이즐넛파우더를 넣고 날가루가 없어질 때까지 섞는다.

조립1

1 실리콘 매트를 깐 오븐팬에 파트 쉬크레를 가지런히 올리고, 지름 6㎝ × 높이 3㎝ 틀을 씌운다.
2 지름 10㎜ 둥근 깍지를 끼운 짤주머니에 크렘 누아제트를 넣고, **1** 위에 20g씩 평평하게 짠다.
3 170℃ 컨벡션오븐에 넣고 20분 정도 굽는다. 틀을 분리하고 실온에서 식힌다.
4 빵칼로 윗면을 잘라서 1.5㎝ 두께로 만든다. 급랭한다.

쿨리 프레즈

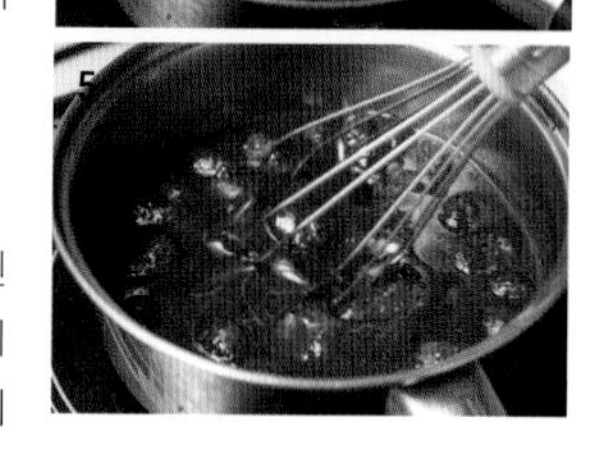

1 냄비에 꿀을 넣고 고무주걱으로 저으면서 가열하여, 색이 연한 캐러멜을 만든다.
2 버터를 넣고 한소끔 끓인다. 2가지 퓌레를 넣어서 섞고 불을 끈다.
3 에피스를 넣고 끓인다.
4 발사믹비네거를 넣고 섞는다.
5 딸기를 넣고 거품기로 으깨면서 끓인다. 발사믹비네거의 자극적인 향이 줄고, 딸기향과 잘 어우러지면 불에서 내린다.
6 판젤라틴을 넣고 거품기로 섞는다.

* 딸기의 큰 덩어리가 남아 있으면 스틱 믹서로 간다.

7 윗지름 4.5㎝ × 바닥 지름 3.5㎝ × 높이 1㎝ 틀에 붓는다. 급랭한다.

가나슈 카넬

1 냄비에 생크림과 시나몬스틱을 넣고 가열한다. 끓기 직전에 불을 끄고 뚜껑을 덮어, 10분 동안 향을 추출한다.
2 볼에 화이트 초콜릿을 넣고 **1**을 시누아로 걸러서 넣는다. 스틱 믹서로 유화시킨다.

조립2

1 실리콘 매트를 깐 오븐팬에 〈조립1〉을 가지런히 올린 뒤, 지름 6㎝ × 높이 3㎝ 틀을 씌운다.
2 가나슈 카넬을 10g씩 붓고 급랭한다.
3 크렘 샹티이를 충분히 휘핑한다.
4 팔레트 나이프로 **2**에 **3**을 넣고, 가운데를 절구처럼 오목하게 정리한다.
5 쿨리 프레즈를 넓은 면이 아래로 가게 넣는다.
6 **3**을 올리고 팔레트 나이프로 평평하게 정리한다. 급랭한다.

파트 아 글라세

1 2가지 초콜릿을 녹인 뒤 아몬드 다이스와 마카다미아 오일을 섞는다.

완성

1 〈조립2〉의 원형틀을 손으로 따뜻하게 데워서 틀을 분리한다.
2 볼에 파트 아 글라세를 담는다. **1**의 윗면에 칼을 꽂아, 윗면을 제외하고 파트 아 글라세에 담갔다 뺀다. 바닥에 붙은 아몬드 다이스를 제거한다.
3 8발 별모양 깍지를 끼운 짤주머니에 크렘 샹티이를 넣고, **2**의 윗면에 장미 모양을 5개를 짠다.
4 솔로 딸기의 단면에 나파주 뇌트르를 발라서 2조각씩 올린다.

생강 향

파르퓌메

Parfumée

아스테리스크
ASTERISQUE

「향은 '내는' 것이 아니라 '남기는' 감각. 재료의 조합으로 표현하고 싶은 향을 끌어내는 이미지입니다」라고 말하는 이즈미 고이치 셰프. 단독으로는 개성을 발휘하기 어려운 생강은 즙을 내서 풍미를 응축시키고, 청량감과 은은한 쓴맛이 연결되는 라임으로 향을 살려서 강한 인상으로 완성하였다. 아몬드의 풍부한 풍미에 딸기, 프랑부아즈, 복숭아, 바닐라 등의 화려한 맛을 겹쳐서 다양한 향의 요소를 담아내고, 생강과 라임의 산뜻한 향으로 전체의 균형을 잡아, 입안에서 복잡한 풍미가 기분 좋게 퍼져나가는 구성이다.

POINT

생강즙

신선함을 강조하기 위해 생생강을 사용한다. 상큼한 라임과 조합하여 향을 살렸다.

| 재 료 |

파트 쉬크레

〈약 57개 분량〉

버터*1 … 112g
슈거파우더(100% 그래뉴당) … 69g
소금(플뢰르 드 셀, JOZO「플레이크 솔트」) … 2g
아몬드파우더 … 26g
달걀노른자*2 … 25g
달걀*2 … 20g
박력분*3 … 188g
강력분*3 … 48g

*1 실온에 둔다.
*2 섞어서 풀어준다.
*3 섞어서 체로 친다.

비스퀴 팽 드 젠 아 라 프랑부아즈

〈약 19개 분량〉

파트 다망드 크뤼*1 … 180g
버터*2 … 55g
달걀*3 … 175g
달걀흰자*4 … 75g
그래뉴당 … 25g
박력분*5 … 35g
베이킹파우더*5 … 2.5g
프랑부아즈(냉동·브로큰) … 100g

*1 실온에 둔다.
*2 약 1.5㎝ 크기로 깍둑썰어서 실온에 둔다.
*3 풀어준다.
*4 차갑게 식힌다.
*5 섞어서 체로 친다.

소테 오 페슈

〈약 19개 분량〉

페슈 드 비뉴(붉은 복숭아)*1 … 190g
그래뉴당 … 29g
버터 … 18g
바닐라빈*2 … 1개
복숭아 리큐어 … 18g

*1 1/4로 잘라서 냉동한다.
*2 깍지에서 씨를 긁어내고, 깍지도 사용한다.

딸기 풍미의 화이트 초콜릿 크림

〈약 19개 분량〉

우유 … 27g
판젤라틴*1 … 4.7g
화이트 초콜릿(Belcolade「블랑 셀렉션」)*2 … 178g
딸기 퓌레*3 … 57g
프랑부아즈 퓌레*3 … 26g
딸기 농축 과즙 … 2g
생크림(유지방 35%)*3 … 222g

*1 찬물에 불린다.
*2 녹여서 40℃로 조절한다.
*3 각각 10℃로 조절한다.

생강 & 라임 풍미의 화이트 초콜릿 크림

〈약 19개 분량〉

우유 … 83g
판젤라틴*1 … 7g
화이트 초콜릿(Belcolade「블랑 셀렉션」)*2 … 435g
오렌지즙 … 23g
라임즙 … 90g
생강즙*3 … 50g
라임 껍질*4 … 1개 분량
생크림(유지방 35%) … 600g

*1 찬물에 불린다.
*2 녹여서 40℃로 조절한다.
*3 껍질을 벗기고 로보 쿠프(푸드프로세서)로 갈아서 퓌레 상태로 만든 뒤 면보에 담아 짠다.
*4 간다.

완성

〈1개 분량〉

나파주 뇌트르*1 … 적당량
마카롱 셸*2 … 2장
프랑부아즈 콩피튀르 … 적당량
딸기 … 1/2개
프랑부아즈 … 1개

*1 45℃로 데워서 30℃로 조절한다.
*2 분홍색으로 착색한다. 지름 약 3㎝.

| 만드는 방법 |

파트 쉬크레

1 믹싱볼에 버터, 슈거파우더(100% 그래뉴당), 소금을 넣고, 믹서에 비터를 끼워서 슈거파우더가 잘 섞일 때까지 저속으로 섞는다.

* 가능한 한 공기가 들어가지 않게 저속으로 섞는다. 버터를 실온(18~20℃ 기준)에 두면, 전체가 잘 섞인다.

2 아몬드파우더를 넣고 섞는다.

* 글루텐이 많이 형성되면 구울 때 글루텐 때문에 수축되기 쉽다. 달걀보다 아몬드파우더를 먼저 넣어서 유지성분을 늘린 뒤, 수분(달걀)과 가루를 섞으면 글루텐이 필요 이상 형성되지 않아 수축을 막을 수 있다.

3 섞어서 풀어놓은 달걀노른자와 달걀을 한 번에 넣고 섞는다. 가끔씩 믹서를 멈추고, 옆면과 비터에 달라붙은 반죽을 떼어낸다.

4 섞어서 체로 친 박력분과 강력분을 한 번에 넣고, 날가루가 없어질 때까지 섞는다. 스크레이퍼로 살짝 섞어서 한 덩어리로 만든다.

* 박력분의 일부를 강력분으로 대체하면, 잘 눅눅해지지 않는 바삭한 식감이 된다.

5 OPP 시트를 깐 트레이에 올리고, 그 위에 OPP 시트를 씌워서 손으로 살짝 평평하게 만든다. OPP 시트를 씌운 채 롤러를 사용하여 2㎜ 두께로 늘린다. 냉동고에 넣고 차갑게 식혀서 굳힌다.

* 구워도 거의 수축되지 않으므로, 냉장고에 하룻밤 넣어둘 필요는 없다.

6 55㎝ × 9㎝로 잘라서 타공 실리콘 매트를 깐 오븐팬에 올린다.

7 윗불과 아랫불 모두 150℃로 예열한 데크오븐에 넣고 20분 정도 굽는다.

* 거의 수축되지 않기 때문에 포크로 구멍을 낼 필요도 없다.

비스퀴 팽 드 젠 아 라 프랑부아즈

1 믹서에 비터를 끼운 뒤, 믹싱볼에 파트 다망드 크뤼를 손으로 잘라서 넣고 버터를 추가하여 중속으로 섞는다.

* 파트 다망드 크뤼와 버터는 실온(18~20℃ 기준)에 둔다. 온도가 비슷하면 잘 섞인다.

2 저속으로 바꾸고 달걀을 4~5번에 나눠서 넣고 섞는다.

* 일반적인 팽 드 젠은 파트 다망드와 달걀을 먼저 섞은 뒤 녹인 버터를 추가하는데, 그러면 파트 다망드와 달걀이 잘 섞이지 않아서 시간이 걸리기 때문에, 작업 효율을 높이기 위해 먼저 파트 다망드 크뤼와 버터를 섞는다.

3 중속으로 바꾸고 전체를 골고루 섞는다.

4 다른 믹싱볼에 달걀흰자와 그래뉴당을 넣고, 휘퍼로 떴을 때 뿔이 뾰족하게 서는 상태까지 중고속으로 휘핑한다.

* 차가운 달걀흰자를 중고속으로 휘핑한다. 흰자의 양에 비해 그래뉴당의 양이 적어서 고속으로 단숨에 휘핑하면 기포가 거칠고 가벼운 머랭이 되어, 구울 때 크게 부풀고 구운 뒤 식으면 푹 꺼진다. 또한 흰자가 차갑지 않으면 빨리 휘핑되지만 기포가 거칠다.

* 처음부터 그래뉴당을 넣으면 거품이 잘 나지 않지만 곱고 윤기 있는 머랭이 되어, 유지성분이 많은 재료와도 잘 섞여서 촉촉하게 완성된다.

5 **3**을 볼에 옮기고 **4**의 1/2을 넣어 고무주걱으로 섞는다.

6 섞어둔 박력분과 베이킹파우더를 넣고 날가루가 없어질 때까지 기포가 꺼지지 않도록 자르듯이 섞는다.

7 나머지 **4**를 넣고 같은 방법으로 섞는다.

8 짤주머니에 **7**을 넣어서 타공 실리콘 매트를 깐 오븐팬 위에 올려놓은 55㎝ × 8㎝ × 높이 4㎝ 사각형틀 안에 짠다. 주걱으로 평평하게 정리한다.

9 프랑부아즈를 냉동 상태 그대로 전체에 뿌린다.

* 프랑부아즈를 해동하면 반죽에 색이 배어들기 때문에, 냉동 상태로 뿌린다.

10 윗불, 아랫불 모두 180℃로 예열한 데크오븐에 넣고 30분 정도 굽는다.

소테 오 페슈

1 4등분해서 냉동한 페슈 드 비뉴를 세로로 다시 2등분한 뒤(8등분), 가로로 놓고 5㎜ 폭으로 자른다.
2 볼에 1을 넣고 그래뉴당을 넣어 버무린다.
* 그래뉴당으로 코팅해서 막을 만들면, 가열해도 잘 뭉그러지지 않는다.
3 프라이팬에 버터, 바닐라빈 깍지와 씨를 넣고 중불로 가열한다.
* 버터가 타지 않게 주의한다. 탄 버터의 향은 페슈 드 비뉴의 섬세한 풍미를 방해한다.
4 버터가 녹으면 센불로 키워서 끓으면 바로 2를 넣고, 가끔 프라이팬을 흔들면서 걸쭉해질 때까지 조린다.
* 페슈 드 비뉴에서 나온 수분으로 조리는 느낌이다. 뭉그러지지 않도록 주걱 등을 사용하지 말고, 프라이팬을 흔들면서 조린다.
5 복숭아 리큐어를 넣고 불을 끈 뒤, 표면을 토치로 그을려서 플랑베한다.
6 트레이에 옮겨 비닐랩을 씌우고 한 김 식힌다. 냉장고에 넣고 차갑게 식힌다.

딸기 풍미의 화이트 초콜릿 크림

1 냄비에 우유를 넣고 끓인다.
2 불을 끄고 판젤라틴을 넣어서 거품기로 섞는다.
3 볼에 화이트 초콜릿을 넣고 2를 넣은 뒤, 가운데에서 바깥쪽으로 천천히 저어서 유화시킨다.
4 딸기 퓌레와 프랑부아즈 퓌레를 넣고 섞는다.
* 퓌레를 가열하면 더 잘 섞이지만 열을 가하면 향이 날아가기 때문에, 섞을 수 있는 10℃로 조절한다. 10℃는 냉동 퓌레가 완전히 해동된 상태의 온도이다. 10℃ 이하면 덩어리진다.
5 딸기 농축 과즙을 넣고 섞는다.
* 색과 향을 보충한다.
6 다른 볼에 생크림을 넣고 70% 휘핑한다.
7 5에 6을 넣고 고무주걱으로 바닥에서부터 퍼올리듯이 섞는다.
* 화이트 초콜릿은 카카오버터 함유량이 많기 때문에, 생크림을 넣으면 전체적으로 유지성분이 많아져 분리되기 쉽다. 온도가 높으면 특히 분리되기 쉬우므로, 생크림은 10℃로 조절한다.

조립1

1 비스퀴 팽 드 젠 아 라 프랑부아즈에 딸기 풍미의 화이트 초콜릿 크림을 사각 형틀 높이까지 가득 붓는다.
2 윗면을 L자 팔레트 나이프로 평평하게 다듬는다.
* L자 팔레트 나이프를 위아래로 조금씩 움직여서 공기를 빼면, 깔끔하게 평평해진다.
3 가운데에 소테 오 페슈를 스푼으로 올린다. 냉동고에 넣고 차갑게 식혀서 굳힌다.

생강 & 라임 풍미의 화이트 초콜릿 크림

1 냄비에 우유를 넣고 끓인다.
2 불을 끄고 판젤라틴을 넣어 거품기로 섞는다.
3 볼에 화이트 초콜릿을 넣고 **2**를 넣어, 가운데에서 바깥쪽으로 천천히 저어서 유화시킨다.
4 오렌지즙, 라임즙, 생강즙을 순서대로 넣고 섞는다.
5 라임 껍질을 넣고 고무주걱으로 섞는다.
6 다른 볼에 생크림을 넣고 70% 휘핑한다.
7 **5**에 **6**을 넣고 고무주걱으로 바닥에서부터 퍼올리듯이 섞는다.

조립2

1 오븐시트를 깐 트레이에 바닥에 비닐을 붙인 55cm × 9cm × 높이 6cm 사각형틀을 올린다. 짤주머니에 생강 & 라임 풍미의 화이트 초콜릿 크림을 넣고, 사각형틀 높이의 1/3까지 짠다.
2 팔레트 나이프로 가운데에서 사각형틀 옆면을 향해 크림을 밀어 올린 뒤 표면을 정리한다.
3 〈조립1〉에서 사각형틀을 분리하고, 소테 오 페슈가 아래로 가도록 **2**에 넣은 뒤 손으로 살짝 누른다.
4 나머지 생강 & 라임 풍미의 화이트 초콜릿 크림을 짜고, L자 팔레트 나이프로 평평하게 편다.
5 파트 쉬크레를 구운 면이 아래로 가도록 **4** 위에 올린 뒤, 손으로 살짝 누른다. 냉동고에 넣고 차갑게 식혀서 굳힌다.

완성

1 비닐을 깐 트레이에 철망을 올리고, 〈조립2〉에서 사각형틀을 분리한 뒤 파트 쉬크레가 아래로 가게 올린다. 나파주 뇌트르를 뿌리고 팔레트 나이프로 고르게 편다.
* 나파주를 얇게 뿌리기 위해 온도를 올리고 싶지만, 온도가 높으면 크림이 녹아버리기 때문에 45℃로 데워서 충분히 녹인 뒤 30℃로 조절한다. 또한 라임이나 오렌지 등 산이 들어간 크림이기 때문에, 나파주가 산에 반응하여 응고되기 쉬우므로 재빨리 작업한다.

2 나파주가 굳으면 2.8cm 폭으로 잘라서 나눈다.
* 나파주 외에는 냉동 상태로 잘라야 쉽게 잘리고 단면도 깔끔하다.

3 마카롱 셸 2장 사이에 프랑부아즈 콩피튀르를 넣고 **2** 위에 세워서 올린다.
4 세로로 2등분한 딸기를 다시 세로로 2등분하고(4등분), 프랑부아즈를 세로로 2등분하여 각각 **3** 위에 장식한다.

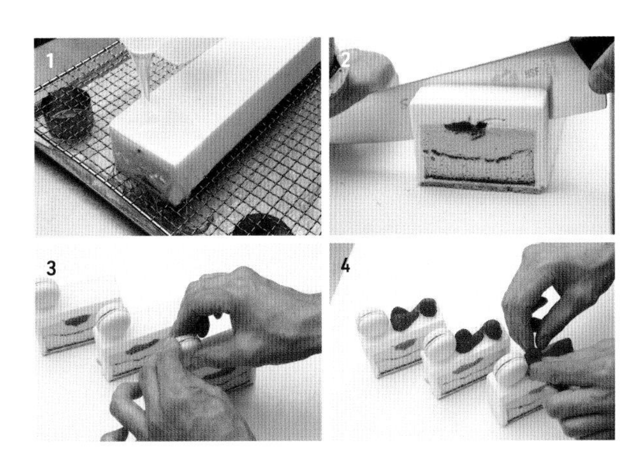

수브니르 드 노르망디

Souvenirs de Normandie

파티스리 아브랑슈 게네

Pâtisserie Avranches Guesnay

향을 표현할 때는 메인 풍미의 일부로 강조하거나, 주재료를 돋보이게 하는 역할의 2가지 방법을 주로 사용한다는 우에시모 고지 셰프. 주인공인 초록사과의 섬세한 맛을 알코올 등으로 보충하지 않고, 스타아니스의 향으로 강조하였다. 통일감과 균형을 위해 스타아니스를 크림, 앵비바주, 가르니튀르에 넣고, 초록사과 무스로 감싼 구성이다. 달콤함 속에 쌉쌀함이 느껴지는 복잡한 향이, 초록사과의 뉘앙스에 더해져 맛이 증폭되었다. 또한 리치의 달콤하고 고급스러운 풍미가 초록사과의 맛을 깊게 만들어준다.

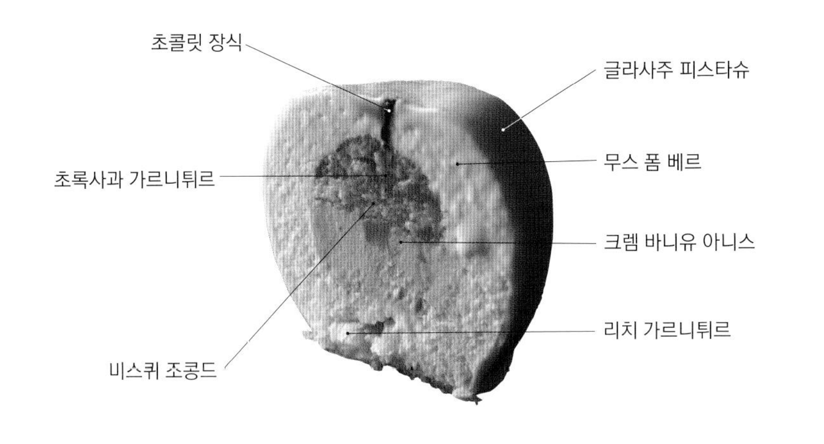

POINT

스타아니스 & 아니스

스타아니스의 향이 초록사과의 풍미를 돋보이게 해준다. 속에 들어간 크림에는 아니스파우더를 더해 향을 강조하였다.

| 재 료 |

비스퀴 조콩드

〈약 93개 분량〉
달걀 … 166g
탕 푸르 탕*1 … 250g
달걀흰자 … 108g
그래뉴당 … 25g
버터 … 25g
박력분*2 … 33g

*1 아몬드(껍질 제거)와 슈거파우더(100% 그래뉴당)를 1:1로 섞어서 간 것.
*2 체로 친다.

앵비바주

〈만들기 쉬운 분량〉
물 … 50g / 그래뉴당 … 25g
스타아니스(홀) … 1/3개(약 0.4g)
리치 리큐어(Pernod Ricard「디타」) … 15g

크렘 바니유 아니스

〈약 20개 분량〉
우유 … 108g
혼합크림(다카나시 유업「레크레 27」) … 108g
바닐라빈*1 … 1/10개
스타아니스(홀) … 1/2개
아니스파우더 … 2g
그래뉴당 … 36g
달걀노른자 … 52g
판젤라틴*2 … 2.8g

*1 깍지에서 씨를 긁어낸다. 깍지도 사용한다.
*2 찬물에 불린다.

초록사과 가르니튀르

〈약 25개 분량〉
초록사과* … 1개(약 145g)
레몬즙 … 2g
시럽(보메 30도) … 40g
물 … 20g
스타아니스(홀) … 2알

* 기본적으로는 Bramley 품종을 사용하지만, 계절에 따라 변경한다. 여기서는 Yellow Newton Pippin 품종을 사용하였다.

리치 가르니튀르

〈8개 분량〉
리치 시럽절임(통조림) … 2개
리치 리큐어(Pernod Ricard「디타」) … 적당량

무스 폼 베르

〈4개 분량〉
초록사과 퓌레 … 119g
그래뉴당 … 23.7g
판젤라틴* … 5.7g
컴파운드 크림(다카나시 유업「레크레 27」) … 119g

* 찬물에 불린다.

글라사주 피스타치오

〈만들기 쉬운 분량〉
화이트 초콜릿(Cacao barry「블랑 사탱」) … 200g
카카오버터 … 20g
정제 버터*1 … 80g
피스타치오 페이스트*2 … 7.5g
색소(그린) … 적당량

*1 버터를 녹인 뒤 냉장고에 넣고 차갑게 식혀서 3층으로 분리되면, 2층에 있는 유지성분을 사용한다.
*2 Fugal「피스타치오 페이스트」와 Granbell「피스타치오 페이스트」를 1:1 비율로 섞는다.

완성

〈1개 분량〉
초콜릿 장식* … 1개

* 사과 꼭지처럼 보이는 굵기로 만들기 위해, 낮은 온도로 템퍼링(46℃로 녹여서 27℃로 조절)하여 부드러운 상태로 만든 카카오 60% 다크 초콜릿을, 코르네에 넣고 사과 꼭지 모양으로 짜서 굳힌다.

| 만드는 방법 |

비스퀴 조콩드

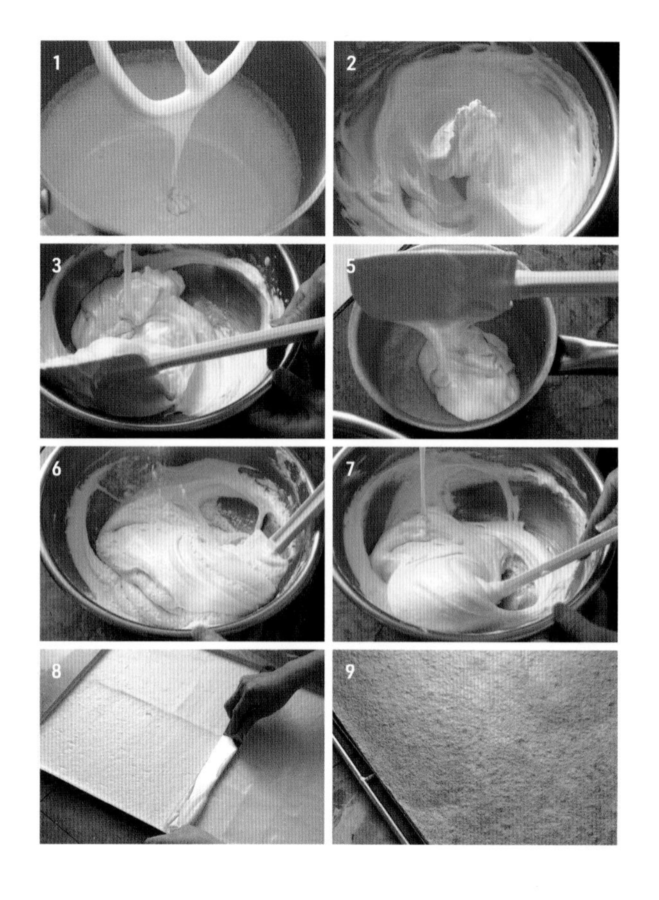

1 믹싱볼에 달걀과 탕 푸르 탕을 넣고, 믹서에 비터를 끼워서 고속으로 섞는다. 볼륨이 생기고 하얗게 변하여 비터로 떠서 떨어뜨렸을 때 자국이 남았다 사라질 정도가 되면, 중속으로 바꿔서 결을 정리한다.

* 공기가 충분히 들어가야 한다. 다음 작업에서 만드는 머랭과 비슷한 점도면, 나중에 쉽게 섞을 수 있다.

2 1의 작업과 동시에 볼에 달걀흰자를 넣고, 거품기로 떴을 때 뿔이 서는 상태까지 휘핑한다. 그래뉴당을 3번에 나눠서 넣고, 뾰족하게 뿔이 서는 상태까지 좀 더 휘핑하여 고운 머랭을 만든다.

* 모래 같은 느낌이 없어질 때까지 충분히 섞어서 그래뉴당을 녹인다. 전체에 그래뉴당이 골고루 섞이면, 거품이 고르게 생기고 결도 고와진다.
* 우에시모 셰프는 오븐팬 6개 분량까지는 믹서 없이 손으로 머랭을 휘핑한다. 소량인 경우 믹서로 휘핑하면 기포가 커져서, 구운 비스퀴의 결이 거칠어지기 때문이다.

3 2에 1을 넣으면서 고무주걱으로 바닥에서부터 퍼올려 자르듯이 섞는다. 완전히 섞이지 않아도 OK.

4 냄비에 버터를 넣고 끓인다.

5 4에 3의 일부를 넣고 섞는다.

6 3에 박력분을 넣으면서 바닥에서부터 퍼올리듯이 섞는다.

7 6에 5를 넣으면서 같은 방법으로 섞는다.

8 오븐시트를 깐 60㎝ × 40㎝ 오븐팬에 7을 붓고, L자 팔레트 나이프로 평평하게 편다. 오븐팬의 사방 테두리를 손가락으로 닦는다.

* 기포의 상태를 유지하기 위해 가능한 한 빨리 작업한다.

9 윗불, 아랫불 모두 250℃로 예열한 데크오븐에 넣고 5분 동안 굽는다. 오븐팬을 분리하고 철망에 올려 실온에서 식힌다.

* 기포의 상태가 안정되도록 단시간에 굽는다. 시간이 지나면 기포끼리 결합하여 기포가 커지고 결이 거칠어진다.

앵비바주

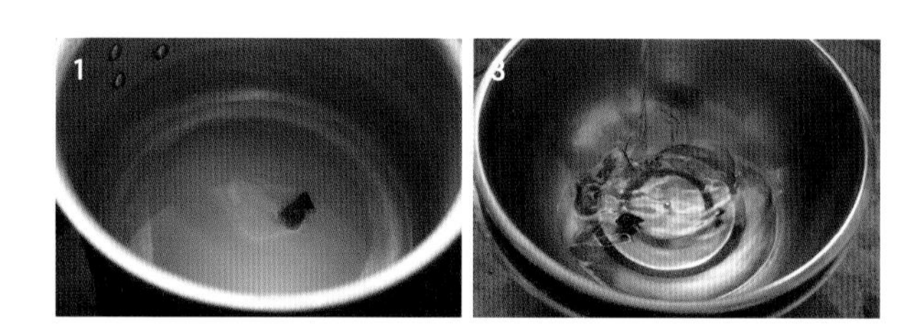

1 냄비에 물, 그래뉴당, 스타아니스를 넣고 센불에 올려서, 끓으면 불에서 내린다.

2 볼에 옮기고 얼음물을 받쳐서 식힌다.

3 리치 리큐어를 넣고 섞는다.

크렘 바니유 아니스

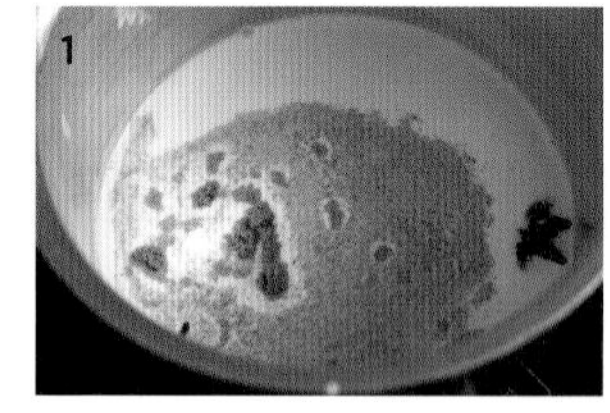

1 냄비에 우유, 컴파운드 크림, 바닐라빈 깍지와 씨, 스타아니스, 아니스파우더, 그래뉴당의 1/2을 넣고, 중불에 올려 끓기 직전까지 가열한다.

2 볼에 달걀노른자와 나머지 그래뉴당를 넣고, 설탕이 녹을 때까지 거품기로 섞는다.

* 달걀노른자 양에 비해 그래뉴당의 양이 많아서, 달걀노른자에 그래뉴당을 모두 넣으면 녹지 않기 때문에, 1/2은 우유 등에 넣어서 녹인다.

3 2에 1의 1/2을 넣어 섞는다. 다시 1의 냄비에 옮긴다.

4 3을 센불에 올려 고무주걱으로 저으면서 가열한다. 70℃가 되면 약불로 줄이고, 달걀노른자가 부분적으로 굳지 않도록 상태를 보면서 82℃로 올린다.

5 불에서 내려 판젤라틴을 넣고 섞어서 녹인다.

6 시누아로 걸러서 바닐라빈 깍지와 스타아니스를 제거하고 볼에 옮긴다. 얼음물을 받치고 저어서 27℃로 조절한다.

* 아니스파우더가 전체에 고르게 퍼진 상태로 굳도록, 계속 저으면서 식혀 걸쭉하게 만든다. 젓지 않으면 파우더가 가라앉은 상태로 굳어 버린다.

7 6을 디포지터에 넣고 지름 3.5㎝ × 높이 1.5㎝ 플렉시판 높이의 90%까지 붓는다. 냉장고에 넣고 차갑게 식혀서 굳힌다.

초록사과 가르니튀르

1 초록사과의 심과 씨를 제거하고 껍질째 8㎜ 정도로 깍둑썬다.

* 초록사과는 신맛이 강하면서 깊은 맛도 있고, 가열 후에도 향이 지속되는 브램리 품종을 기본으로 사용한다. 익으면 살짝 뭉개지면서 식감이 남을 정도의 크기로 자른다.

2 1을 볼에 넣고 색이 변하지 않도록 레몬즙을 섞는다.

3 시럽, 물, 스타아니스를 넣는다. 비닐랩을 씌워 600W 전자레인지에 넣고 20분 정도 가열한다. 3분 간격으로 전자레인지에서 꺼내 열이 고르게 퍼지도록 볼을 흔든다.

* 전자레인지로 가열하면 뭉개지지 않고 빨리 익힐 수 있다. 특히 브램리는 익으면 뭉개지기 쉬운 품종이므로 주의한다.

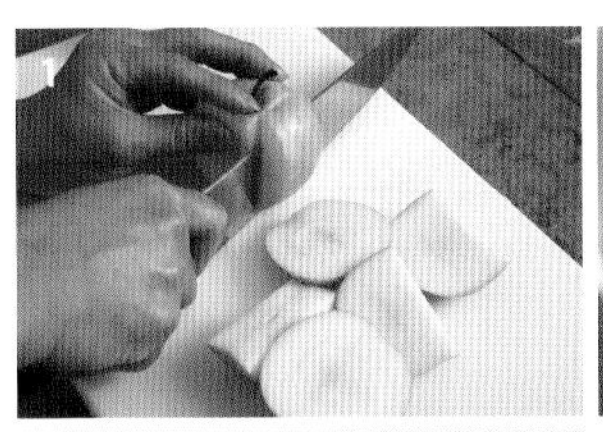

조립1

1 비스퀴 조콩드를 지름 3㎝ 틀로 찍는다.

2 1의 1/2을 앵비바주에 담갔다 빼서 여분의 물기를 제거한 뒤, 구운 면이 위로 오도록 크렘 바니유 아니스 위에 올린다.

3 2에 초록사과 가르니튀르를 스푼으로 8g 정도씩 올린다. 냉동고에 넣고 차갑게 식혀서 굳힌다.

4 나머지 비스퀴 조콩드를 앵비바주에 적신 뒤, 트레이에 가지런히 올리고 냉동고에 넣어서 차갑게 굳힌다.

* 작업하기 좋게 냉동한다.

리치 가르니튀르

1 리치 시럽절임을 세로로 8등분한다.

2 볼에 넣고 리치 리큐어를 뿌린다. 냉장고에 하룻밤 넣어두고 충분히 흡수시킨다.

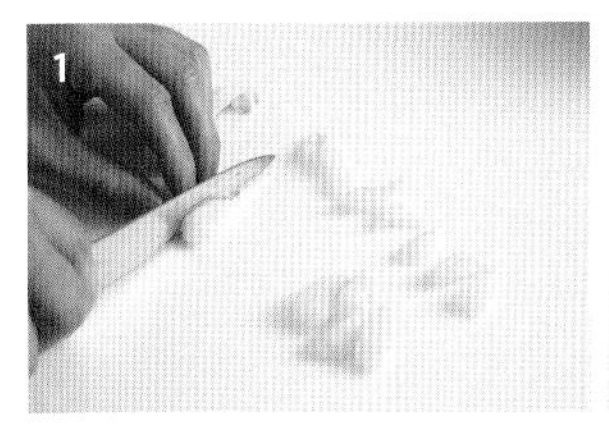

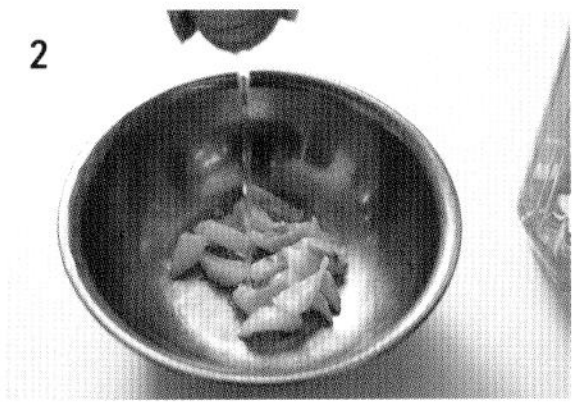

무스 폼 베르

1 볼에 초록사과 퓌레와 그래뉴당을 넣고 거품기로 섞는다. 전자레인지로 18℃까지 가열하여 그래뉴당을 녹인다.

* 온도를 지나치게 높이면 색이 변하고 풍미가 날아가므로 주의한다. 18℃는 그래뉴당이 완전히 녹는 온도이다. 18℃보다 낮으면 나중에 넣는 젤라틴이 응고된다.

2 판젤라틴을 전자레인지로 녹여서 1에 넣고 섞는다.

* 가능하면 초록사과 퓌레에 열이 가해지지 않도록 젤라틴을 따로 녹여서 넣고 섞는다.

3 컴파운드 크림을 휘핑기로 100% 휘핑한다.

* 제대로 휘핑하여 공기를 충분히 함유하면 식감이 가벼워진다.

4 3에 2를 넣고 가능한 한 기포가 꺼지지 않도록, 고무주걱으로 바닥에서부터 퍼올리듯이 섞어 고르게 만든다.

조립2

1 지름 12㎜ 둥근 깍지를 끼운 짤주머니에 무스 폼 베르를 넣고, 지름 6㎝ × 높이 5.5㎝ 사과모양 실리콘 틀에 높이의 70%까지 짠다.

2 〈조립1〉의 3을 플렉시판에서 분리하여 초록사과 가르니튀르가 아래로 가도록 1 위에 올리고, 틀 중심까지 밀어 넣는다.

3 가운데에 무스 폼 베르를 조금 짜고 리치 가르니튀르를 2개씩 올린다.

4 무스 폼 베르를 조금 짜고 팔레트 나이프로 평평하게 편다.

5 〈조립1〉의 4를 구운 면이 위로 오도록 겹쳐서 올린다. 냉동고에 넣고 차갑게 식혀서 굳힌다.

글라사주 피스타슈

1 볼에 화이트 초콜릿을 넣고 중탕으로 녹인다. 카카오버터와 정제버터를 순서대로 넣고, 넣을 때마다 고무주걱으로 섞는다.

* 초콜릿은 녹으면 OK이지만, 초콜릿과 정제버터는 같은 온도로 조절하여 섞어야 한다. 불순물을 제거한 정제버터를 사용하면 블룸현상이 잘 일어나지 않고, 잘 갈라지지도 않는다.

2 피스타치오 페이스트를 넣고 섞는다.

3 높이가 있는 용기에 옮기고, 스틱 믹서로 매끄러워질 때까지 섞는다.

4 색소를 넣고 섞는다.

완성

1 〈조립2〉를 틀에서 분리하고, 비스퀴 조콩드가 있는 면이 아래로 가게 놓는다.

2 글라사주 피스타슈를 36℃로 조절하여, 높이가 있는 용기에 넣는다.

3 1의 윗면 가운데에 꼬치를 꽂아서 2에 담갔다 뺀다. 사과 모양을 만들기 위해 윗면 가운데에 바람을 쐬어 오목하게 만든다.

4 여분의 글라사주를 제거한 뒤, OPP 시트를 깐 트레이에 가지런히 올려 실온에서 표면을 굳힌다.

5 꼬치를 제거하고 윗면의 오목한 부분에 초콜릿 장식을 꽂는다.

커민 향

가토 앵디앵

Gâteau Indien

신후라

Shinfula

인도를 테마로 한 독특한 메뉴. 주인공 망고를 줄레로 만든 뒤 캐모마일, 시나몬, 생강의 향이 나는 차이 풍미의 무스로 감싸서, 향신료의 자극적인 풍미를 부드럽게 표현하고 망고의 풍미를 살렸다. 4가지 향신료를 넣은 망고 & 패션프루트 소스를 뿌리면 맛이 더욱 진해진다. 마지막에 뿌린 커민파우더로, 입에 넣는 순간 카레가 연상되는 점도 흥미롭다. 요리적인 접근으로 향에 강약을 줘서 맛의 윤곽을 분명하게 만들거나, 놀라운 연출을 더하는 나카노 신타로 셰프의 개성이 빛난다.

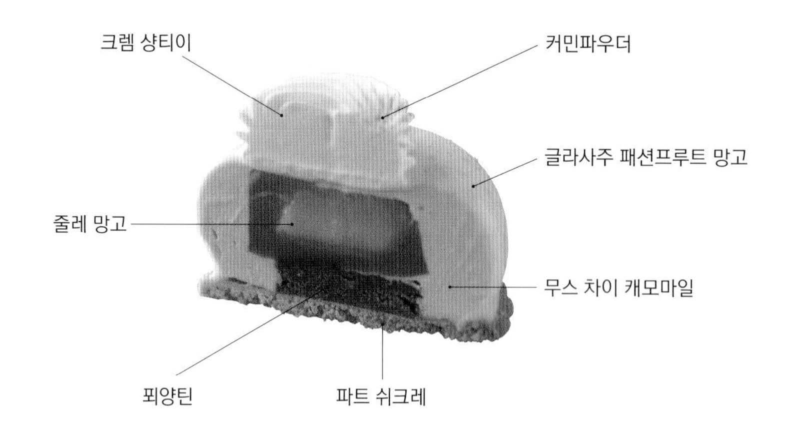

POINT

커민 등의 향신료

따로 곁들이는 소스에는 4가지 향신료를 사용한다. 먹는 사람의 취향에 따라 풍미를 바꿀 수 있다. 커민 향이 카레를 연상시킨다.

| 재 료 |

파트 쉬크레

〈26개 분량〉
버터*1 … 81.8g
소금(게랑드산) … 0.8g
슈거파우더(100% 그래뉴당) … 75g
달걀*2 … 49g
달걀노른자*2 … 10.9g
아몬드파우더*3 … 34g
박력분*3 … 143g

*1 실온에 둔다.
*2 섞어서 풀어준다.
*3 각각 체로 친다.

줄레 망고

〈26개 분량〉
망고(냉동/청크) … 200g
망고 퓌레 … 333g
판젤라틴* … 7g
그래뉴당 … 100g

* 찬물에 불린다.

푀양틴

〈26개 분량〉
밀크 초콜릿(Felchlin 「마라카이보 크레오레」 카카오 38%) … 20g
버터 … 8g
프랄리네 누아제트 … 73g
푀양틴(시판 제품) … 40g

무스 차이 캐모마일

〈26개 분량〉
우유 … 315g
생크림A(유지방 42%) … 105g
믹스 허브차 찻잎(Leafull 「캐모마일 시나몬」)*1 … 15g
달걀노른자 … 146.5g
그래뉴당 … 126g
판젤라틴*2 … 13g
생크림B(유지방 42%) … 525g

*1 캐모마일, 시나몬, 생강을 블렌딩한 찻잎.
*2 찬물에 불린다.

글라사주 패션프루트 망고

〈26개 분량〉
망고 & 패션프루트 베이스(아래 재료로 만든 것) … 50g
망고 퓌레 … 250g
패션프루트 퓌레 … 250g
그래뉴당*1 … 250g
HM펙틴*1 … 25g
레몬즙 … 25g
생크림(유지방 42%) … 200g
화이트 초콜릿(Sun-Eight 무역 「쿠폴 CV 블랑」) … 60g
나파주 뇌트르 … 250g
판젤라틴*2 … 3.5g

*1 섞는다.
*2 찬물에 불린다.

소스 이그조틱

〈26개 분량〉
망고 퓌레 … 40g
패션프루트 퓌레 … 20g
시나몬스틱 … 1/2개
스타아니스 … 1/2개
카르다몸 … 1/2개
커민 씨 … 0.02g
바닐라빈* … 1/10개 분량
그래뉴당 … 14g
나파주 뇌트르 … 20g

* 깍지에서 씨를 긁어낸다. 씨만 사용한다.

완성

〈26개 분량〉
크렘 샹티이
생크림(유지방 50%) … 100g
컴파운드 크림 … 100g
그래뉴당 … 14g
커민파우더 … 적당량
스타아니스 … 적당량
시나몬스틱 … 적당량
바닐라빈* … 적당량
금박 … 적당량

* 사용한 깍지를 말린 것. 적당히 자른다.

| 만드는 방법 |

파트 쉬크레

1 믹싱볼에 버터와 소금을 넣고, 믹서에 비터를 끼워서 전체가 포마드 상태가 될 때까지 중속으로 섞는다. 슈거파우더(100% 그래뉴당)를 한 번에 넣고, 공기가 들어가 하얗게 될 때까지 계속 섞는다.
 * 버터의 양에 비해 달걀이 많이 들어가는 반죽이어서 분리되기 쉽다. 달걀이 잘 섞이도록 공기를 충분히 넣어준다.
2 달걀과 달걀노른자를 5~6번에 나눠서 넣고 섞는다.
 * 분리되기 쉬우므로 달걀을 넣을 때마다 충분히 섞는다.
3 아몬드파우더를 넣고 섞는다. 전체가 섞이면 믹서를 멈추고, 볼 안쪽에 달라붙은 반죽을 떼어낸다.
4 박력분을 넣고 손으로 비터를 잡고 대충 섞은 뒤, 날가루가 없어질 때까지 중속으로 섞는다.
 * 글루텐을 충분히 형성시켜 모양이 잘 유지되게 한다.
5 비닐랩으로 싸서 냉장고에 하룻밤 넣어둔다.
6 롤러를 이용하여 2㎜ 두께로 늘려서 지름 7㎝ 국화 모양 틀로 찍은 뒤, 타공 실리콘 매트를 깐 오븐팬에 가지런히 놓는다.
 * 구울 때 잘 수축되지 않으므로 포크로 구멍을 낼 필요는 없다.
 * 부드러워서 다루기 어려우므로 냉장고나 냉동고에 넣어 차갑게 식히면 쉽게 작업할 수 있다.
7 160℃ 컨벡션 오븐에 넣고 13분 정도 굽는다.

줄레 망고

1 지름 4㎝ × 높이 2㎝ 플렉시판에 냉동 상태의 망고를 1~2개씩 넣는다.
2 볼에 망고 퓌레의 1/3을 넣고 불에 올린다. 끓으면 불을 끄고 판젤라틴을 넣어 거품기로 섞는다.
 * 판젤라틴을 녹이기 위해 가열하지만 퓌레를 모두 가열하면 향이 날아가므로, 젤라틴을 녹일 만큼만 덜어서 가열한다.
3 그래뉴당을 한 번에 넣고 섞는다.
 * 퓌레에 설탕을 먼저 넣고 불에 올리면 끓을 때까지 시간이 걸린다. 나중에 설탕을 넣으면 퓌레 온도가 조금 내려가지만 문제는 없다.
4 나머지 망고 퓌레를 넣고 섞는다.
5 한 김 식힌 뒤 디포지터에 담아 **1**의 틀에 높이의 90%까지 넣는다(24g 정도씩).
 * 망고의 냉동 상태를 유지하기 위해, 줄레를 한 김 식힌 뒤 넣는다. 줄레가 뜨거우면 망고가 녹아서 수분이 빠져나간다.
6 냉동고에 넣고 차갑게 식혀서 굳힌다(사진은 틀에서 분리한 상태).

푀양틴

1 볼에 밀크 초콜릿과 버터를 넣고 중탕으로 가열한다. 고무주걱으로 저으면서 녹인다.
2 프랄리네 누아제트를 넣고 섞는다.
3 푀양틴을 넣고 섞는다.
4 실리콘 매트를 깐 트레이에 사각형틀을 놓고 **3**을 넣은 뒤, L자 팔레트 나이프로 평평하게 펴서 4㎜ 두께로 만든다. 냉장고에 넣고 차갑게 식혀서 굳힌다.
5 3㎝ × 3㎝로 잘라서 나눈다.

무스 차이 캐모마일

1 냄비에 우유와 생크림A를 넣고 불에 올려, 끓으면 믹스 허브차 찻잎을 넣고 불을 끈다. 비닐랩을 씌운 뒤 20분 동안 그대로 두고 찻잎의 향을 추출한다.
2 볼에 달걀노른자와 그래뉴당을 넣고 그래뉴당이 녹을 때까지 거품기로 섞는다.
3 2에 1의 1/4을 찻잎째 넣고 섞는다. 다시 1의 냄비에 옮기고 중불에 올려, 고무주걱으로 섞으면서 83~84℃까지 가열하여 노른자를 완전히 익힌다.
* 풍미를 제대로 표현하기 위해 찻잎을 넣은 채로 가열한다. 걸쭉하면 향이 잘 배지 않고, 나중에 생크림을 넣으면 풍미가 약해지므로, 여기서 풍미를 잘 살려야 한다. 무스는 만든 다음 1주일 정도 냉동보관하기도 하므로, 그 사이에 향이 날아가는 것도 감안하여 풍미를 충분히 우려낸다.
4 불에서 내리고 판젤라틴을 넣어 섞는다.
5 시누아로 걸러서 볼에 옮긴다. 시누아에 남은 찻잎은 국자 등으로 꾹꾹 눌러 준다.
6 얼음물을 받치고 중간중간 거품기로 저으면서 18~20℃까지 식혀 걸쭉하게 만든다.
* 7의 70% 휘핑 생크림과 비슷한 질감으로 만들면 골고루 빠르게 잘 섞인다. 질감이 크게 다르면 섞는 데 오래 걸리기 때문에, 기포가 꺼져서 폭신하게 완성할 수 없다.
7 다른 볼에 생크림B를 담아 70% 휘핑한다.
8 6에 7의 1/2을 넣고 거품기로 골고루 섞는다.
9 나머지 7을 넣고 대충 섞은 뒤 고무주걱으로 바꾸고, 기포가 꺼지지 않도록 주의하면서 고르게 섞는다.

조립1

1 지름 12㎜ 둥근 깍지를 끼운 짤주머니에 무스 차이 캐모마일을 넣고, 지름 6.5㎝ × 높이 3㎝ 틀에 높이의 80%까지 짠다(약 40g씩).
2 줄레 망고를 틀에서 떼어 윗면이 아래로 가도록 1에 올린 뒤, 주위의 무스가 도넛모양으로 올라오게 밀어 넣는다.
3 퓌양틴을 올리고 L자 팔레트 나이프로 평평하게 정리한다. 냉동고에 넣고 차갑게 식혀서 굳힌다.

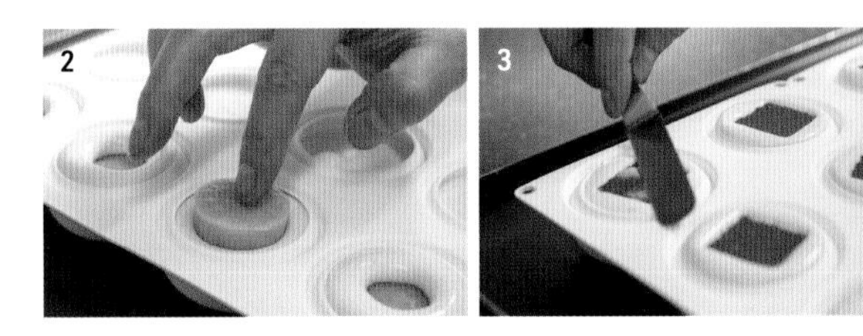

글라사주 패션프루트 망고

1 망고 패션푸르트 베이스를 만든다. 냄비에 망고 퓌레와 패션프루트 퓌레를 넣고 끓인다.
2 미리 섞어둔 그래뉴당과 HM펙틴을 넣어서 섞고, 레몬즙을 넣어 중불~센불로 브릭스 60%까지 졸인다.
3 트레이 등에 붓고 실온에서 식힌다.

4 냄비에 생크림을 넣고 불에 올린다. 끓으면 불을 끄고 화이트 초콜릿을 넣은 뒤 거품기로 섞어서 녹인다.

* 화이트 초콜릿을 넣으면 걸쭉해져서 두껍게 코팅할 수 있다. 여기서는 다른 재료의 풍미에 방해되지 않도록, 향이나 맛이 강하지 않은 화이트 초콜릿을 사용한다.

5 나파주 뇌트르를 넣어 섞는다.

* 나파주 뇌트르를 넣으면 잘 발라진다.

6 3의 50g을 볼에 옮기고 거품기로 살짝 섞어서 부드럽게 만든 뒤, 5에 넣고 중불~센불로 저으면서 끓인다.

* 망고 패션프루트 베이스를 넣으면 진한 풍미를 표현할 수 있고 모양도 잘 유지된다.

7 판젤라틴을 넣고 섞는다.

* 화이트 초콜릿, 나파주 뇌트르, 판젤라틴은 녹는점이 낮은 것부터 순서대로 넣으면 골고루 잘 섞인다.

8 시누아로 걸러서 볼에 옮기고, 얼음물을 받쳐서 한 김 식힌다.

소스 이그조틱

1 냄비에 망고 퓌레와 패션프루트 퓌레를 넣는다. 시나몬스틱, 스타아니스, 카르다몸을 손으로 부스러트려서 넣고, 커민 씨와 바닐라빈 씨도 넣어서 중불로 가열한다.

2 보글보글 끓기 시작하면 그래뉴당을 넣고 1/2 분량으로 졸인다.

* 중불에서 충분히 가열하여 향신료 향을 추출한다. 약불로 오래 끓이면 향신료의 아린 맛이 우러나므로 주의한다.

3 불을 끄고 나파주 뇌트르를 넣어 섞는다.

* 나파주를 넣으면 걸쭉하면서 매끈한 질감이 된다.

4 3을 다시 불에 올려서 끓인다.

5 시누아로 걸러서 볼에 옮긴다. 시누아에 남은 향신료는 고무주걱으로 꾹꾹 눌러준다. 얼음물을 받치고 저으면서 식힌다.

6 스포이트에 2.3g씩 넣는다.

조립2·완성

1 냄비에 글라사주 패션프루트 망고를 넣고 고무주걱으로 저으면서 30℃로 가열한다.

2 〈조립1〉을 틀에서 떼어내, 철망을 올린 트레이에 퓌양틴이 아래로 가도록 가지런히 놓는다.

3 1을 국자로 끼얹는다. 그대로 잠시 두고 여분의 글라사주를 제거한다.

4 윗면 가운데에 꼬치를 꽂고 바닥을 L자 팔레트 나이프로 받쳐서, 구운 면이 위로 오게 놓은 파트 쉬크레 위에 올린다.

5 크렘 샹티이를 만든다. 볼에 생크림, 컴파운드 크림, 그래뉴당을 넣고 거품기로 90% 휘핑한다.

* 깍지 모양이 잘 나타나도록 충분히 휘핑한다.

6 16발 깍지를 끼운 짤주머니에 5를 넣고, 4의 윗면에 장미 모양으로 짠다.

7 크렘 샹티이 위에 차거름망을 대고 커민파우더를 뿌린 뒤, 이그조틱 소스를 넣은 스포이트를 꽂는다.

8 스타아니스, 시나몬스틱, 바닐라빈 깍지, 금박으로 장식한다

타르트 오 프레즈 에 카시스 비올레

Tarte aux Fraises et Cassis Violet

아 테 스웨이

à tes souhaits!

주인공으로 선택한 재료의 풍미를 분명하게 살리고 한 층 더 돋보이도록, 향신료, 꽃, 알코올 등으로 향의 요소를 더하는 것이, 가와무라 히데키 셰프가 디저트를 만드는 방식이다. 향으로 긴 여운을 남기는 것도 마찬가지다. 기본적인 딸기 타르트를 살짝 재해석한 이 메뉴는, 카시스의 신맛과 향으로 주인공인 딸기의 풍미를 강조하였다. 또한 카시스의 풍미를 살리고 오래 지속시켜 개성 있는 풍미를 만들어주는 것은 제비꽃 향이다. 달콤하고 차분한 제비꽃 향이 카시스의 풍미와 어우러져 화려함과 풍부한 여운을 선사한다.

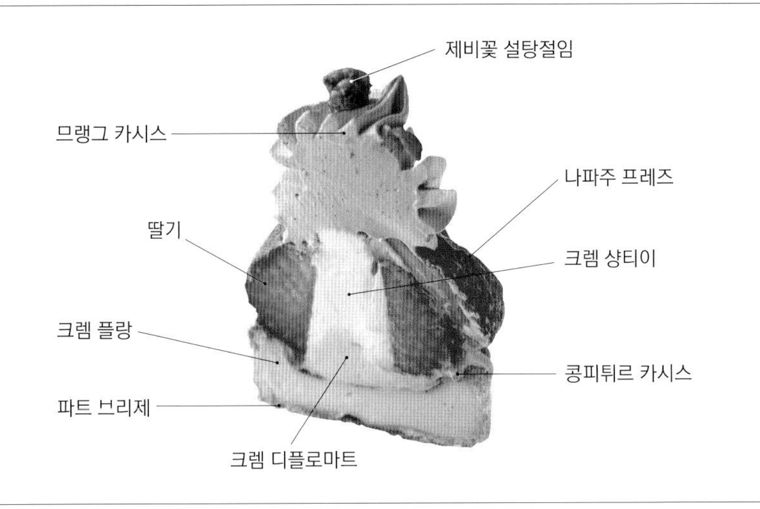

POINT

제비꽃 향료 & 설탕절임

Delsur의 「바이올렛 아로마」로 부드러운 제비꽃 향을 더하고, 제비꽃 설탕절임으로 시각적으로도 향을 느끼게 만든다.

| 재 료 |

파트 브리제

〈만들기 쉬운 분량〉
강력분(닛신 제분 「슈퍼카멜리아」) … 112g
박력분(닛신 제분 「바이올렛」) … 112g
천일염(게랑드산) … 5g
그래뉴당 … 7g
버터* … 250g
얼음물 … 55g
* 1.5㎝ 정도의 크기로 깍둑썰어서 차갑게 식힌다.

크렘 플랑

〈만들기 쉬운 분량〉
우유 … 180g
생크림(유지방 35%) … 760g
바닐라빈* … 1개
달걀노른자 … 100g
달걀흰자 … 70g / 그래뉴당 … 210g
옥수수전분 … 80g
* 깍지에서 씨를 긁어낸다.

콩피튀르 카시스

〈만들기 쉬운 분량〉
카시스 퓌레(Sicoly) … 250g
그래뉴당* … 200g / LM펙틴* … 6g
레몬즙 … 1/4개 분량
* 섞는다.

크렘 샹티이

〈만들기 쉬운 분량〉
생크림(유지방 45%) … 500g
생크림(유지방 35%) … 500g
그래뉴당 … 80g

크렘 디플로마트

〈60개 분량〉
크렘 파티시에르(아래 재료로 만든 것) … 500g
　우유 … 1ℓ / 바닐라빈* … 1개
　달걀노른자 … 200g / 그래뉴당 … 250g
　옥수수전분 … 80g
크렘 샹티이 … 100g
* 깍지에서 씨를 긁어낸다. 깍지도 사용한다.

나파주 프레즈

〈만들기 쉬운 분량〉
나파주 뇌트르(Valrhona 「압솔뤼 크리스탈」) … 100g
딸기 퓌레(Sicoly) … 35g
딸기 농축 시럽(Dover 「구르망디즈 프레즈」) … 2g

므랭그 카시스

〈30개 분량〉
그래뉴당 … 120g / 물 … 50g
달걀흰자 … 60g / 콩피튀르 카시스 … 80g
제비꽃 향료(Delsur 「바이올렛 아로마」) … 약 10방울

조립·완성

〈1개 분량〉
카시스(냉동·홀) … 적당량 / 딸기*1 … 약 3개
장식용 슈거파우더 … 적당량
제비꽃 설탕절임*2 … 적당량
*1 꼭지를 잘라내고, 세로로 2등분한다.
*2 살짝 다진다.

| 만 드 는 방 법 |

파트 브리제

1 푸드프로세서에 강력분, 박력분, 천일염, 그래뉴당을 넣고 대충 섞는다.
2 1에 버터를 넣고 저속으로 섞는다. 중간중간 푸드프로세서를 멈추고 상태를 확인해서, 버터 덩어리가 없고 보슬보슬한 사블레 상태로 만든다.

3 얼음물을 넣고 한 덩어리가 될 때까지 섞는다.

* 얼음물을 넣어 글루텐을 조금 형성시켜서, 퐈이타주와 비슷한 식감을 표현한다.

4 비닐랩을 깐 트레이에 올리고, 손에 덧가루(박력분·분량 외)를 묻혀서 살짝 뭉친 뒤 평평하게 만든다.

5 비닐랩으로 싸서 정사각형으로 정리한 뒤 냉장고에 하룻밤 넣어둔다.

크렘 플랑

1 냄비에 우유, 생크림, 바닐라빈 씨를 넣고 중불로 끓인다.

* 중불로 천천히 가열한다. 생크림을 넣었기 때문에 센불로 가열하면 분리된다.

2 1의 작업과 동시에, 볼에 달걀노른자와 흰자를 넣고 거품기로 푼 뒤, 그래뉴당을 넣어 섞는다.

3 옥수수전분을 넣고 날가루가 없어질 때까지 섞는다.

4 3에 1의 1/3을 넣고 섞는다. 다시 1의 냄비에 옮긴다.

5 4를 중불에 올리고 저으면서 가열한다. 보글보글 끓으면 불을 끈다. 걸쭉해질 때까지 거품기로 젓는다.

* 살짝 끓으면 불을 끄고 남은 열로 익힌다.

6 볼에 옮기고 얼음물을 받친 뒤, 고무주걱으로 저으면서 식힌다.

조립1·굽기

1 파트 브리제를 롤러를 이용하여 2㎜ 두께로 늘린 뒤, 포크로 구멍을 뚫고 긴 칼로 가장자리를 자른다. 25㎝ × 18㎝ 크기로 5장을 잘라서 급랭한다.

2 1의 3장은 18㎝ × 2.5㎝ 띠 모양으로 잘라서 나눈다.

3 1의 나머지 2장은 지름 5㎝ 원형틀로 찍는다.

4 지름 6㎝ × 높이 4㎝ 원형틀 안쪽에 버터(분량 외)를 얇게 발라 작업대에 올린 뒤, 2를 틀 안쪽 옆면에 붙인다. 타공 실리콘 매트를 깐 오븐팬에 올린다.

5 3을 바닥에 넣는다. 냉장고에 넣고 차갑게 식혀서 굳힌다.

* 옆면과 바닥의 반죽에 틈이 생기지 않도록 손가락으로 살짝 눌러준다.

6 지름 10㎜ 둥근 깍지를 끼운 짤주머니에 크렘 플랑을 넣고, 파트 브리제 높이의 80% 정도까지 짠다.

7 카시스를 3개씩 올리고 손끝으로 살짝 밀어 넣는다. 급랭한다.

* 굽기 전에 냉동하면 파트 브리제와 크렘 플랑의 익는 정도가 같아져 고르게 구울 수 있다. 작업 효율도 올라간다.

8 220℃ 컨벡션오븐에 넣고 10분 정도 구운 뒤, 200℃로 낮춰서 5분 정도 굽는다. 완성되면 바로 프티 나이프 등을 사이에 넣어서 틀을 제거한 뒤 실온에서 식힌다.

콩피튀르 카시스

1 냄비에 카시스 퓌레를 넣고 중불로 40℃ 정도까지 가열한다.

2 일단 불에서 내리고 미리 섞어둔 그래뉴당과 LM펙틴을 넣은 뒤 거품기로 섞는다.

3 다시 중불에 올려 브릭스 62%까지 졸인다.

4 불을 끄고 레몬즙을 넣어 섞는다.

5 볼에 옮겨서 얼음물을 받친 뒤, 고무주걱으로 저으면서 식힌다.

크렘 샹티이

1 믹싱볼에 모든 재료를 넣고 고속으로 충분히 휘핑한다. 풀어지지 않게 얼음물을 받쳐둔다.

크렘 디플로마트

1 크렘 파티시에르를 만든다. 냄비에 우유, 바닐라빈 깍지와 씨를 넣고 끓인다.
2 1의 작업과 동시에, 볼에 달걀노른자와 그래뉴당을 넣고 거품기로 섞는다.
3 옥수수전분을 넣고 날가루가 없어질 때까지 섞는다.
4 3에 1의 1/3을 넣어 섞는다. 다시 1의 냄비에 옮긴다.
5 4를 불에 올려서 익힌다.
* 익은 뒤에도 좀 더 졸여서 수분을 살짝 날린다.
6 바닐라빈 깍지를 제거하고 랩을 깐 트레이 위에 펼쳐놓은 뒤, 랩을 씌워서 밀착시킨다. 급랭하여 한 김 식힌 뒤, 냉장고에 넣어둔다.
7 볼에 6을 넣고 매끄러워질 때까지 고무주걱으로 섞는다.
8 크렘 샹티이를 넣고 섞는다.

나파주 프레즈

1 볼에 나파주 뇌트르와 딸기 퓌레를 넣고 고무주걱으로 섞는다. 딸기 농축시럽을 넣어 섞는다.

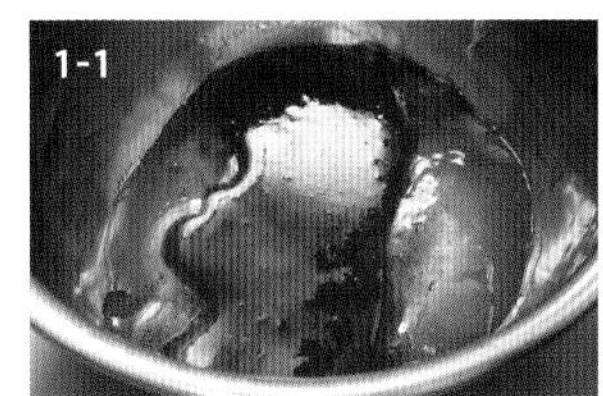

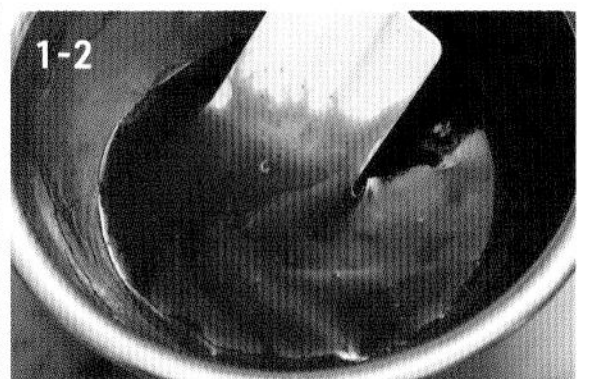

므랭그 카시스

1 냄비에 그래뉴당과 물을 넣고 121℃까지 가열한다.
* 시럽은 충분히 졸여야 한다. 콩피튀르를 넉넉히 넣기 때문에, 충분히 졸이지 않으면 이탈리안 머랭이 풀어지기 쉽고 풍미도 약해진다.
2 믹싱볼에 달걀흰자를 넣고 중고속으로 섞은 뒤, 1을 넣으면서 70% 휘핑한다.
3 믹서를 멈추고 콩피튀르 카시스를 넣는다. 휘퍼로 떴을 때 뿔이 뾰족하게 서는 상태까지 중고속으로 다시 휘핑한다.
4 제비꽃 향료를 넣고 섞는다.
* 향이 날아가지 않도록 향료는 마지막에 넣는다.

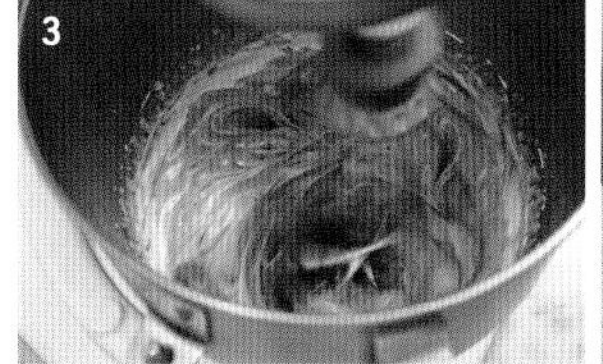

조립2·완성

1 지름 8㎜ 둥근 깍지를 끼운 짤주머니에 크렘 디플로마트를 넣고 〈조립1〉의 윗면 가운데에 10g씩 짠다.
2 코르네에 콩피튀르 카시스를 넣고 파트 브리제 안쪽 가장자리를 따라 1바퀴 돌려서 짠다.
3 지름 8㎜ 둥근 깍지를 끼운 짤주머니에 크렘 샹티이를 넣고, 크렘 디플로마트 위에 10g 정도씩 짠다.
4 세로로 2등분한 딸기를 단면이 보이지 않게 크렘 디플로마트와 크렘 샹티이의 옆면을 둘러싸듯이 올린다.
5 솔로 딸기 표면에 나파주 프레즈를 바른다.
6 파트 브리제 옆면에 장식용 슈거파우더를 뿌린다.
7 8발 별모양 깍지를 끼운 짤주머니에 므랭그 카시스를 넣고, 윗면에 장미 모양으로 짠다.
8 므랭그 카시스를 토치로 살짝 그을린다.
9 므랭그 카시스에 제비꽃 설탕절임을 올린다.

장미 향

파르퓡

Parfum

파티스리 유 사사게

Pâtisserie Yu Sasage

고급스러운 향의 장미에 프랑부아즈를 조합하여 화려함을 강조하고, 상승효과로 장미 향이 돋보이게 만들었다. 사사게 유스케 셰프는 같은 재료를 식감이 다른 파트에 중복으로 사용하여, 향과 소재감을 입체적으로 표현한다. 머랭, 줄레, 크림, 콩피튀르에 프랑부아즈를 사용하고, 머랭, 줄레, 타르트 시트에 뿌리는 시럽에는 장미 리큐어를 배합하였다. 폭신한 머랭으로 장미 향에 여운을 더하고, 촉촉한 줄레로 프레시한 느낌을 자아낸다. 홍차 향이 느껴지는 타르트 시트가 식감에 변화를 주면서, 장미 홍차 느낌도 선사한다.

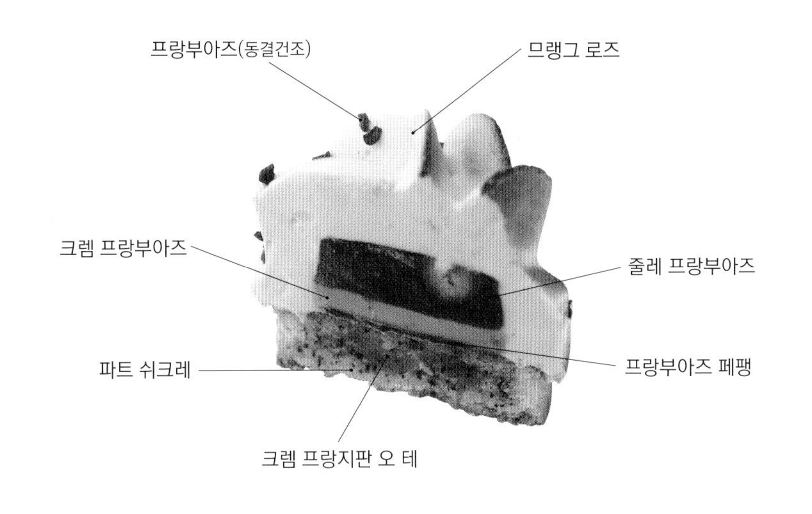

POINT

장미 리큐어

장미꽃잎 추출액을 베이스로 만든 Miclo의 「리큐르 드 로즈」. 화려하면서도 자연스러운 향이 특징이다.

| 재료 |

파트 쉬크레

〈약 100개 분량〉
박력분* … 320g
아몬드파우더* … 40g
슈거파우더(100% 그래뉴당) … 120g
버터 … 224g / 소금 … 3.2g
달걀 … 64g / 바닐라 페이스트 … 3g
※ 재료를 모두 차갑게 식혀둔다.
* 각각 체로 친다.

크렘 프랑지판 오 테

〈10개 분량〉
크렘 다망드
버터*1 … 300g
슈거파우더(100% 그래뉴당) … 300g
달걀*2 … 300g / 럼주*2 … 25g
아몬드파우더*3 … 300g
박력분*3 … 50g
크렘 파티시에르(아래 재료로 만든 것) … 240g
우유 … 1㎏
바닐라빈*4 … 1/2개
달걀노른자 … 167g
그래뉴당 … 300g
강력분 … 75g / 바닐라 농축액 … 1g
홍차잎(얼그레이)*5 … 3g
*1 실온(21℃ 기준)에 둔다.
*2 섞어서 30℃로 데운다.
*3 각각 체로 쳐서 섞는다.
*4 깍지에서 씨를 긁어내고, 깍지도 사용한다.
*5 잘게 부서진 가루차(패닝)를 사용한다.

줄레 프랑부아즈

〈약 85개 분량〉
판젤라틴* … 18g
프랑부아즈 퓌레(La fruitière) … 750g
그래뉴당 … 135g
장미 리큐어(Miclo「리큐르 드 로즈」) … 150g
프랑부아즈(냉동·브로큰) … 170g
프레즈 데 부아(냉동) … 170g
* 찬물에 불린다.

크렘 프랑부아즈

〈약 100개 분량〉
프랑부아즈 퓌레(La fruitière) … 216g
버터 … 252g
달걀 … 168g
그래뉴당 … 156g
판젤라틴* … 6.2g
* 찬물에 불린다.

프랑부아즈 페팽

프랑부아즈(냉동) … 400g
그래뉴당* … 300g
물엿 … 48g
펙틴* … 3.6g
* 그래뉴당 일부와 펙틴을 섞는다.

로즈 시럽

〈약 50개 분량〉
시럽(보메 30도) … 50g
장미 리큐어(Miclo「리큐르 드 로즈」) … 50g
※ 모든 재료를 섞는다.

므랭그 로즈

〈약 5개 분량〉
프랑부아즈 퓌레 … 18g
물 … 30g
그래뉴당A … 15g
달걀흰자 … 75g
그래뉴당B … 90g
장미 리큐어(Miclo「리큐르 드 로즈」)* … 12g
프랑부아즈 농축 과즙* … 9g
* 섞는다.

완성

프랑부아즈(동결건조·브로큰) … 적당량

| 만드는 방법 |

파트 쉬크레

1 볼에 박력분, 아몬드파우더, 슈거파우더(100% 그래뉴당), 버터, 소금을 넣고, 버터를 가루 속에 섞는 느낌으로 버터를 손가락으로 으깬다.
2 큰 덩어리가 없어지면 양손으로 비벼서 보슬보슬한 사블레(모래) 상태로 만든다. 믹싱볼에 옮긴다.
* 재료를 충분히 식혀두지 않으면, 재료끼리 지나치게 섞인다. 재빠르게 작업한다.
* 사블라주(Sablage) 방식으로 만들면 가볍고 바삭한 식감으로 구워진다. 손으로 상태를 확인하면서 작업하면, 버터와 가루가 가장 알맞게 섞인 상태를 확인할 수 있다.
3 달걀과 바닐라 페이스트를 넣고 믹서에 후크를 끼워서 저속으로 섞는다. 날가루가 없어지고, 전체가 대충 섞이면 믹서를 멈춘다.
* 고속으로 섞으면 글루텐이 많이 형성되기 쉽고, 반죽이 단단해지므로 저속으로 섞는다.
4 비닐랩으로 싸서 손으로 평평하게 정리한(두께 2㎝~3㎝) 뒤 냉장고에 하룻밤 넣어둔다.
* 균일한 상태로 만들어서 잘 어우러지도록, 적어도 하룻밤은 냉장고에 넣어둔다. 잘 어우러지지 않은 반죽은 약해서 풀어지기 쉽다.
5 4를 롤러를 이용하여 2㎜ 두께로 늘린 뒤 포크로 구멍을 뚫는다. 지름 8.5㎝ 틀로 찍는다.
6 지름 6㎝ × 높이 1.5㎝ 타르트링에 넣고 돌리면서 엄지손가락으로 바닥까지 반죽을 밀어 넣어, 바닥 가장자리에도 빈틈없이 반죽을 밀착시킨다. 위쪽 테두리는 타르트링보다 조금 높게 만든다. 냉장고에 30분~1시간 넣어둔다.
* 균일한 두께로 타르트링에 반죽을 확실히 밀착시킨다. 그렇지 않으면 밀착되지 않은 부분에는 열이 잘 전달되지 않는다. 반죽이 풀어지면 바삭바삭한 식감은 없어지고 단단해지므로 재빨리 작업한다.
7 살짝 높게 만든 테두리 반죽은 안쪽이 조금 더 높게 팔레트 나이프 등으로 비스듬히 잘라낸다. 냉동고에 넣고 차갑게 식혀서 굳힌다.
* 바깥쪽은 열이 잘 전달되어 바로 구워지는 반면, 안쪽은 바깥쪽에 비해 열이 전달되기 어려워서 굽는 중간에 반죽이 주저앉기 쉽다. 구워지는 시간차를 고려하여 안쪽을 조금 높게 만들어야, 깔끔하고 평평하게 완성된다.

크렘 프랑지판 오 테

1 크렘 다망드를 만든다. 믹싱볼에 버터와 슈거파우더(100% 그래뉴당)를 넣고 믹서에 비터를 끼워서 저속으로 섞는다.
* 항상 저속으로 섞는다. 고속으로 섞으면 공기가 지나치게 많이 들어가 분리되기 쉽다.
2 전체가 고르게 섞이면 30℃로 데운 달걀과 럼주의 80~90%를 5~6번에 나눠서 넣고 섞는다. 중간중간 믹서를 멈추고, 전체가 고르게 섞이도록 비터로 바닥부분을 섞어준다.
* 버터와 같은 양의 달걀을 넣기 때문에 잘 유화되지 않는다. 반죽은 항상 24~25℃를 유지해야 한다. 21℃ 버터에 30℃ 달걀과 럼주를 넣으면 반죽을 24~25℃로 유지할 수 있어서 잘 유화된다.
3 미리 섞어둔 아몬드파우더와 박력분의 1/3을 넣고 섞는다.
4 나머지 달걀과 럼주를 넣고 섞는다.
* 아몬드파우더가 수분을 흡수하기 때문에 전체가 쉽게 잘 섞인다.
5 나머지 아몬드파우더와 박력분을 넣고 섞는다.
6 크렘 파티시에르를 만든다. 냄비에 우유, 바닐라빈 깍지와 씨를 넣고 한소끔 끓인다.

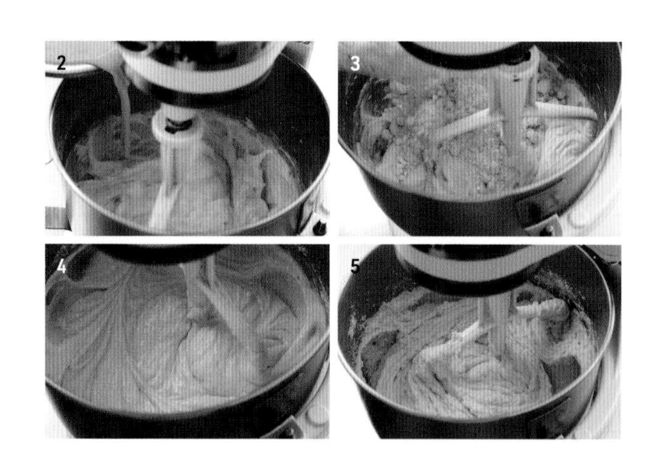

7 볼에 달걀노른자와 그래뉴당을 넣고 거품기로 잘 섞는다. 강력분을 넣고 섞는다.

8 7에 6의 1/2을 넣어 섞은 뒤 다시 6의 냄비로 옮겨서, 83℃까지 저으면서 가열한다.

9 8을 시누아로 걸러서 볼에 옮긴 뒤, 바닐라 농축액을 넣고 섞는다. 얼음물을 받쳐서 식힌다.

10 9의 240g을 실온으로 식혀서 5에 넣고 고르게 섞는다. 용기에 옮겨서 냉장고에 2~3일 넣어둔다.

* 냉장고에 2~3일 두면 갓 만든 것보다 풍미가 잘 어우러져서 숙성감이 증가한다.

11 10의 200g을 볼에 넣고 홍차잎을 넣어 고무주걱으로 섞는다.

* 홍차는 입자가 지나치게 굵거나 지나치게 고우면 향이 잘 나지 않으므로, 조금 잘게 부서진 가루차 패닝을 추천한다.

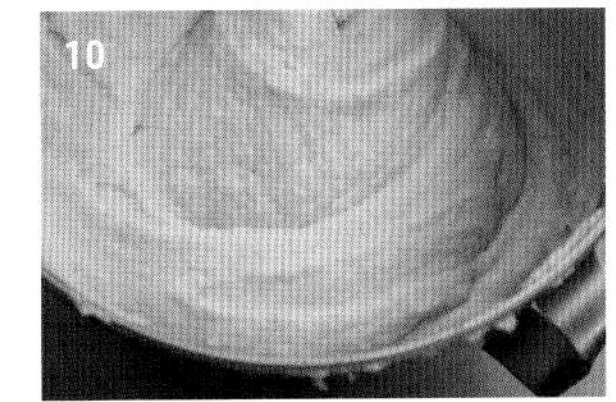

조립1·굽기

1 크렘 프랑지판 오 테를 지름 12㎜ 깍지를 끼운 짤주머니에 넣고, 파트 쉬크레에 20g씩 짠다.

* 깍지를 세워서 반죽에 크림을 밀어 넣듯이, 가운데부터 회오리 모양으로 짜면 평평해진다.

2 타공 실리콘 매트를 깐 오븐팬에 올려서 165℃ 컨벡션오븐에 넣고 25분 정도 굽는다.

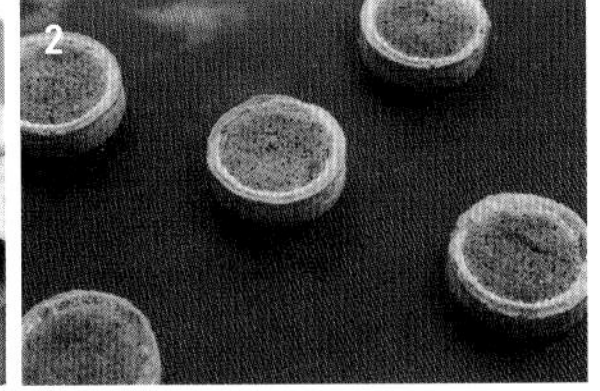

줄레 프랑부아즈

1 내열용기에 판젤라틴을 넣고 판젤라틴이 잠길 정도까지 프랑부아즈 퓌레를 넣는다. 그래뉴당을 넣고 비닐랩을 씌운 뒤, 전자레인지에 넣고 판젤라틴과 그래뉴당을 녹인다.

* 온도는 40℃가 기준이다. 젤라틴은 35~40℃에서 녹는다. 퓌레를 전부 넣으면 프랑부아즈의 풍미가 약해지기 때문에, 젤라틴을 녹이는 데 필요한 수분(퓌레의 일부)만 넣으면 OK.

2 고무주걱으로 잘 섞어서 젤라틴과 그래뉴당을 녹인다.

3 볼에 나머지 퓌레를 넣고 2를 넣어서 섞는다.

4 장미 리큐어를 넣고 섞는다.

* 리큐어 향이 잘 나도록 넉넉히 넣는다.

5 지름 4㎝ × 높이 2㎝ 플렉시판에 프랑부아즈와 프레즈 데 부아를 2g씩 냉동 상태로 넣는다.

* 프레즈 데 부아로 신맛을 보충한다.

6 4를 디포지터에 담아 5에 12g씩 넣는다. 급랭한다.

크렘 프랑부아즈

1 냄비에 프랑부아즈 퓌레와 버터를 넣고 중불로 끓인다.

2 볼에 달걀과 그래뉴당을 넣고 거품기로 섞는다.

3 2에 1의 일부를 넣고 섞어서 다시 1의 냄비에 옮긴다.

4 3을 중불에 올려서 거품기로 저으면서 끓인다.

* 가열하는 이유는 달걀을 살균하기 위해서이다. 지나치게 가열하면 분리되므로 주의한다.

5 판젤라틴을 섞어서 녹인다.

6 볼에 옮겨서 스틱 믹서로 매끄러워질 때까지 섞는다. 스틱 믹서 주변을 고무주걱으로 저으면서 작업하면 더 효과적이다.
7 얼음물을 받치고 고무주걱으로 저으면서 35℃로 조절한다.
* 지나치게 식히면 버터가 굳어서 유동성이 없어진다.
8 7을 디포지터에 담아 줄레 프랑부아즈 위에 8g씩 넣는다. 급랭한다.

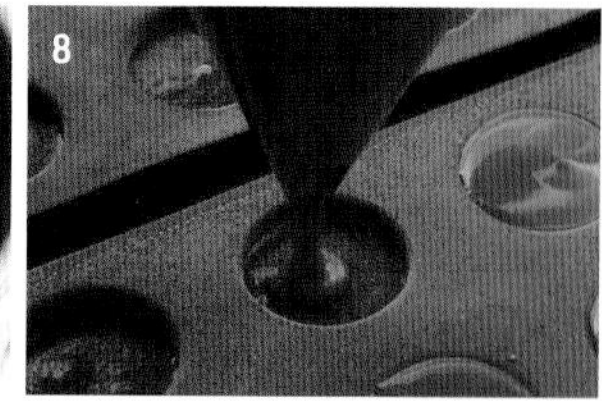

프랑부아즈 페팽

1 냄비에 프랑부아즈, 펙틴을 섞지 않은 그래뉴당, 물엿을 넣고 가열한다. 고무주걱으로 과육을 으깨듯이 섞어서 60℃까지 가열한다.
2 섞어둔 그래뉴당 일부와 펙틴을 넣어 브릭스 60%까지 졸인다.
3 볼에 옮기고 비닐랩을 씌워서 밀착시킨다. 식힌다.

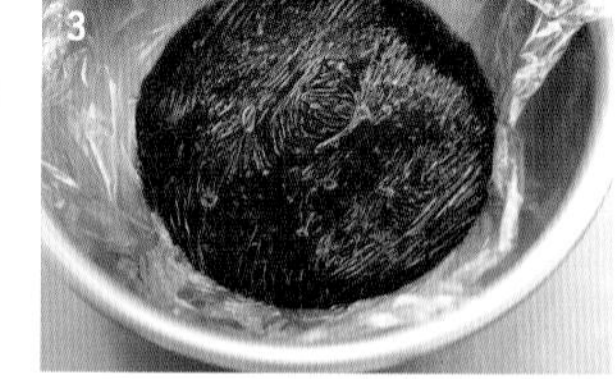

므랭그 로즈

1 냄비에 프랑부아즈 퓌레, 물, 그래뉴당A를 넣고 115~116℃까지 가열한다.
2 1의 작업과 동시에 믹싱볼에 달걀흰자와 그래뉴당B를 넣고, 믹서에 휘퍼를 끼워서 고속으로 휘핑하기 시작한다.
3 2가 하얗고 폭신해져서 휘퍼 자국이 나기 시작하면, 1을 조금씩 넣어 휘퍼로 떴을 때 뿔이 뾰족하게 서는 상태까지 휘핑한다.
* 달걀흰자와 그래뉴당의 휘핑 정도와 시럽의 농도가 가장 알맞은 상태에서 섞을 수 있도록 타이밍을 맞춘다.
4 볼에 장미 리큐어와 프랑부아즈 농축 과즙을 넣고, 3을 넣어서 고무주걱으로 고르게 섞는다.

조립2·완성

1 파트 쉬크레에 짜서 구운 크렘 프랑지판 오 테의 표면에 솔로 시럽을 듬뿍 바른다.
2 팔레트 나이프로 프랑부아즈 페팽을 2~3g씩 바른다.
3 겹쳐서 냉동한 줄레 프랑부아즈와 크렘 프랑부아즈를 틀에서 떼어내, 냉동 상태 그대로 크렘 프랑부아즈가 아래로 가도록 2에 겹쳐 올린다.
* 냉동 상태로 작업하는 것이 편하다.
4 키친타월을 깐 회전대에 올린다. 생토노레 깍지를 끼운 짤주머니에 므랭그 로즈를 넣고, 깍지의 v자로 갈라진 부분이 위로 오게 잡은 뒤, 윗면 가운데에서부터 바깥쪽을 향해 꽃잎처럼 짠다.
5 옆면은 회전대를 천천히 돌리면서, 윗부분에 짠 머랭 사이에서 아래쪽을 향해 살짝 비스듬하게 짠다.
6 토치로 머랭의 절반을 부분적으로 그을려서 색을 낸다.
7 토치로 그을리지 않은 부분에 동결건조 프랑부아즈를 뿌린다.

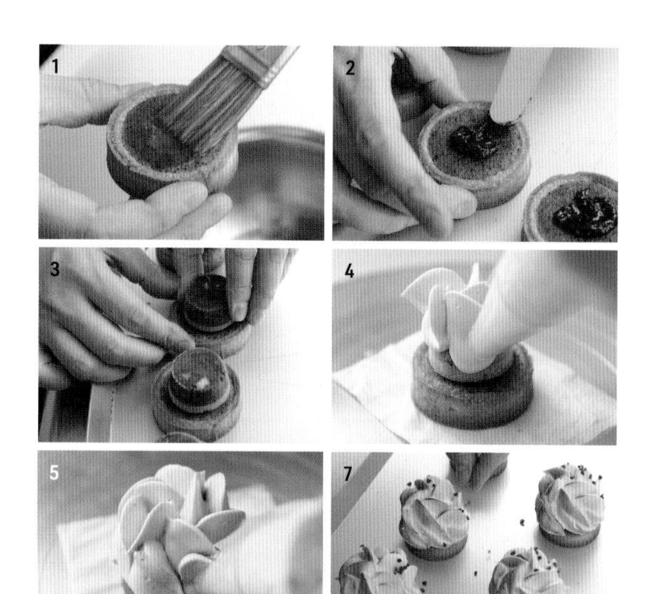

민트 향

레베유

L'éveil

블롱디르

BLONDIR

맛의 조화는 물론, 입에 넣는 순간의 느낌과 여운 등도 계산하여 완성도를 높이는 후지와라 가즈히코 셰프. 향은 조화를 이루는 데 필요한 중요한 요소이므로, 허브 등 특징적인 향을 가진 재료를 사용할 때는 조합하는 재료와 만드는 방법을 고민하여 독특한 향을 부드럽게 표현한다. 프랑스어로 「깨어남」을 의미하는 레베유는, 상쾌한 민트에 꽃 향이 나는 라벤더꿀을 조합하여 깊은 맛을 내면서, 딸기와 그로제유의 단맛과 신맛으로 민트의 풍미를 선명하게 살렸다. 민트와 꿀은 입안에서 사르르 녹는 무스로 만들어서, 가벼운 풍미로 완성하였다.

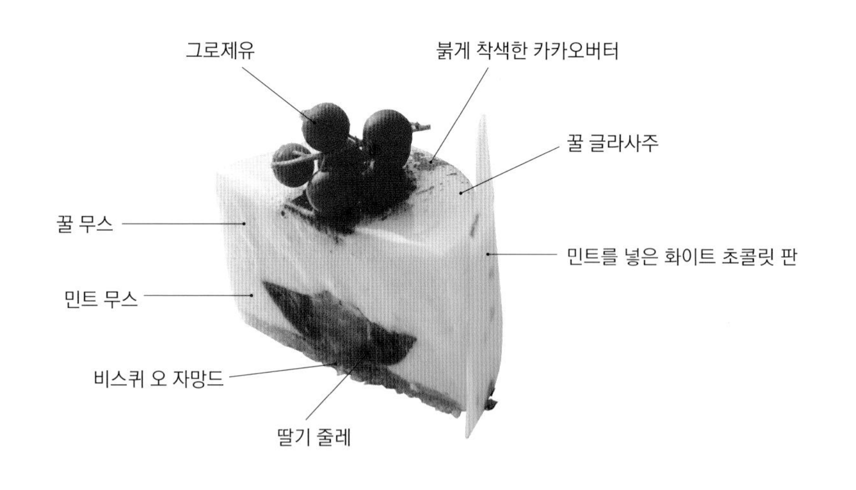

POINT

민트

민트 무스에는 신선한 생민트와 민트 리큐어를 사용한다. 산뜻한 향을 강조하기 위해 마지막에 장식하는 초콜릿에도 생민트를 사용한다.

| 재료 |

비스퀴 오 자망드

〈60개 분량〉
달걀 … 60g
달걀흰자*1 … 67g
소금 … 조금
그래뉴당 … 40g
탕 푸르 탕(아래 재료로 만든 것)*2 … 68g
　슈거파우더 … 34g
　아몬드파우더 … 34g
준강력분(닛토후지 제분 「샹퇴르」)*3 … 30g

*1 차갑게 식힌다.
*2 섞는다.
*3 체로 친다.

딸기 줄레

〈30개 분량〉
딸기 퓌레(Sicoly·냉동) … 250g
판젤라틴*1 … 5g
레몬즙 … 2g
딸기(냉동·홀)*2 … 30개
그로제유(냉동) … 90개

*1 찬물에 불린다.
*2 센가센가나 품종.

민트 무스

〈30개 분량〉
우유 … 125g
생민트 … 6g
달걀노른자 … 40g
그래뉴당 … 68g
판젤라틴*1 … 8g
민트 리큐어(Wolfberger 「알자스 민트」) … 30g
크렘 푸에테*2 … 245g

*1 찬물에 불린다.
*2 생크림(유지방 35%)을 80% 휘핑한다.

꿀 무스

〈30개 분량〉
꿀 이탈리안머랭
　달걀흰자 … 125g
　꿀(라벤더) … 200g
　판젤라틴*1 … 14g
크렘 푸에테*2 … 285g

*1 찬물에 불린다.
*2 생크림(유지방 35%)을 80% 휘핑한다.

꿀 글라사주

〈30개 분량〉
나파주 뇌트르 … 500g
물 … 150g
꿀(라벤더) … 60g

민트를 넣은 화이트 초콜릿 판

〈만들기 쉬운 분량〉
화이트 초콜릿(Opera 「콘체르토」) … 150g
생민트* … 2g

* 줄기는 제거한다.

완성

〈1개 분량〉
붉게 착색한 카카오버터 … 적당량
그로제유(줄기 포함) … 적당량

| 만 드 는 방 법 |

비스퀴 오 자망드

1 믹싱볼에 달걀을 넣고 거품기로 저으면서 50℃ 정도까지 가열한다.
* 섞기 전에 달걀을 데우면 거품이 잘 생기고, 거품을 충분히 내면 폭신하게 구워진다. 단, 60℃ 이상 올라가면 익어서 굳기 시작하므로 주의한다.

2 휘퍼를 끼우고 **1**을 고속으로 섞는다. 볼륨이 생기고 하얗게 변하면 OK.

3 **2**의 작업과 동시에 다른 믹싱볼에 차갑게 식힌 달걀흰자와 소금을 넣고, 믹서에 휘퍼를 끼워서 고속으로 섞는다.
* 소금을 조금 넣으면 기포가 안정된다.

4 **3**에 그래뉴당을 넣고 휘퍼로 떴을 때 뿔이 뾰족하게 서는 상태까지 휘핑한다.

5 볼에 **2**를 옮기고 탕 푸르 탕을 넣어 고무주걱으로 바닥에서부터 퍼올리듯이, 날가루가 없어질 때까지 섞는다.

6 **5**에 **4**의 1/3을 넣고 섞는다.

7 **6**에 준강력분을 넣고 섞는다.

8 **7**에 나머지 **4**를 넣고 섞는다.

9 오븐시트를 깐 60㎝ × 40㎝ 오븐팬에 붓고, L자 팔레트 나이프로 편다.
* 가능한 한 기포가 꺼지지 않도록 빠르게 작업한다. 평평해지면 OK. 기포가 줄어들면 구웠을 때 단단해진다.

10 오븐팬 1개를 밑에 겹쳐서 윗불 230℃, 아랫불 180℃로 예열한 데크오븐에 넣고 10분 동안 굽는다. 오븐시트째 철망에 올려 실온에서 식힌 뒤, 오븐시트를 제거한다.
* 반죽이 얇아서 밑에서부터 익기 때문에, 아랫불 온도를 낮추고 오븐팬을 2개 겹쳐서, 아래쪽 온도를 조절한다.

딸기 줄레

1 냄비에 딸기 퓌레를 넣고 거품기로 가끔씩 저으면서 50℃까지 가열한다.

2 판젤라틴을 넣고 섞는다.

3 판젤라틴이 녹으면 불에서 내려 레몬즙을 넣고 섞는다.
* 센가센가나 품종 딸기의 신맛을 레몬의 신맛으로 보충한다.

4 지름 4.5㎝ × 높이 2㎝ 반구형 플렉시판에 높이의 1/2까지 **3**을 붓는다.

5 냉동 딸기를 1개씩 가운데에 올린다.

6 냉동 그로제유를 3개씩 넣는다. 냉동고에 넣고 차갑게 식혀서 굳힌다.

민트 무스

1 냄비에 우유를 넣고 민트를 손으로 잘라서 넣는다.
* 우유가 차가울 때 민트를 잘라서 넣으면 향이 잘 난다.

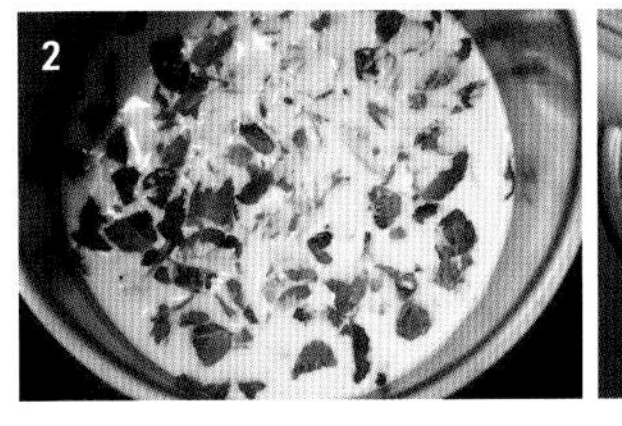

2 **1**을 끓기 직전까지 가열한다. 불을 끄고 뚜껑을 덮은 뒤, 5분 동안 그대로 두고 민트 향을 추출한다.
* 끓으면 민트의 풋내가 우러나므로 주의한다.

3 키친타월을 올린 시누아로 **2**를 걸러서 볼에 옮긴다.

4 다른 볼에 달걀노른자와 그래뉴당을 넣고 하얗고 폭신해질 때까지 거품기로 섞는다.

5 4에 3을 넣어 섞는다.
6 냄비에 옮기고 고무주걱으로 저으면서 80℃까지 가열한다.
7 판젤라틴을 넣어서 녹인다.
8 불에서 내린 뒤 민트 리큐어를 넣고 섞는다.
* 자연스러운 향의 민트 리큐어로 향을 보충한다.
9 시누아로 걸러서 볼에 넣은 뒤, 얼음물을 받치고 한 김 식히면서 걸쭉해질 때까지 거품기로 섞는다.
10 80% 휘핑한 크렘 푸에테의 1/2을 넣고 살짝 섞는다.
* 되도록 기포가 꺼지지 않도록 조심스럽게 섞는다.
11 대충 섞이면 나머지 크렘 푸에테를 넣고, 고무주걱으로 바닥에서부터 퍼올리듯이 섞는다.

조립1

1 비스퀴 오 자망드의 구운 면이 위로 오도록 오븐시트를 깐 작업대에 올려놓고, 지름 6㎝ × 높이 4㎝ 원형틀로 찍는다. 원형틀 바닥에 비스퀴 오 자망드를 붙인 채, 오븐시트를 깐 트레이에 올린다.
2 지름이 큰 둥근 깍지를 끼운 짤주머니에 민트 무스를 넣고, 원형틀 높이의 1/2 정도까지 짠다.
* 지름이 큰 둥근 깍지를 선택한다. 작으면 짤 때 압력이 가해져 기포가 꺼지기 때문이다.
3 딸기 줄레를 플렉시판에서 떼어내, 평평한 면이 아래로 가도록 2의 가운데에 넣는다. 민트 무스와 높이가 같아질 때까지 손가락으로 살짝 밀어 넣는다. 냉동고에 넣고 차갑게 식혀서 굳힌다.

꿀 무스

1 꿀 이탈리안 머랭을 만든다. 믹싱볼에 달걀흰자를 넣고 휘퍼로 휘핑한다.
* 꿀 시럽 완성 시점에 맞춰서, 볼륨이 있고 폭신한 상태가 되도록 속도를 계속 조절하면서 휘핑한다.
2 1의 작업과 동시에 냄비에 꿀을 넣고 121℃까지 가열한다.
3 2에 판젤라틴을 넣고 섞는다.
4 1의 믹서를 고속으로 바꾼 뒤, 3을 조금씩 넣으면서 휘핑한다.
5 한 김 식을 때까지 계속 휘핑한다. 뿔이 뾰족하게 서는 상태가 되면 OK.
* 휘퍼 자국이 생기면 속도를 조절하면서 한 김 식을 때까지 휘핑한다. 계속 고속으로 휘핑하면 거품이 단단해지므로 주의한다.
6 볼에 80% 휘핑한 크렘 푸에테와 5를 넣고 거품기로 대충 섞는다.
7 고무주걱으로 바꾸고 되도록 기포가 꺼지지 않도록 바닥에서부터 퍼올리듯이 섞는다.

조립2

1 지름이 큰 둥근 깍지를 끼운 짤주머니에 꿀 무스를 넣고, 〈조립1〉의 원형틀이 가득 차도록 짠다.
2 팔레트 나이프로 평평하게 정리한다. 냉동고에 넣고 차갑게 식혀서 굳힌다.

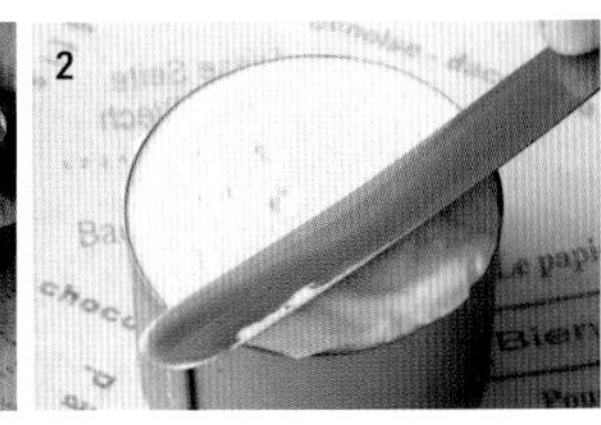

꿀 글라사주

1 냄비에 나파주 뇌트르와 물을 넣고 거품기로 저으면서 끓인다.
2 불에서 내리고 꿀을 넣어 섞는다.
3 시누아로 걸러서 볼에 옮긴다. 사용 직전에 데워서 매끄럽게 만든다.
* 나파주 뇌트르는 덩어리지기 쉬우므로 시누아로 거른다.

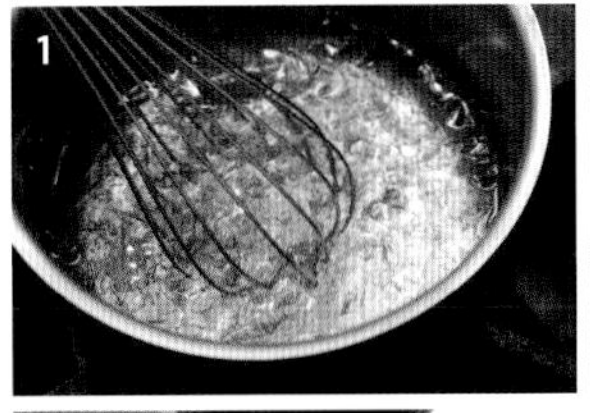

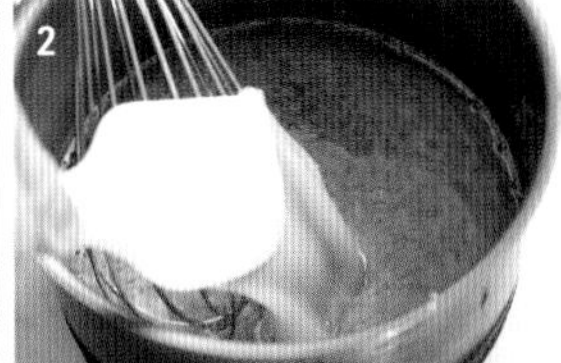

민트를 넣은 화이트 초콜릿 판

1 화이트 초콜릿을 템퍼링한다. 볼에 화이트 초콜릿을 넣고 고무주걱으로 저으면서 중탕하여 40℃로 조절한다. 25~26℃로 식힌 뒤, 28℃로 조절한다.
2 민트를 칼로 다진다.
* 민트는 식감을 위해 부드러운 잎 부분만 사용한다. 변색되기 쉬우므로 사용 직전에 다진다.
3 **1**에 **2**를 넣고 고무주걱으로 섞는다.
4 트레이를 뒤집어서 OPP시트를 붙이고 **3**을 붓는다. 위에 OPP 시트를 씌우고 밀대로 얇게 민다. 그대로 냉장고에 넣고 차갑게 식혀서 굳힌다.

완성

1 〈조립2〉의 원형틀을 제거한다.
2 사진처럼 윗면에 솔로 붉은 카카오버터를 발라서 무늬를 만든다.
3 꿀 글라사주를 따뜻하게 데워 매끄럽게 만든 뒤 깊이가 있는 용기에 넣고, **2**를 비스퀴 자망드가 위로 오게 잡아서 무스 부분이 잠길 때까지 담갔다 뺀다.
4 트레이에 철망을 겹쳐서 놓고, **3**을 손으로 잡은 채 철망 위로 이동하여 여분의 글라사주를 떨어트린다. 비스퀴 오 자망드가 아래로 가도록 철망 위에 가지런히 올린다.
5 받침접시 위에 올리고, 카카오버터를 바른 부분에 그로제유를 장식한다.
6 민트를 넣은 화이트 초콜릿 판을 손으로 적당한 크기로 잘라, **5**의 옆면에 장식한다.

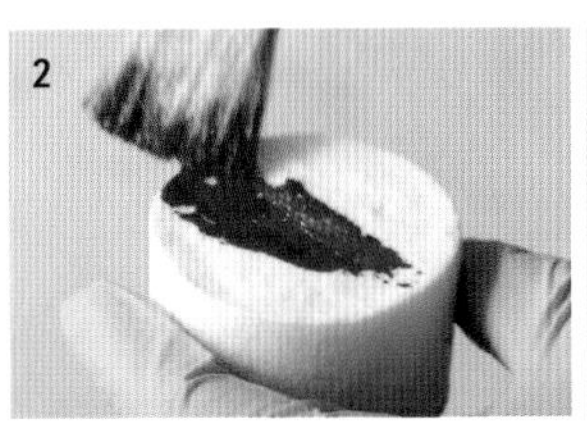

바질 향

오리엔트

Orient

그랑 바니유

grains de vanille

신선한 바질의 향과 마라 데 부아 품종 딸기의 풍부한 단맛을, 상큼한 요구르트의 풍미가 감싼다. 입안에서 퍼지는 풍미의 변화를 계산하여, 딸기와 요구르트는 입안에서 가장 먼저 녹는 무스로 만들고, 바질은 딸기와 조합하여 조금 천천히 녹는 줄레로 만들어, 요구르트와 딸기의 풍미를 느낀 뒤 깔끔한 바질 향이 따라오는 흐름으로 만들었다. 비스퀴에 넣은 바질도 향을 보강해준다. 쓰다 레이스케 셰프는 「허브는 자주 사용하는 재료인데, 생과자에서는 허브로 부드럽게 퍼지는 여운을 표현하는 경우가 많습니다」라고 설명한다.

POINT

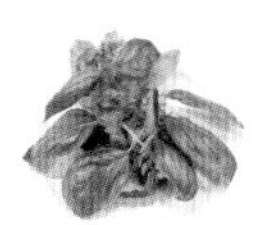

바질

산뜻한 향과 더불어 은은한 단맛이 있는 스위트바질을 선택하였다. 싱싱하고 부드러운 잎을 듬뿍 사용한다.

| 재료 |

바질 비스퀴 조콩드

〈150개 분량〉

바질 … 91g
올리브오일 … 45g
아몬드파우더 … 318g
슈거파우더(100% 그래뉴당) … 318g
달걀노른자 … 254g
달걀흰자A … 190g
달걀흰자B* … 635g
그래뉴당 … 381g
박력분 … 286g

* 차갑게 식혀둔다.

딸기 무스

〈75개 분량〉

딸기 퓌레(Cap fruits·냉동)*1 … 261g
그래뉴당 … 26g
레몬즙 … 12g
키르슈 … 36g
판젤라틴*2 … 3.9g
이탈리안 머랭(아래 재료로 만든 것) … 60g
  달걀흰자 … 61g
  그래뉴당 … 122g
  물 … 45g
생크림(유지방 35%) … 185g

*1 마라 데 부아 품종을 사용한다.
*2 찬물에 불린다.

바질 줄레

〈75개 분량〉

딸기 퓌레(Cap fruits·냉동)*1 … 254g
바질 … 12g
레몬즙 … 62g
그래뉴당 … 41g
판젤라틴*2 … 3.3g
키르슈 … 7g

*1 마라 데 부아 품종을 사용한다.
*2 찬물에 불린다.

요구르트 무스

〈75개 분량〉

요구르트 … 276g
농축 요구르트 … 506g
그래뉴당A … 142g
달걀흰자 … 134g
그래뉴당B … 268g
물 … 75g
판젤라틴* … 15g
요구르트 리큐어(Berentzen「트로피컬 요구르트」) … 35g
생크림(유지방 35%) … 458g

* 찬물에 불린다.

조립·완성

〈1개 분량〉

슈거파우더(100% 그래뉴당) … 적당량
앵비바주(아래 재료로 만든 것) … 적당량
  시럽(보메 30도) … 180g
  물 … 72g
  키르슈 … 90g
요구르트 나파주(아래 재료로 만든 것) … 적당량
  나파주 뇌트르 … 750g
  요구르트 … 102g
딸기 콩피튀르 … 적당량
식용꽃(엘레강스) 꽃잎 … 3장
핑크페퍼 … 3알

| 만드는 방법 |

바질 비스퀴 조콩드

1 바질과 올리브오일을 분쇄기로 갈아서 페이스트 상태로 만든다.
* 올리브오일을 넣으면 바질이 변색되지 않아, 비스퀴가 선명한 색으로 구워진다. 식감도 촉촉해진다.

2 믹서에 휘퍼를 끼우고 믹싱볼에 아몬드파우더, 슈거파우더(100% 그래뉴당), 달걀노른자, 달걀흰자A를 넣어서, 하얗고 폭신하게 변할 때까지 고속으로 섞는다.

3 **2**의 작업과 동시에 다른 믹싱볼에 달걀흰자B와 그래뉴당을 넣고, 믹서에 휘퍼를 끼워서 고속으로 뿔이 뾰족하게 설 때까지 휘핑한다.
* 80% 휘핑한 뒤 **2**의 상태를 확인하고, 완성 시점이 같도록 속도를 조절한다.

4 **2**를 볼에 옮기고 **1**과 **3**의 1/2을 넣은 뒤, 고무주걱으로 바닥에서부터 퍼올리듯이 섞는다.

5 박력분을 조금씩 넣고 섞는다.

6 나머지 **3**을 넣고 섞는다.

7 오븐시트를 깐 오븐팬에 550g씩 붓고, L자 팔레트 나이프로 평평하게 편다. 사방 테두리를 손가락으로 닦는다.

8 220℃ 컨벡션오븐에 넣고 6분 굽는다. 3분이 지나면 오븐팬 방향을 돌려준다. 그대로 실온에 두고 한 김 식힌다.

딸기 무스

1 볼에 냉동 딸기 퓌레를 넣고 가열하여 녹인다.

2 불에서 내리고 그래뉴당과 레몬즙을 넣어 거품기로 섞는다.
* 마라 데 부아 품종 딸기는 단맛이 강하기 때문에, 레몬으로 신맛을 더한다. 색을 선명하게 유지하는 효과도 있다.

3 키르슈의 1/2을 넣고 섞는다.

4 다른 볼에 판젤라틴을 넣고 나머지 키르슈를 넣는다. 중탕하면서 고무주걱으로 판젤라틴을 섞어서 녹인다.

5 **4**에 **3**을 조금 넣고 중탕하여 판젤라틴을 충분히 녹여서 섞는다. 다시 **3**의 볼에 옮기고 거품기로 섞는다.
* 퓌레를 지나치게 가열하면 향이 날아가기 때문에, 판젤라틴은 녹여서 소량의 퓌레를 섞은 뒤 나머지 퓌레를 섞어서 퓌레의 가열을 최소화한다.

6 믹싱볼에 달걀흰자를 넣고, **7**의 시럽이 끓기 시작하면 고속으로 휘핑한다.

7 냄비에 그래뉴당과 물을 넣고 121℃까지 가열한다.

8 **6**에 **7**을 조금씩 부어서 넣고, **9**의 90~100% 휘핑한 생크림과 점도가 비슷해질 때까지 섞는다. 윗면을 고무주걱으로 평평하게 다듬어서 냉동고에 넣고 차갑게 식힌다(20℃ 미만 기준).
* 혼합하는 다른 재료와 온도를 맞춘다. 「충분히 식었지만 부드러운 상태」로 만든다.

9 볼에 생크림을 넣고 거품기로 90~100% 휘핑한다.

10 **9**에 **8**을 넣고 거품기로 대충 섞는다.

11 **10**에 **5**의 1/2을 넣어 골고루 섞는다.

* 덩어리가 없어질 때까지 섞는다.

12 **11**에 나머지 **5**를 넣고 고무주걱으로 바닥에서부터 퍼올리듯이 섞는다.

* 덩어리가 남아 있으면 거품기로 바꿔서 섞는다.

13 지름 10㎜ 둥근 깍지를 끼운 짤주머니에 **12**를 넣고, 긴 지름 5㎝ × 짧은 지름 3㎝ × 높이 2㎝ 타원형 플렉시판에 높이의 80% 정도까지 짠다.

14 틀을 흔들어서 윗면을 평평하게 정리하고, 급랭한다.

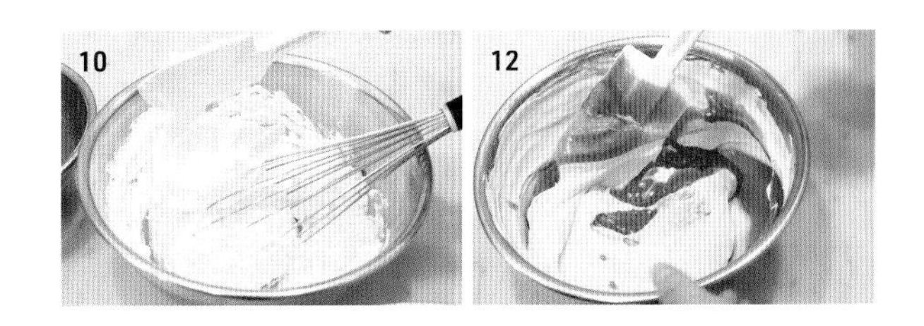

바질 줄레

1 볼에 냉동 딸기 퓌레를 넣고 가열하여 녹인다.

2 푸드프로세서에 바질과 레몬즙을 넣고 바질을 곱게 간다.

* 식감이 좋도록 최대한 곱게 간다.

3 **2**에 **1**을 조금만 넣고 섞는다.

* 양이 적으면 잘 갈리지 않으므로, 수분을 보충할 목적으로 퓌레를 조금 넣는다. 양이 많은 경우에는 넣지 않아도 OK.

4 **1**의 볼에 **3**을 다시 옮기고, 그래뉴당을 넣어서 거품기로 섞는다.

5 다른 볼에 판젤라틴을 넣고 키르슈를 넣은 뒤, 중탕하면서 고무주걱으로 판젤라틴을 섞어서 녹인다.

6 **5**에 **4**를 조금 넣고 중탕하면서, 고무주걱으로 판젤라틴을 충분히 섞어서 녹인다.

7 **4**의 볼에 **6**을 다시 옮기고 거품기로 섞는다.

8 디포지터에 **7**을 담고, 급랭한 딸기 무스 위에 틀 높이까지 가득 붓는다. 급랭한다.

요구르트 무스

1 볼에 요구르트와 농축 요구르트를 넣고 거품기로 섞는다.

* 요구르트로 신선한 풍미와 부드러운 신맛을 표현하고, 농축 요구르트로 풍미를 강조한다.

2 그래뉴당A를 넣고 섞는다.

3 믹싱볼에 달걀흰자를 넣고, **4**의 시럽이 끓기 시작하면 고속으로 휘핑한다.

4 냄비에 그래뉴당B와 물을 넣고 121℃까지 가열한다.

5 **3**에 **4**를 조금씩 붓고 **8**의 90~100% 휘핑한 생크림과 점도가 비슷해질 때까지 섞는다. 윗면을 고무주걱으로 평평하게 정리하여 냉동고에 넣고 차갑게 식힌다(20℃ 미만 기준).

6 다른 볼에 판젤라틴을 넣고 요구르트 리큐어를 조금 부어 중탕하면서, 고무주걱으로 판젤라틴을 섞어서 녹인다.

7 **6**에 **2**를 조금 넣어 거품기로 섞는다. 다시 **2**의 볼에 옮겨서 섞는다.

8 다른 볼에 생크림을 넣고 거품기로 90~100% 휘핑한다.

9 **8**에 **5**를 넣고 거품기로 대충 섞는다.

* 마블 상태로 섞이면 OK.

10 **9**에 **7**의 1/2을 넣고 덩어리가 없어질 때까지 충분히 섞는다.

11 **10**에 나머지 **7**을 넣고 고무주걱으로 바닥에서부터 퍼올리듯이 섞는다.

조립

1 바질 비스퀴 조콩드의 오븐시트를 벗기고 사방 가장자리를 잘라낸다.
2 1의 1장은 17㎝ × 1.5㎝ 띠 모양으로 잘라서 구운 면이 아래로 가게 놓고, 차거름망으로 슈거파우더(100% 그래뉴당)를 뿌린다.
3 긴 지름 7.5㎝ × 짧은 지름 4㎝ × 높이 4㎝ 타원형틀에 2의 구운 면이 안쪽이 되도록, 틀 아래 가장자리를 따라서 넣는다. 트레이에 가지런히 올린다.
* 슈거파우더를 뿌리면 틀에서 잘 분리된다. 해동하면 녹아 없어진다.
4 1의 1장은 긴 지름 5㎝ × 짧은 지름 3㎝ 틀로 찍는다.
5 앵비바주를 만든다. 보메 30도 시럽, 물, 키르슈를 섞는다.
6 5에 4를 담갔다 뺀 뒤, 구운 면이 아래로 가게 3의 틀에 넣는다.
7 지름 10㎜ 둥근 깍지를 끼운 짤주머니에 요구르트 무스를 넣고, 6의 틀에 높이의 80% 정도까지 짠다.
* 남은 요구르트 무스는 마지막 보충용으로 보관한다.
8 겹쳐서 급랭한 딸기 무스와 바질 줄레를 플렉시판에서 떼어내, 딸기 무스가 아래로 가도록 7의 가운데에 올리고, 바닥의 바질 비스퀴 조콩드에 닿을 때까지 손가락으로 누른다.
9 위로 올라온 요구르트 무스를 팔레트 나이프로 틀에 밀어 넣은 뒤, 윗면을 펴서 평평하게 정리한다. 냉동고에 넣고 차갑게 식혀서 굳힌다(5분 정도가 기준).
10 윗면에 나머지 요구르트 무스를 올리고, 팔레트 나이프로 평평하게 편다. 급랭한다.
* 냉동하면 공기가 빠져나가서 살짝 가라앉기 때문에, 윗면이 살짝 위로 올라올 정도로 요구르트 무스를 듬뿍 올린다.

완성

1 요구르트 나파주를 만든다. 볼에 나파주 뇌트르와 요구르트를 넣고, 스틱 믹서로 매끄러워질 때까지 섞는다.
2 〈조립〉의 틀에서 삐져나온 여분의 요구르트 무스를 제거한 뒤, 윗면에 솔로 딸기 콩피튀르를 발라 무늬를 만든다.
3 2의 윗면에 1을 조금 올리고 팔레트 나이프로 평평하게 정리한다.
4 틀을 토치로 데운 뒤 틀을 밀어서 분리한다.
5 핑크페퍼와 식용꽃으로 장식한다.
* 식용꽃은 핀셋을 사용하면 쉽게 장식할 수 있다.

Aroma

Texture

2

텍스처가 인상적인 디저트

Design

식감에 대하여

감수_ 고야마 가오루 [神山 かおる]

오차노미즈여자대학 이학부 화학과 졸업. 교토대학 박사(농학), 니가타대학 박사(치학). 농림수산성 식품종합연구소(현 국립 연구개발법인 농업·식품 산업기술 종합연구기구) 식품연구 부문에서 식품물리기능 유닛의 장을 역임했다. 30년 이상 식품물성·텍스처 평가법을 전문적으로 연구해 왔다.

「식감」은 입안에서 느끼는 물리 감각

사람은 「먹을」 때 입에 넣은 음식을 치아와 혀를 사용하여 완전히 삼킬 수 있는 상태로 만든다. 음식이 입안에 머무는 시간은 액체는 1초 이내, 단단한 고체라도 100초 정도이다. 얼마 안 되는 시간 안에, 음식의 특성을 감지하고 그에 맞는 방식으로 먹는다. 「맛」에는 미각과 후각처럼 화학물질이 자극이 되는 감각뿐 아니라, 촉각 등의 물리적인 자극에 의한 감각도 크게 관련이 있는 것으로 알려져 있다. 영어로는 화학 감각을 Flavor(플레이버), 물리 감각을 Texture(텍스처)라고 표현한다. 음식의 텍스처란 색상, 모양 등의 겉모습과 유동성, 조리할 때와 씹을 때의 소리도 포함한다고 국제적으로 정의하고 있지만, 입에 넣으면 보이지 않아서 시각은 사용할 수 없다. 소리가 나지 않는 것도 많기 때문에 주된 감각은 촉각이다. 「식감」이라는 말은 20여 년 전부터 사용되기 시작했다. 일반적으로는 혀에 닿는 느낌, 씹는 느낌, 목 넘김 등, 입안에서의 텍스처를 식감이라고 한다.

식감을 느끼는 메커니즘

입술과 혀 등 입안의 기관은 촉각에 특히 민감한데, 나이가 들어도 느끼는 정도는 거의 저하되지 않는다. 「먹는」 행위에서는, 다음과 같은 작업이 무의식적으로 이루어진다(그림①). **① 혀와 경구개(입천장 앞쪽의 단단한 부분) 사이에서 음식물을 눌러 텍스처를 판단한다. ② 부드럽다 → 치아를 사용하지 않고 혀와 위턱으로 으깬다. 단단하다 → 혀로 음식물을 어금니 사이로 이동시켜 씹는다. ③ 충분히 부서지면 주로 혀를 사용하여 침과 섞으면서 삼키기 쉬운 덩어리(식괴)를 만든다. ④ 덩어리를 목구멍 속으로 보내고, 식도에서 위로 보낸다(연하).** 이런 과정을 통해 사람은 식감을 느끼고, 그에 알맞은 먹는 법을 선택한다. 사람의 기관에 가까운 경도를 가진 것은 경도 차이를 자세히 인식할 수 있지만, 예를 들어 씹을 수 없을 정도로 단단한 것은 경도를 판단할 수 없다. 한편, 부드러운 음식물은 한 지점에서 느껴지는 자극은 약하지만, 눌러서 으깨는 동안 모양이 변하여 넓은 면적에 닿기 때문에, 감도가 좀 더 높아진다. 혀에도 촉각과 압각을 느끼는 센서가 분포되어 있다. 혀는 닿는 감각(수동적 감각) 이상으로, 스스로 적극적으로 닿기 때문에, 감도가 몇 배나 높아서 매우 작은 촉각의 차이도 느낄 수 있다.

그림 ①
섭취과정 모식도

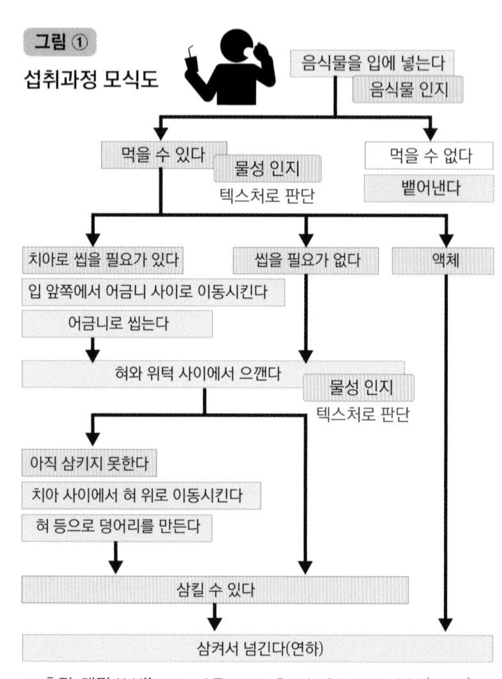

* 출전·개편:K.Hiiemae, J.Texture Stud., 35, 171-200(2004), 神山かおる, 化学と生物, 47,133-137(2009)

식감은 「맛」을 결정하는 중요한 요소

음식을 먹을 때, 맛, 냄새, 온도, 텍스처 같은 겉모습 이외의 요소는 씹는 중에 느낀다. 맛은 씹지 않고는 말할 수 없다. 사실 맛을 결정하는 제1요소는 촉각에 의한 텍스처, 이른바 「식감」이다. 여러 가지 식품을 먹고 그것들로부터 연상되는 언어를 식품의 속성에 따라 나눈 연구(그림②)에서는, 식품의 성질을 결정하는 요소는 텍스처가 가장 크고 다음으로 큰 것은 플레이버였다. 치아로 씹어서 먹는 음식의 맛에는 맛이나 향 등의 화학 감각보다 텍스처가 주체가 되는 물리 감각이 더 강하게 영향을 준다는 연구결과도 있다. 고체 상태의 음식은 텍스처의 영향이 크고, 액체 상태의 음식은 플레이버의 영향이 크다는 것도 밝혀졌다.

일본인은 식감에 민감하다?

맛에는 화학 감각과 물리 감각에 더해, 음식문화, 환경, 체험 등의 사회적·생리적 요소도 깊이 관여한다. 일본어에는 「舌ざわり(시타자와리/혀에 닿는 느낌)」, 「歯ごたえ(하고타에/씹는 느낌)」 등을 비롯하여, 「もちもち(모치모치/쫄깃쫄깃, 쫀득쫀득)」, 「サクサク(사쿠사쿠/바삭바삭)」, 「ふんわり(훈와리/ 폭신폭신)」와 같이 음식의 텍스처를 나타내는 단어가 많다. 2003년에 이루어진 연구*에서는, 445가지의 텍스처를 표현하는 단어가 기록되었다. 영어와 독일어는 각각 약 100가지, 프랑스어는 27가지, 중국어는 144가지 등 다른 외국어 연구 결과와 비교해도, 일본어에 음식의 텍스처 표현이 얼마나 많은지 알 수 있다. 특히, サクサク, もちもち 등의 오노마토피어(Onomatopoeia, 의성의태어)가 많은 것이 특징 중 하나이다. 오노마토피어는 감각이나 미묘한 뉘앙스를 표현하는 데 매우 편리하다. 오노마토피어 표현은 시대에 따라서도 달라진다. 예를 들어 「シュワシュワ(슈와슈와/톡톡)」와 「ジューシー(주시/즙이 많은)」 등은 50년 전에는 사용되지 않았지만, 최근에는 자주 사용되는 표현이다.

식감을 표현하는 어휘가 많다는 것은, 다양하고 복잡한 식감을 즐기는 문화가 있다는 의미다. 실제로 일본에서는 음식 이름을 들었을 때, 식감을 먼저 떠올리는 사람이 많다고 한다. 「밀푀유는 어떤 과자일까?」라고 물으면, 많은 사람이 「바삭바삭」, 「층을 이룬 모양」 등을 이야기하고, 커스터드 크림이나 바닐라 플레이버를 먼저 이야기하는 사람은 적다. 디저트의 맛을 구성하는 다양한 요소 중에서도, 그만큼 식감이 주는 느낌이 중요하다는 것이다.

* 参考 : 早川文代ら、日本食品科学工学会誌、52、337-346(2005)

그림 ② 식품의 특성을 결정하는 요소

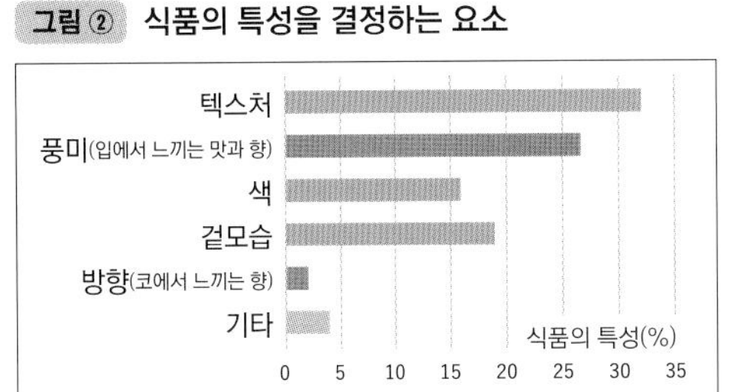

피실험자 100명이 74가지 식품의 속성을 언어로 표현하고, 분류한 조사. 파란색은 물리적인 맛, 붉은색은 화학적인 맛으로 분류되는 속성이다.

* 출전·개편:A.S.Szczesniak and D.H.Kleyn, Food Technology, 17(1), 74-77(1963)

식감에 따라 풍미를 느끼는 방식도 달라진다

맛과 향은 부수거나, 으깨서 음식의 조직이 파괴되었을 때 퍼지는 플레이버 물질이 체내의 센서에 도달해야 비로소 느낄 수 있다. 고체 상태의 식품에 함유된 맛물질은 수분이나 침에 녹지 않으면 혀에 있는 센서에 도달할 수 없다. 또한 풍미의 강도는 플레이버 물질의 양만으로 결정되지는 않는다. 양이 많다고 해서 풍미를 강하게 느끼는 것은 아니라는 것이다.

한천을 사용한 실험에서는 한천 농도 0.5%, 1.0%, 1.5%, 당 농도 0~50%의 범위에서 만든 한천 젤리를 먹을 때 단맛의 변화를 조사하였다(그림③). 당 농도가 높을수록 단맛의 감각은 강해졌지만, 당 농도 40%에서는 더 이상의 단맛을 느끼지 못하였다. 또한 같은 당 농도에서 한천 농도만 다른 젤리를 비교하면, 한천 농도가 높은 단단한 젤리일수록 단맛이 약하게 느껴지고, 반대로 한천 농도가 낮고 부드러운 젤리일수록 단맛이 강하게 느껴졌다. 텍스처 차이에 따라 플레이버 물질이 방출(플레이버 릴리스) 되는 양과 타이밍도 달라진다. 플레이버 물질의 양이 같아도 고체는 단단할수록, 액체는 점도가 높을수록 풍미를 느끼기 어렵다. 플레이버 물질이 방출되기 어렵고, 방출되어도 확산이 느리기 때문이다. 한편, 단단한 것은 강한 힘으로 씹어서 입안에 오래 머무르기 때문에, 플레이버 물질의 방출량이 증가하거나, 플레이버 강도(풍미를 느끼는 세기)가 약해도 길게 느껴지는 경우가 있다.

그림 ③ 식감에 따라 달라지는 맛을 느끼는 방법 - 식품 텍스처에 따른 플레이버 제어

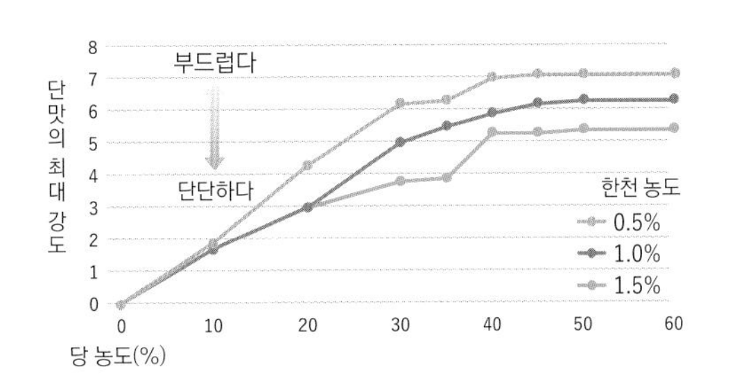

한천 젤리를 사용한 실험. 한천 농도가 높을수록 식감은 단단하고, 단맛은 약해진다.

* 출전·개편 : K.Kohyama 등, Food Hydrocolloids, 60, 405-414(2016)

식감으로 풍미를 조절한다

텍스처는 경도나 조직 구조 등에 따라 달라진다. 텍스처가 달라지면 플레이버 물질의 방출량과 타이밍 등도 달라져 맛과 향을 느끼는 방식에 영향을 준다. 즉, 음식의 물리적인 성질을 바꾸면 식감을 직접적으로 조절할 수 있고, 간접적으로 풍미를 조절하는 것으로 이어진다. 또한 플레이버 물질을 불균일하게 분산시키면, 균일하게 넣는 것보다 그 풍미가 강하게 느껴진다. 예를 들어 입자 크기가 다른 암염을 뿌린 과자를 먹으면, 가끔씩 짠맛이 느껴져 암염의 인상이 더 강하게 남는다. 이것은 입자의 크기가 다른 물질(소금이나 설탕 등)이 타액에 의해 녹기까지 시간차가 생기는 것에 더해, 같은 풍미가 계속되면 질리는 것에 영향을 준다고 생각된다. 이런 효과 등을 이용하면, 특정 재료(유지류나 당류 등)를 줄여도 풍미를 충분히 느낄 수 있을지 모른다.

식감을 디자인한다

나카무라 다카시 [中村 卓]

교토대학 대학원 농학연구과 식품공학전공 박사 후기 과정 수료. 식품 메이커에서 식품소재와 가공식품 연구개발 등을 담당한 뒤, 메이지대학 농학부 농예화학과에 부임하였다. 식품공학 연구실 교수로 식품구조공학을 연구하여 식품구조로 맛을 추구한다.

그림 ①

식품구조공학:식품구조를 통한 맛의 추구

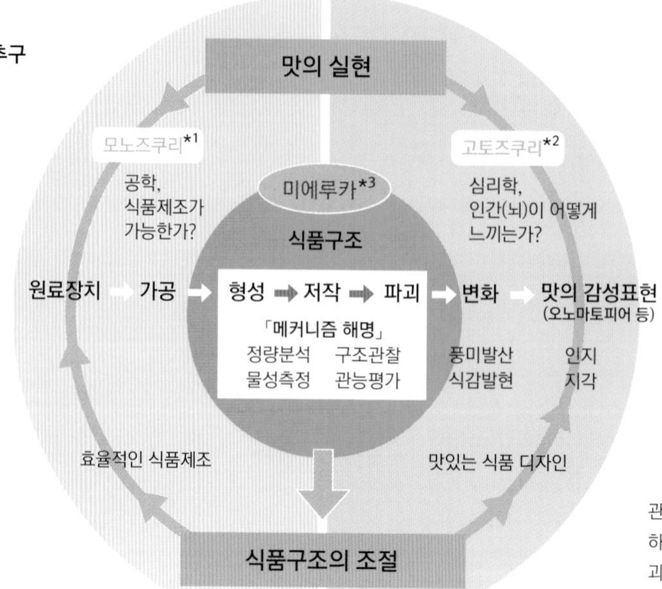

*1 모노즈쿠리[ものづくり]: 혼신의 힘을 쏟아 품질이 뛰어난 제품을 만드는 제조문화.
*2 고토즈쿠리[ことづくり]: 소비자의 수요와 눈높이에 맞는 제품을 만들어 부가가치를 높이는 것.
*3 미에루카[見える化, Visual Control]: 사물이나 현상을 영상이나 그래프·표 등으로 보기 쉽게 나타내는 것.

관능평가에 의한 오노마토피어 표현을 구사하는 동시에, 실험을 통해 음식의 구조와 파괴 과정을 파악함으로써, 맛으로 연결되는 식감을 연구한다.

_ 식감은 맛을 결정하는 중요한 요소 중 하나이지만, 맛있다고 느끼는 식감은 만들 수 있다고 합니다. 나카무라 교수가 연구하는, 음식의 구조 측면에서 「맛있는 식감을 디자인 하는」 식품구조공학에 대해 알려주세요.

음식을 입에 넣고 씹으면 그 구조가 손상되어 상태가 변화합니다. 식감은 그러한 변화의 과정에서 느끼는 자극이며, 그것을 언어로 표현한 것이기도 합니다. 식감을 결정하는 것은 음식의 구조입니다. 현재 식품개발 세계에서는 「단단하다」, 「부드럽다」 등의 감각적인 표현뿐 아니라, 「바삭바삭」, 「폭신폭신」 등의 오노마토피어(의성의태어) 같은 감성적인 표현이 요구됩니다. 제 연구실에서는 「맛은 변화다」라는 생각에서, 입안에서 음식의 구조가 파괴되는 과정에 주목하고 있습니다. 맛으로 이어지는 식감을 「미에루카」하는 연구입니다. 맛은 사람마다 느끼는 방식이 다르기 때문에 정의하기 어렵지만, 많은 사람이 느끼는 「맛있는 식감」을 알면 그것을 「만들다 = 디자인하다」가 가능해집니다.

_ 식감과 맛은 어떤 관계가 있을까요?

맛에는 화학적 요인과 물리적 요인이 있습니다. 화학적 요인으로 대표적인 것은 「미각」. 혀에 있는 센서가 맛을 감지하고 그 자극이 뇌로 전달되어, 「달다」, 「짜다」, 「시큼하다」 같은 맛을 느낍니다. 한편 식감은 물리적 요인입니다. 전용 센서가 있는 미각이나 후각 등과 달리, 식감은 피부 감각인 「촉각」의 자극으로 음식을 인식하여, 「단단하다」, 「부드럽다」 등의 차이를 느낍니다. 그리고 음식이 압축되거나 파괴되었을 때의 변화가 크면 클수록 강한 자극을 받게 됩니다. 그렇기 때문에 복잡하고 불균질한 구조의 음식일수록 다양한 식감을 느끼고, 그것이 맛과 연결됩니다. 시트와 크림 등이 층을 이루는 케이크는 다양한 식감을 느낄 수 있는 음식이기 때문에, 식감의 조합에 따라 맛을 더욱 매력적으로 표현할 수 있습니다.

또한, 자극을 많이 느끼는 음식은 새로움과 특별함이 느껴지고, 「맛있는 식감」으로 이어지기도 합니다. 물론 익숙한 자극이 더 맛있는 식감으로 느껴질 수도 있기 때문에, 식감이 어떻게 맛으로 연결되는지에서는, 새로움과 친근함의 균형이 중요합니다.

「부드러움」과 「바삭바삭」은 세계적으로 사랑받는 식감. 일본인은 「쫄깃쫄깃」과 「끈적끈적」도 좋아한다

_ 많은 사람들이 좋아하는 식감에는 어떤 것이 있나요?

크게 2가지 경향이 있습니다. 첫째는 「부드러움」. 예를 들면 빵이 그렇습니다. 옛날 빵은 밀가루에 물을 넣고 구운 것이었습니다. 그러다가 이윽고 반죽을 발효시키게 되고, 현재의 빵이 되었어요. 단단한 빵보다 부드러운 빵이 더 맛있게 느껴지고, 사람들이 좋아한다는 의미입니다. 일본에서는 메이지시대에 민속학자 야나기타 구니오가 「최근 일본 음식들이 부드러워졌는데, 그것은 조림 음식이 늘었기 때문이다」라고 기록했습니다. 조림 음식이 늘어났다는 것은 부드러운 조림을 더 선호하여, 자주 먹게 되었다는 의미입니다. 부드러운 음식을 좋아하는 것은 세계적으로 공통된 경향입니다. 그리고 둘째는 「바삭바삭」으로, 수분이 매우 적은 음식을 먹었을 때의 감각입니다. 입안에서 가볍게 부서지는 감각도 세계 공통으로 선호하는 식감입니다.

세계 공통으로 선호하는 식감이 있는 반면, 일본인이 특히 좋아하는 식감도 있습니다. 「끈적함」입니다. 기본적으로 끈적함은 음식이 상했을 때 느껴지는 경우가 많기 때문에, 세계적으로는 선호하지 않습니다. 그러나 많은 일본인이 끈적한 음식을 좋아합니다. 가설이기는 하지만 일본인이 끈적함을 좋아하는 이유는, 자포니카쌀로 지은 끈기 있는 밥을 먹은 영향이지 않을까 합니다.

_ 디저트에는 「크리미」한 식감을 중시한 아이템이 많습니다. 사람들은 어떤 방식으로 「크리미」한 식감을 느끼는 걸까요?

크리미란 「매끄러움」과 「끈적함」이 있는, 「부드러운」 식감이라고 생각합니다. 요구르트를 사용한 실험(그림②)에서는, 3가지 시판 요구르트(A~C)를 대상으로 하였습니다. 우선, 저작 시간(씹는 시간)을 전반과 후반으로 나누고, 「크리미」를 포함한 식감 표현을 8가지 항목으로 만들어서, 각각 7단계로 식감의 강도를 채점하는 관능평가를 실시하였습니다. 또한 감각의 강도를 시간 경과에 따라 평가하는 TI(Time Intensity)법과 시간경과 중에서 가장 강하게 느낀 식감을 선택하는 TDS(Temporal Dominance of Sensation)법 등의 관능평가도 실시하였습니다. 또한 크립 미터(Creep meter)라고 하는, 식품의 상태 변화를 측정할 수 있는 전용 기계로, 씹을 때 파괴하는 힘의 강도도 측정하였습니다.

식감의 강도를 채점하는 관능평가에서 「크리미」는 「혀에서 느껴지는 매끄러움」과 가장 관계의 강도가 강하고, 다음은 「끈적임」, 「부드러움」의 순서로 나타났습니다. 어떤 요구르트든 입에 넣고 나서 6초 동안은 「부드러움」이 가장 많이 선택되었기 때문에, 부드러움은 저작 전반부에 느끼는 것으로 밝혀졌습니다. 그 뒤에는 「균일함」을 느끼는 사람의 비율이 높아져서 요구르트 구조의 균일함은 저작 후반부에 느끼는 것을 알 수 있습니다. 또한 우유에 포함된 미셀라 카제인(Micellar Casein)이라고 불리는 단백질은 요구르트에도 포함되어 있고, 그 입자의 연결이 강하면 씹을 때 큰 파편이 됩니다. 파편이 생기는 요구르트는 생기지 않는 요구르트에 비해, 크리미함이 덜 느껴진다는 결과도 얻었습니다.

그림② 요구르트의 크리미한 식감의 미에루카

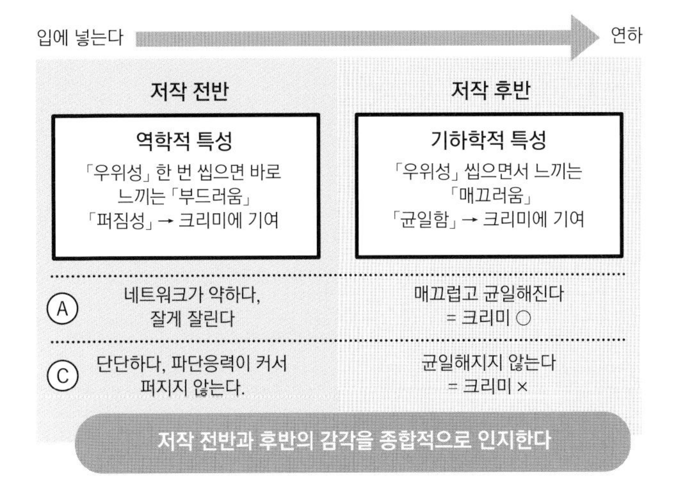

크리미한 식감을 테마로, 3가지 시판 요구르트를 이용하여 실시한 실험 결과. 「부드러움」과 「균일함」의 감각이 크게 관련된다.

이 실험을 통해 사람은 저작 전반부에는 음식을 혀로 눌러 으깰 때의 역학적 특성인 「부드러움」을 느끼고, 저작 후반부에는 눌러서 으깬 뒤 구조의 「균일함」을 느껴서, 종합적으로 크리미한 식감이라고 판단하였습니다. 이 연구 결과는 요구르트뿐 아니라 젤리 등 겔 상태인 음식의 크리미함을 표현할 때, 지표가 될 것으로 생각됩니다.

「입안에서 녹는 느낌」에는 5가지 「녹는 현상」이 있다. 음식에 따라 녹는 느낌이 달라진다

_ 디저트에서는 「입안에서 녹는 느낌」도 맛을 좌우하는 중요한 식감입니다. 입안에서 녹는 느낌이란 어떤 상태를 가리키나요?

일본어로 「口どけ(구치도케/입안에서 녹는 느낌)」는, 「口解け」, 「口融け」, 「口溶け」 등과 같이, 사용하는 한자에 따라서 의미

그림 ③ 구치도케[口どけ,입안에서 녹는 식감]의 종류와 저작 과정의 관계

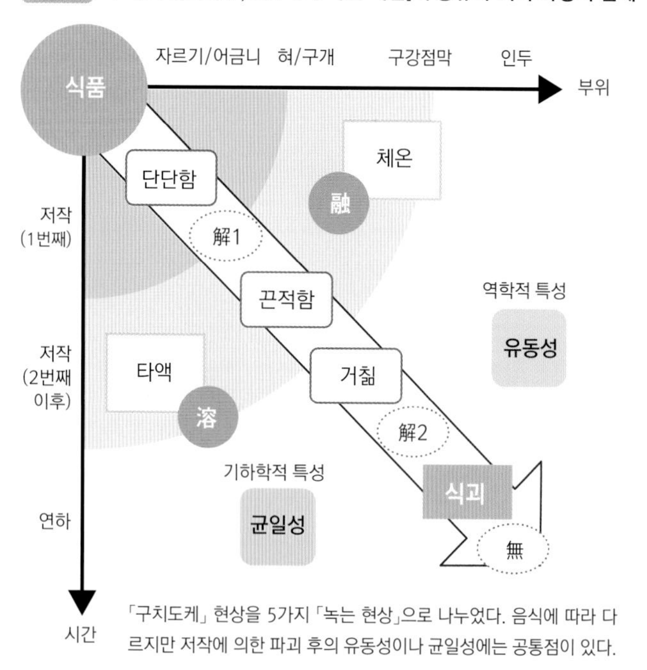

「구치도케」 현상을 5가지 「녹는 현상」으로 나누었다. 음식에 따라 다르지만 저작에 의한 파괴 후의 유동성이나 균일성에는 공통점이 있다.

가 미묘하게 달라집니다. 「解」는 덩어리가 부드럽게 풀어지는 상태, 「融」은 고체가 액체로 변하는 상태, 「溶」은 고체가 액체에 동화되는 상태입니다. 그래서 어떤 의미로 「口どけ」라는 단어를 사용하는지 시간 축과 부위를 따라 해석하였는데, 그러자 적어도 5가지의 「녹는 현상」으로 나눌 수 있었습니다(그림③). 저작(씹기)에 의해 음식 덩어리가 부서져서 「풀어진다」(그림③ 「解1」), 버터 등의 고형 지방이나 얼음 등이 입안의 온도가 올라가면서 「녹는다」(그림③ 「融」), 기름이 타액과 섞이거나 유화되어 타액과 「동화된다」(그림③ 「溶」), 음식 덩어리가 부서져서 풀어진다(그림③ 「解2」), 삼킨(연하) 뒤 녹아서 입안에서 없어진다(그림③ 「無」)입니다. 이렇게 나누는 방법은 음식에 따라 달라지지만, 저작에 의한 파괴 후의 유동성이나 균일성에는 공통점이 있습니다.

입안에서 기분 좋게 녹는다는 것은, 예를 들어 빵이나 구운 과자 등 수분이 적은 음식일 경우에는 타액과 섞인 덩어리에 「끈적한 껌 같은 느낌」이 없어야 입안에서 잘 녹는다고 느낍니다. 반면 초콜릿이나 아이스크림처럼 결정을 포함한 음식은 체온으로 살짝 녹는 느낌, 타액에 녹아서 퍼지는 농후함, 그리고 최종적으로 사라지는 느낌이 중요합니다. 또한 젤리 등 겔 상태의 음식은, 입에 넣으면 곧바로 부드럽게 부서져서 퍼지고, 매끄럽게 혀에 닿는 느낌, 적당히 끈적하고 농후함이 있는 걸쭉한 식감을 선호합니다. 이처럼 음식 구조의 파괴 과정에 따라 「입안에서 녹는 느낌이 좋다」의 의미는 달라집니다. 따라서 식품을 개발할 때는 목표로 하는 입안에서 녹는 느낌을 구체적으로 이미지화하는 것이 중요합니다.

푸딩을 사용한 실험에서는 몇 명의 학생에게 시판 푸딩 몇 종류를 시식하게 한 뒤, 거기에서 떠오르는 식감을 말로 표현하게 하였습니다. 결과는 52가지 단어가 사용되었는데, 크게 3가지로 분류할 수 있습니다. 첫 번째는 「부드러움」, 「탄탄함」 등 단단함과 관련된 단어, 두 번째는 「말랑」, 「탱탱」 등 탄력과 관련된 단어, 그리고 세 번째는 「달라붙는」, 「걸쭉한」 등 입안에서 녹는 느낌과 관련된 단어입니다. 푸딩의 경우 혀와 위턱으로 으깨어 유동화시키는데, 이때 바로 미세한 파편이 되는 경우 「입안에서 잘 녹는다」라고 판단하고, 반대로 단단해서 잘 으깨지지 않거나 거칠거칠하면 「입안에서 잘 녹지 않는다」라고 판단합니다. 씹을(저작) 때 음식의 구조가 어떻게 파괴되는지 관찰하면, 식감을 어떻게 느끼고 표현하는지 알 수 있습니다.

_「식감 디자인」은 구체적으로 어떻게 진행되나요?

식품을 개발할 때는 「단단함」, 「부드러움」과 같은 촉각에 의한 감각적인 식감뿐 아니라, 맛으로 이어지는 감성적인 식감을 만드는 것이 중요합니다. 감성적인 식감이란 「바삭바삭」, 「걸쭉」 등의 오노마토피어로 표현되는 식감을 말합니다. 식감은 씹는 행동에 의한 음식 구조의 변화로 생기는 것이므로, 식품의 구조를 조절할 수 있으면 맛있다고 느껴지는 「감성적 식감을 만든다 = 디자인한다」가 가능해집니다. 그러기 위해서는 우선 맛으로 연결되는 감성적 식감 표현을, 조절 가능한 식품의 속성으로 「미에루카(Visual Control)」할 필요가 있습니다. 식감으로 맛을 디자인하기 위해서는 다음의 3단계 접근이 필요합니다.

①저작과정의 의식화
②구조파괴의 단순모형화
③맛있는 「감성적 식감」의 미에루카

①저작과정의 의식화는 입안에서 변화된 음식의 촉감을 어떻게 느꼈는지를 오노마토피어 표현 등을 구사하여 말로 표현하고, 그것을 해당 음식에 대응하는 식감표현으로 간주하는 관능평가를 실시합니다. 그리고 씹기(저작) 시작하여 삼키기(연하)까지의 시간 경과 중에 그 식감을 어느 부위(치아, 혀, 위턱 등)로, 어느 시점에서 느꼈는지를 특정합니다. 다음으로 ②구조파괴의 단순모형화를 실시합니다. ①에서 의식화한 식감에 대응하는 기계를 이용하여, 역학적 관점에서 음식구조 파괴를 계측하는 방법 등으로 수치화하고, 파괴할 때의 음식 구조의 상태를 관찰합니다. 마지막으로 ①과 ②를 조합하여 검증하고, ③의 맛있는 「감성적 식감」의 미에루카를 실시합니다.

그림 ④ 맛있는 식감의 디자인

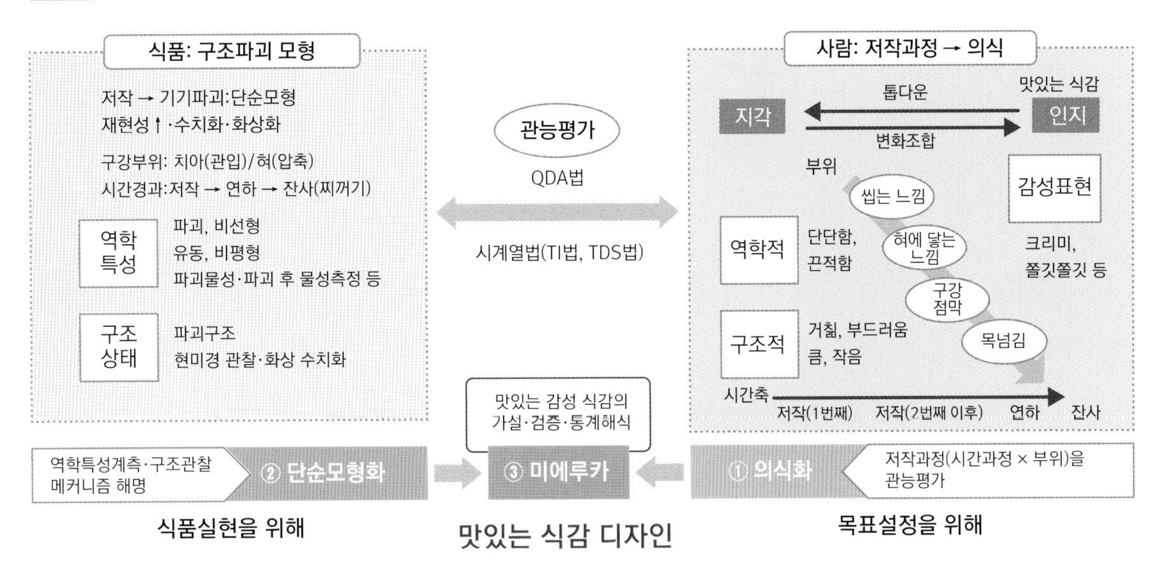

「맛있는 식감」 디자인의 개념도. 음식의 구조를 조절함으로써 오노마토피어로 표현되는 식감을 만든다=디자인할 수 있다.

또한 관능평가에서는 오노마토피어 표현의 사용 방식에서도 식감의 이미지가 미묘하게 달라지는 것을 알 수 있습니다. 예를 들어, 「もっちり(못치리/쫀득, 쫄깃)」는 처음 한 번 씹었을 때의 표현이지만, 「もちもち(모치모치/쫄깃쫄깃, 쫀득쫀득)」는 몇 번 씹고 나서 느낀 표현입니다. 「ふわっ(후왓/폭신)」, 「パリッ(파릿/파삭)」 등의 촉음이나 「とろーり(도로~리/걸쭉)」 등의 장음, 「ふわふわ(후와후와/푹신푹신)」, 「サクサク(사쿠사쿠/바삭바삭)」」 등의 반복어는, 입안에서 음식이 머무는 시간의 길이와 강도를 나타냅니다. 또한 글자의 경우에도 히라가나와 가타카나의 차이에 의해 받는 느낌이 달라집니다. 가타카나는 날카로운 이미지, 히라가나는 부드러운 이미지이므로, 글자 모양에서도 식감의 차이를 느끼는 것입니다. 감성표현을 좀 더 탐구하면 새로운 표현이 가능한 새로운 식감도 만들어질 것입니다.

쫄깃쫄깃, 바삭걸쭉, 탱글탱글……, 감성에 호소하는 오노마토피어 표현을 사용하면, 새로운 식감을 쉽게 이미지화할 수 있다

_ 요리에도 디저트에도 「새로운 식감」을 강조한 상품이 많습니다. 새로운 식감은 어떻게 표현하나요?

「새로운 식감」이라는 표현은 주로 긍정적인 경우에 사용합니다. 새로운 식감의 표현방법으로 자주 사용되는 것은, 다른 음식에는 사용되고 있지만 해당 음식에는 사용되지 않는 표현을 사용하는 방법, 또는 식감에는 사용하지 않는 표현을 사용하는 방법이 있습니다. 후자는 겉모습이나 감촉 등에 사용되는 형용사 등이 해당됩니다.

예를 들면 「もちもち(모치모치/쫄깃쫄깃, 쫀득쫀득)」라는 말이 있습니다. 예전부터 「もちもちの肌(쫀득한 피부)」 등으로 사용되었지만, 이 단어의 분위기, 발음, 감각, 이미지를 입안에 넣고 씹었을 때의 감각과 연결함으로써, 새로운 식감 표현으로 정착되었습니다. 이미지만 일치하면 음식에 사용되지 않았던 단어로 「새로운 식감」을 표현할 수 있는 것입니다. 또한, 「サクとろ(사쿠토로/바삭걸쭉)」 등, 기존 오노마토피어 표현의 조합도 새로운 식감의 표현방법입니다. 「ぱ·ぴ·ぷ·ぺ·ぽ·ぴゃ·ぴゅ·ぴょ(파·피·푸·페·포·퍄·퓨·표)」 등의 반탁음에 촉각의 이미지가 떠오르는 말을 조합하는 경우도 늘고 있습니다. 2012년에 「ポニョポニョ(포뇨포뇨)」라는 단어의 이미지를 설문형식으로 조사하였는데, 연상되는 맛은 「단맛」, 음식은 「과자」라는 응답이 90%를 차지하였습니다. 또한 「부드러움」, 「이로 자르기 힘들다」, 「유동적」, 「미끈미끈」 등의 식감에 가깝다는 대답도 많았습니다. 이 결과에 따라 「ポニョポニョ」라는 표현에 맞는 음식의 구체적인 예로, 「한입 베어 물면 흘러나올 만큼 크림을 가득 채운 슈크림」을 추천하였습니다. 이후 편의점에서 「もちぽにょ(모치포뇨)」라는 새로운 식감을 살린 슈크림이 발매되었고, 그 뒤로 「ぷにゃ(푸냐)」, 「ぷよ(푸요)」, 「ぷに(푸니)」 등의 단어를 사용한 이름의 상품이 계속 등장하였습니다. 개인적으로 이러한 상품개발에는 관여하지 않았지만, 새로운 식감의 표현과 구체적인 예가 실제로 증명된 점은 기쁘게 생각합니다.

가볍고 사르르 녹는 식감

히데미 스기노

HIDEMI SUGINO

스기노 히데미[杉野 英実]

1953년 미에현 출생으로, 79년에 유럽으로 건너가 프랑스와 스위스에서 요리를 배웠다. 82년 일본으로 돌아와 여러 가게에서 셰프로 근무한 뒤, 92년 효고시 고베현에 〈파티시에 히데미 스기노〉를 오픈하였다. 2002년 〈히데미 스기노〉로 가게 이름을 바꾸고 도쿄 교바시로 이전한 뒤, 2022년에 문을 닫았다.

입에 넣는 순간 사르르 녹는 무스

「나의 디저트는 모험입니다」라고 말하는 스기노 히데미 셰프. 케이크의 모양이 유지될 정도로만 수분을 사용하는 등, 불가능을 가능하게 만들기 위한 제조법을 계속 탐구하고 진화시키고 있다. 본질적인 목표는 재료의 맛의 윤곽을 잘 살려서 제대로 전달하는 것으로, 가벼움과 입안에서 사르르 녹는 식감은 목표를 위한 수단 중 하나이다.

저명한 영국의 푸드저널리스트인 마이클 부스(Michael Booth)는 스기노 셰프의 무스를 먹고 「순식간에 사라질 정도로 가볍네요. 촘촘하게 차 있는데 어떻게 이렇게 잘 녹나요」라고 물었다고 한다. 「무스의 가벼움과 기포의 거친 정도는 비례한다고 생각합니다. 나의 무스는 결이 매우 고와서, 원래는 그렇게까지 입안에서 잘 녹지 않아요. 그런데도 사르르 녹아내리는 것은 이탈리안 머랭을 넣는 타이밍과 관련이 있습니다. 일반적인 레시피에서는 퓌레나 크렘 앙글레즈 등의 액체에 크렘 푸에테를 섞은 뒤, 이탈리안 머랭을 넣습니다. 하지만 저는 그 방식을 깨고 순서를 바꿔서, 크렘 푸에테에 이탈리안 머랭을 넣고 몇 번만 살짝 섞은 뒤, 퓌레 등을 넣고 골고루 섞습니다. 이렇게 하면 이탈리안 머랭의 거친 기포는 없어지고, 결이 고와집니다. 작은 기포가 밀집되어야, 재료의 맛과 향이 잘 살고 직접적으로 잘 전달됩니다」라는 것이 스기노 셰프의 설명이다.

이러한 방법으로 만드는 것이 청량함과 과일 느낌이 매력적인 「제오메트리」의 자몽 무스, 밤과 서양배가 주인공인 「오톤느」의 무스 마롱이다. 가벼운 식감과 입안에서 사르르 녹는 느낌과 다르게, 재료의 윤곽이 확실히 느껴지는 풍미가 입안 가득 퍼진다.

제오메트리

Geometry

자몽 과육이 작렬하는, 신선한 과일 느낌이 밀려온다

루비자몽 과즙으로 만든 무스 속에는, 한 알 한 알 풀어놓은 루비자몽의 과육이 듬뿍 들어있다. 과육이 톡톡 터질 때마다 신선하고 순수한 과일 느낌이 밀려온다. 청량감 넘치는 민트 무스가 하모니를 이루어, 여운까지 깔끔하고 산뜻하다. 작은 기포가 고르게 들어 있는 무스의 고운 결이, 재료 고유의 맛을 직접적으로 전달해준다.

| 재료 |

비스퀴 쇼콜라

〈60㎝ × 40㎝ 오븐팬 1개 분량〉
아몬드파우더 … 125g
슈거파우더(100% 그래뉴당) … 60g
달걀노른자 … 125g / 달걀흰자 … 55g

프렌치 머랭
달걀흰자 … 240g
미립 그래뉴당 … 145g

박력분* … 105g / 카카오파우더* … 40g
버터(녹인다) … 50g

* 섞어서 체로 친다.

앵비바주

〈30개 분량〉
시럽(보메 30도) … 50g
자몽 리큐어 … 35g / 물 … 30g

민트 무스

〈40㎝ × 30㎝ 사각형틀 1개 분량〉
민트 잎 … 10g / 우유 … 135g
달걀노른자(풀어준다) … 155g
그래뉴당 … 35g / 판젤라틴*1 … 10g
민트 리큐어(「페퍼민트 제트 27」) … 130g
크렘 푸에테*2 … 465g

*1 찬물에 불린다.
*2 유지방 35%와 38% 생크림을 같은 비율로 섞어서 80% 휘핑한다.

자몽 무스

〈30개 분량〉
자몽(루비) 과즙 … 820g / 미립 그래뉴당 … 15g
레몬즙 … 40g / 판젤라틴*1 … 24g
자몽 리큐어 … 45g

이탈리안 머랭
물 … 30g
그래뉴당 … 115g
달걀흰자 … 75g
크렘 푸에테*2 … 305g

루비자몽 과육*3 … 120g

*1 찬물에 불린다.
*2 유지방 35%와 38% 생크림을 같은 비율로 섞어서 80% 휘핑한다.
*3 속껍질을 벗기고 한 알씩 풀어준다. 체에 올려 여분의 즙을 제거한다.

완성

〈30개 분량〉
나파주 뇌트르* … 140g / 자몽 리큐어* … 14g
크라클랭 프랑부아즈 … 적당량

*섞는다.

| 만드는 방법 |

비스퀴 쇼콜라

1 믹싱볼에 아몬드파우더, 슈거파우더(100% 그래뉴당), 달걀노른자, 달걀흰자를 넣고, 믹서에 휘퍼를 끼워서 저속으로 섞는다. 전체가 골고루 섞이면 중고속으로 바꾸고, 윤기가 나고 휘퍼로 떴을 때 리본 모양으로 떨어져서 자국이 천천히 사라지는 상태가 될 때까지 섞는다.
2 1의 작업과 동시에 프렌치 머랭을 만든다. 다른 믹싱볼에 달걀흰자와 약간의 미립 그래뉴당을 넣고 믹서에 휘퍼를 끼워서 중속으로 휘핑한다.
3 볼륨이 생기면 나머지 미립 그래뉴당의 1/2을 넣는다. 윤기가 나면 나머지 미립 그래뉴당을 모두 넣고, 휘퍼로 떴을 때 뿔이 뾰족하게 선 뒤 천천히 구부러지는 정도가 될 때까지 휘핑한다.
4 볼에 **1**을 넣고 **3**을 고무주걱으로 2번 떠서 넣고 섞는다.
5 섞어서 체로 친 박력분과 카카오파우더를 다시 체로 쳐서 **4**에 넣고, 고무주걱으로 자르듯이 섞는다.
6 날가루가 없어지면 녹인 버터를 넣고 섞는다.
7 나머지 **3**을 살짝 섞어서 결을 정리한 뒤 **6**에 넣고, 가능한 한 기포가 꺼지지 않도록 자르듯이 섞는다.

* 머랭은 설탕의 양이 적어서 결이 거칠어지기 쉬우므로, 반죽에 넣기 전에 전체를 섞어서 결을 정리한다.

8 오븐시트를 깐 60㎝ × 40㎝ 오븐팬에 붓고, L자 팔레트 나이프로 평평하게 편다.
9 오븐팬 가장자리에 손가락을 넣고 1바퀴 돌린 뒤, 212℃ 오븐에 넣어 4분 동안 굽고, 오븐팬 방향을 돌려서 4분 더 굽는다.
10 완성되면 오븐팬을 분리하여 식히고, 지름 4.7㎝ 원형틀로 찍는다.

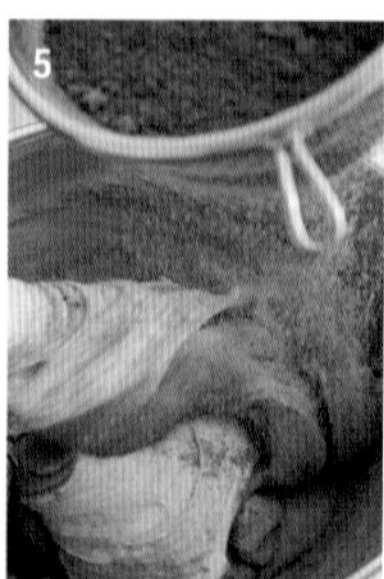

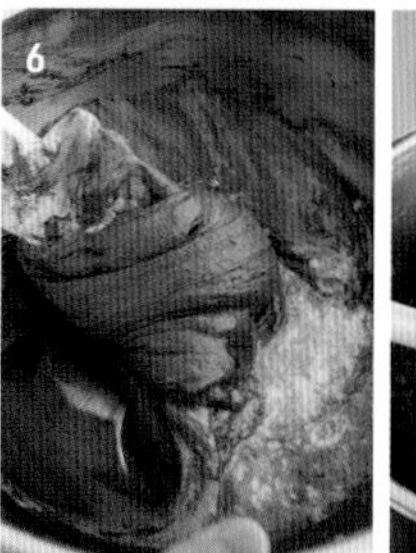

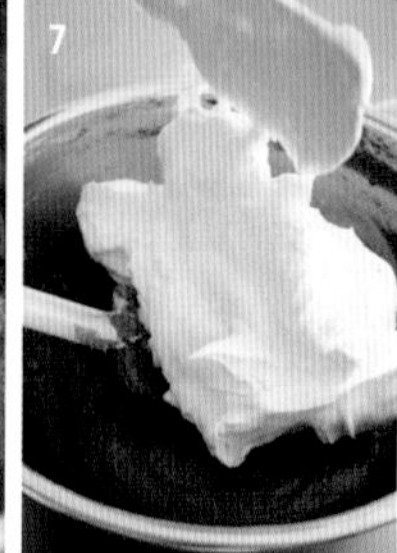

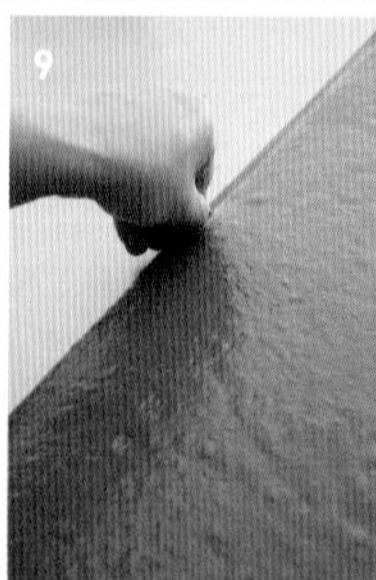

민트 무스

1 분쇄기에 민트잎을 넣고 우유의 1/2을 부어서 민트 잎을 잘게 간다. 냄비에 옮기고 나머지 우유를 넣어 가열한다.
2 볼에 달걀노른자와 그래뉴당을 넣고 거품기로 하얗게 변할 때까지 섞은 뒤, **1**을 넣어 섞는다.
3 **1**의 냄비에 **2**를 다시 옮기고 중불에 올려서, 거품기로 8자를 그리듯이 섞으면서 가열한다. 걸쭉해져서 저은 자국이 남으면, 체로 거르면서 볼에 옮긴다.

4 판젤라틴을 넣고 섞은 뒤 볼 바닥에 얼음물을 받치고, 체온 정도까지 고무주걱으로 저으면서 식힌다. 민트 리큐어를 넣고 저어서 22~23℃로 조절한다.
5 다른 볼에 크렘 푸에테를 넣은 뒤, **4**를 2번에 나눠서 넣고 거품기로 섞는다.
6 OPP 시트를 깔고 40㎝×30㎝ 사각형틀을 올려서 실온에 둔 트레이에, **5**를 붓고 고무주걱으로 편다. 트레이째 작업대에 내리쳐서 평평하게 정리한다. 급랭한다.
7 가로세로 2.5㎝ 크기로 잘라 트레이에 가지런히 올려서 냉동고에 넣어둔다.

자몽 무스

1 볼에 자몽즙, 미립 그래뉴당, 레몬즙을 넣고 섞는다.
2 다른 볼에 판젤라틴과 자몽 리큐어를 넣고 중탕하면서 섞는다.
3 **2**에 **1**을 조금 넣고 섞은 뒤 중탕 냄비에서 꺼낸다. **1**에 실처럼 가늘게 부어서 섞는다. 볼 바닥에 얼음물을 받치고, 걸쭉해지도록 11~13℃로 조절한다.
*** 과즙 등을 섞어서 녹인 젤라틴을 다시 차가운 과즙 등에 넣을 때는, 젤라틴이 덩어리지지 않도록 실처럼 가늘게 조금씩 부으면서 섞는다.**
4 이탈리안 머랭을 만든다. 냄비에 물과 그래뉴당을 넣어서 118℃까지 가열한다.
5 믹싱볼에 달걀흰자를 넣고 믹서에 휘퍼를 끼워서 중속으로 휘핑한다. 하얗게 변하고 볼륨이 생기면 **4**를 볼 안쪽의 옆면을 따라 조금씩 넣으면서 섞고, 체온보다 조금 높은 정도에서 믹서를 끈다. 볼에 옮기고 고무주걱으로 가운데에서 바깥쪽을 향해 편 뒤, 냉동고에 잠깐 넣고 식힌다.
*** 완전히 식을 때까지 섞으면 기포가 가득 차서, 차가운 크렘 푸에테 등과 섞을 때 엉켜서 덩어리지기 쉽다. 믹싱볼 바닥을 만졌을 때 따뜻함이 느껴지는 38~39℃에서 믹서를 끄고, 볼에 펼쳐서 냉동고에 넣고 살짝 식힌다.**
6 다른 볼에 크렘 푸에테를 넣고 **5**의 이탈리안 머랭을 넣어 거품기로 3번만 자르듯이 섞는다.
7 **6**에 11~13℃로 조절한 **3**을 3번에 나눠서 넣고, 넣을 때마다 거품기로 자르듯이 섞는다.
8 다른 볼에 자몽 과육을 넣고 **7**을 조금 넣어서 고무주걱으로 섞는다. 다시 **7**의 볼에 옮겨서 자르듯이 섞는다.

조립·완성

1 OPP 시트를 깐 트레이에 지름 5.5㎝ × 높이 4㎝ 원형틀을 가지런히 올리고 냉장고에 넣어 차갑게 식힌 뒤, 원형틀에 알코올(분량 외)을 뿌리고 틀 가운데에 민트 무스를 올린다. 냉동해둔 오븐팬을 트레이 밑에 깐다.
*** 민트 무스는 잘 녹기 때문에 조립하기 직전에 냉동고에서 꺼내고, 원형틀 가운데에 넣어 움직이지 않는 것을 확인한 뒤, 냉동해둔 오븐팬을 트레이 밑에 겹쳐놓고 빠르게 작업한다.**
2 지름 13㎜ 둥근 깍지를 끼운 짤주머니에 자몽 무스를 넣고, **1**의 틀에 높이의 90%까지 짠다. 스푼 뒷면으로 가운데에서 바깥쪽을 향해 오목하게 정리한다.
3 비스퀴 쇼콜라를 앵비바주에 적신 뒤, 구운 면이 아래로 가게 **2**에 올리고 살짝 눌러준다. OPP 시트를 씌우고 트레이를 올려 위에서 눌러준다. 급랭한다.
4 트레이째 뒤집어서 트레이와 OPP 시트를 제거하고, 원형틀 주위를 깨끗하게 정리한 뒤 트레이 위에 가지런히 올린다. 냉동고에 넣는다.

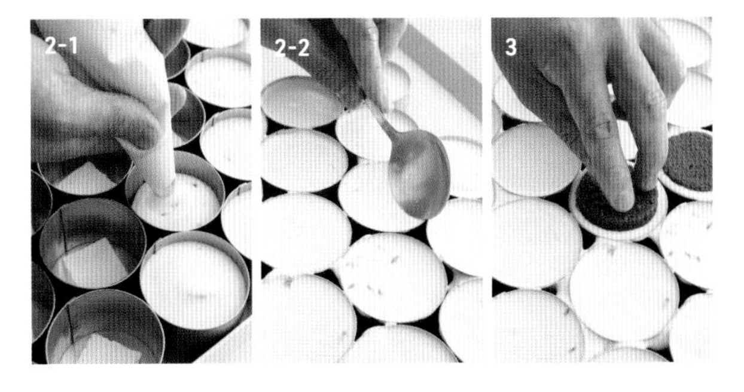

5 **4**를 1개씩 손으로 잡고 팔레트 나이프로 윗면에 글라사주를 바른다. 냉장고에 넣고 차갑게 식혀서 굳힌다.
6 토치로 원형틀을 데워서 틀을 분리한다. 냉장고 등에서 반해동한 뒤, 바닥 가장자리에 크라클랭 프랑부아즈를 붙인다.

오톤느

Automne

시브스트의 가벼움이 밤의 풍미를 확실히 살려준다

가을의 미각을 가득 채운 메뉴. 밤 시부스트 크림은 이탈리안 머랭을 듬뿍 배합하여, 무스에 가까운 가벼운 식감과 입안에서 사르르 녹는 느낌을 표현하였다. 매끄러운 무스 마롱과 어우러져 밤의 존재감이 돋보인다. 촉촉한 서양배 줄레가 과일 맛을 더해주고, 촉촉한 시트가 포만감을 선사한다. 핑크페퍼의 톡 쏘는 매운맛이 악센트.

아라비크

Arabique

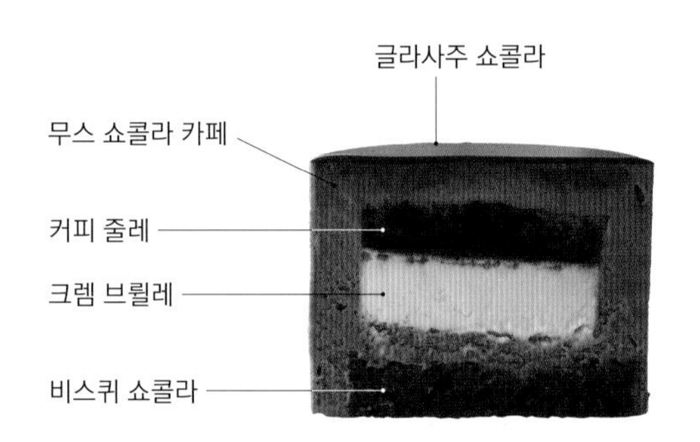

녹는 타이밍이 미세하게 달라서,
풍미가 차례차례 나타났다 사라진다

무스 쇼콜라 카페, 크렘 브륄레, 커피 줄레 등 입안에서 사르르 녹는 3가지 파트가 미세하게 다른 타이밍으로 녹아서 사라지고, 초콜릿과 커피의 쌉싸름한 맛을 바닐라향 크렘 브륄레의 부드러운 풍미가 감싸준다. 커피 줄레에 사용하는 에스프레소는 사용 직전에 추출하여, 갓 내린 커피의 향을 그대로 담았다.

촉촉한 버터크림과 프레시한 줄레

무스만 가볍게 만드는 것이 아니다. 예를 들어「프랑부아지에」의 프랑부아즈 풍미 버터크림은, 물이 분리되기 직전까지 프랑부아즈 퓌레를 넣어, 보통의 버터크림과 달리 매우 촉촉하게 녹는다. 이 메뉴는 스테디셀러이지만 부분적으로 조금씩 변경해왔다. 그중 하나가 프뤼이 루주 줄레를 넣은 것이다.「줄레는 자주 사용합니다. 오톤느의 서양배 줄레나, 커피와 초콜릿을 조합한 아라비크의 커피 줄레도 그렇습니다. 촉촉함이 느껴질 정도로 가볍게 만든 버터크림과 무스에 수분량이 많은 줄레를 조합하여, 재료의 신선함이 좀 더 강하게 느껴지도록 만들었습니다」라고 스기노 셰프는 설명한다.

줄레를 조합한 것은 프랑부아지에가 처음이었지만, 그 발상의 원점은 프랑스에서 제과를 배우던 시절에 있다.「제과를 배운 <펠티에>에서는 샤를로트 푸아르에 넣는 쿨리 프랑부아즈를 별도의 용기에 담아서 판매하였습니다. 아시에트 데세르(Assiette Dessert, 플레이팅 디저트) 느낌으로 케이크를 제안하는 점이 매우 좋았어요. 일본에 돌아온 뒤 똑같이 해 보았지만, 당시에는 시기상조인지 손님들이 낯설어했습니다. 그렇다면 케이크에 넣어야겠다 싶어서, 소스의 요소를 줄레로 만들어서 케이크에 조합하였습니다」.

프랑부아지에

Framboisier

프랑부아즈 퓌레를 듬뿍 넣어 과일 맛이 가득하고 가벼운 버터크림을 만든다

프랑부아즈 풍미의 버터크림과 비스퀴 다망드를 7층으로 쌓고, 프뤼이 루주 줄레를 1층 조합하였다. 버터크림은 버터를 충분히 섞은 뒤 앙글레즈를 35~36℃, 프랑부아즈 퓌레를 20℃, 이탈리안 머랭을 체온보다 조금 낮은 온도로 조절하여 섞어서, 분리되기 직전의 수분량으로 맞췄다. 크라클랭과 앵비바주에도 프랑부아즈를 사용하여 과일 느낌을 최대한 표현하였다.

걸쭉, 말랑, 바삭

비트라유

Vitrail

파리 세베이유

Paris S'éveille

프랑스 디저트의 클래식한 맛과 제조법을 지키면서, 현대적인 에센스나 테크닉을 도입하여 창조성이 돋보이는 디저트를 만드는 가네코 요시아키 셰프. 식감이란 맛에 놀라움을 더해주는 중요한 요소라고 생각한다. 프랑스어로 스테인드글라스를 뜻하는 비트라유는, 센차(녹차)를 넣은 파트 쉬크레를 바삭하고 노릇하게 구운 뒤 촉촉한 센차 줄레를 넣고,

다채로운 식감으로 독창성을 살린다

과일 맛이 풍부하고 산뜻한 만다린 무스를 겹친 새로운 감각의 타르트이다. 센차 줄레는 파트 쉬크레와 대비를 이루면서 폭신폭신하고 잘 녹는 만다린 무스와 조화를 이루도록, 우유를 넣어 걸쭉하고 크리미한 텍스처로 완성하였다. 「식감은 놀라움을 주는 동시에 재료의 매력을 전달하여 맛을 증폭시키는 역할을 합니다. 각 파트가 입안에서 녹는 속도와 풍미를 느끼는 방식을 계산하여, 섬세하게 조절하였습니다. 센차를 갈아 넣은 비스퀴 조콩드와 파트 쉬크레는, 씹을 때마다 상쾌한 풍미가 퍼져 나오고, 산뜻하고 고급스러운 향이 여운으로 길게 남습니다」라는 것이 가네코 셰프의 설명이다. 투명한 느낌이 인상적인 장식용 얇은 줄레 2가지는, 식감도 다르고 위치에 따라 풍미도 달라져서 흐름과 리듬감을 만든다.

크렘 샹티이

2가지 줄레를 아름답게 보여주기 위한 파트이다. 전체의 풍미에 크게 영향을 주지는 않지만, 은은한 우유 맛과 매끄러운 식감을 더해준다.

줄레 드 만다린

농축 퓌레를 넣어 만다린의 풍미를 강조하였다. 걸쭉한 식감으로, 입안에서 사르르 녹으면서 풍미가 빠르게 퍼진다. 여운은 짧아서 무스의 풍미를 방해하지 않는다.

무스 만다린

젤라틴의 양을 줄이고 머랭을 넣어, 순식간에 녹는 가벼운 식감으로 만들었다. 생크림 양도 줄여서 만다린의 신선하고 상큼한 풍미를 깔끔하게 표현하였다.

줄레 드 센차

무스 만다린의 가벼운 식감과 자연스럽게 조화를 이루는, 부드럽게 녹는 크리미한 식감이다. 빨리 녹기 때문에, 갈아서 추출한 센차의 강한 풍미가 한꺼번에 퍼져 나온다.

줄레 드 센차

은은한 색감을 위해 우유를 조금 넣어 매트한 질감으로 완성하였다. 말랑한 식감으로, 줄레 드 만다린의 과일 맛에 쓴 맛을 더해 산뜻하게 만들어준다.

비스퀴 조콩드 센차

센차를 갈아서 반죽에 섞어 섬세한 센차의 풍미를 최대한 살렸다. 센차의 풍미를 보완하고, 향기로운 코냑을 넣어 맛을 깔끔하게 잡아주는 시럽으로 촉촉하게 만들어서, 무스나 줄레의 식감과 통일감을 주었다.

파트 쉬크레 센차

센차를 섞어서 바삭하고 고소하게 구워, 씹을 때마다 살짝 쌉싸름한 센차의 풍미가 강하게 퍼져서 상쾌한 여운을 남긴다. 줄레의 수분이 스며들지 않도록 안쪽에 화이트 초콜릿을 얇게 발라서, 줄레와 대비되는 파삭한 식감으로 완성하였다.

| **재료** | 지름 20㎝, 2개 분량

파트 쉬크레 센차

버터*1 … 162g
슈거파우더*2 … 108g
달걀*3 … 54g
아몬드파우더*2 … 36g
센차*4 … 12g
박력분*2 … 270g

*1 실온에 둔다.
*2 각각 체로 친다.
*3 실온에 둔 뒤 풀어준다.
*4 푸드프로세서로 간다.
조금 굵어도 OK.

비스퀴 조콩드 센차

달걀(풀어준다) … 280g
전화당(트리몰린) … 16g
아몬드파우더*1 … 207g
슈거파우더A*1 … 167g
박력분*1 … 56g
달걀흰자(차갑게 식힌다) … 181g
슈거파우더B … 28g
센차*2 … 28g
버터*3 … 41g

*1 섞는다.
*2 푸드프로세서로 간다.
조금 굵어도 OK.
*3 녹여서 60℃ 정도로 조절한다.

시로 아 앵비베 센차

물 … 100g
센차* … 10g
그래뉴당 … 80g
코냑 … 10g

* 푸드프로세서로 간다.
조금 굵어도 OK.

줄레 드 만다린(장식용)

〈만들기 쉬운 분량〉
만다린 오렌지 퓌레(Boiron) … 130g
만다린 오렌지 농축 퓌레 (Boiron) … 130g
레몬즙 … 12g
그래뉴당 … 50g
판젤라틴* … 10g

* 찬물에 불린다.

줄레 드 센차(장식용)

〈만들기 쉬운 분량〉
물 … 410g
우유 … 80g
센차*1 … 40g
그래뉴당 … 80g
판젤라틴*2 … 34g

*1 푸드프로세서로 간다.
조금 굵어도 OK.
*2 찬물에 불린다.

크렘 샹티이

생크림(유지방 40%) … 200g
슈거파우더 … 12g

※ 생크림에 슈거파우더를 넣고, 70% 휘핑한다.

줄레 드 센차

생크림(유지방 35%) … 400g
우유 … 200g
물 … 200g
센차*1 … 100g
그래뉴당 … 160g
판젤라틴*2 … 25g

*1 푸드프로세서로 간다.
조금 굵어도 OK.
*2 찬물에 불린다.

무스 만다린

달걀노른자(풀어준다) … 90g
그래뉴당 … 45g
만다린 오렌지 퓌레 … 90g
만다린 오렌지 농축 퓌레 … 180g
판젤라틴*1 … 9g
물 … 25g
그래뉴당 … 105g
달걀흰자 … 85g
오렌지 리큐어(Fourcroy 「만다린 나폴레옹」) … 67g
생크림(유지방 35%)*2 … 270g

*1 찬물에 불린다.
*2 70% 휘핑한다.

조립·완성

화이트 초콜릿 … 200g
카카오버터 … 20g
나파주 뇌트르 … 적당량

| **만드는 방법** |

파트 쉬크레 센차

1 믹싱볼에 버터를 넣고 믹서에 비터를 끼워서 저속으로 섞어 포마드 상태로 만든다.
2 슈거파우더를 넣고 섞는다.
3 달걀을 5~6번에 나눠서 넣고 넣을 때마다 잘 섞어서 유화시킨다.
* 달걀을 한꺼번에 넣으면 분리된다. 또한 달걀은 실온에 둔 것을 사용해야 한다. 달걀의 온도가 지나치게 높으면 버터가 녹아버리고, 지나치게 낮으면 버터가 굳어서 잘 섞이지 않아 유화하기 힘들다.
4 아몬드파우더와 센차를 넣고 고르게 섞는다.
* 유분이 있는 아몬드파우더를 박력분보다 먼저 섞으면, 박력분을 넣었을 때 쉽게 유화된다. 하지만 지나치게 오래 섞지 않도록 주의한다. 지나치게 섞으면 유분이 많이 나와서 끈적해진다.
5 박력분을 넣고 날가루가 없어질 때까지 섞는다.
6 비닐랩을 깐 트레이에 옮기고, 손으로 살짝 평평하게 만든다. 위에서 비닐랩을 씌우고 밀착시킨 뒤 냉장고에 하룻밤 넣어둔다.
7 손으로 부드럽게 풀어서 사각형으로 정리한 뒤, 롤러를 이용하여 2.75㎜ 두께로 늘린다.
8 지름 24㎝ 정도의 원형틀로 찍는다. 냉장고에 30분 정도 넣어두고 차갑게 식힌다.
9 지름 20㎝ × 높이 2㎝ 원형틀 안쪽 옆면에, 포마드 상태로 만든 버터(분량 외)를 바르고 **8**을 깐다.
* 분쇄한 센차가 들어 있어서 갈라지기 쉽다. 빠르고 꼼꼼하게 작업한다.
10 원형틀에서 삐져나온 여분의 반죽을 프티 나이프로 정리한다. 오븐시트를 씌우고 누름돌을 올린다.
11 165℃ 컨벡션오븐에 넣고 10분 정도 굽는다. 오븐팬 방향을 돌려서 다시 5분 정도 굽는다. 일단 꺼내서 누름돌과 함께 오븐시트를 벗겨낸 뒤, 다시 3분 동안 굽는다. 굽는 시간은 총 18분 정도. 원형틀을 분리한 뒤 실온에서 식힌다.

비스퀴 조콩드 센차

1 볼에 달걀과 전화당을 넣고 중탕하여 40℃ 정도로 데운다.

2 믹싱볼에 아몬드파우더, 슈거파우더A, 박력분, 1을 넣고, 믹서에 비터를 끼워서 저속으로 날가루가 없어질 때까지 대충 섞는다. 고속으로 바꿔서 하얗고 폭신해질 때까지 섞는다.

* 달걀과 전화당은 따뜻하게 데운 뒤 가루 종류와 섞는다. 차가운 상태에서는 잘 섞이지 않고, 유화에도 시간이 걸린다. 섞는 시간이 길어지면 아몬드파우더에서 유분이 많이 나와서 끈적한 상태가 된다.

3 중속으로 바꿔서 결을 정리한다. 볼에 옮긴다.

4 다른 믹싱볼에 달걀흰자와 슈거파우더B를 넣고 휘퍼로 대충 섞은 뒤, 고속의 믹서로 휘핑한다. 휘퍼로 떴을 때 폭신하고 부드럽게 뿔이 서면 OK.

* 설탕 분량이 적어서 거품이 조금 묽다.

5 3에 센차를 넣고 고무주걱으로 섞는다. 바로 4를 5~6번에 나눠서 넣고, 넣을 때마다 바닥에서부터 퍼올리듯이 섞는다.

6 60℃ 정도의 녹인 버터를 넣으면서, 윤기가 생기고 고른 상태가 될 때까지 빠르게 섞는다.

7 작업대에 실리콘 매트를 깔고 57㎝ × 37㎝ × 높이 8㎜ 샤블롱틀을 올린다. 6을 붓고 L자 팔레트 나이프로 평평하게 정리한다.

8 베이킹용 각봉을 샤블롱틀에 대고 앞에서 뒤로, 뒤에서 앞으로 미끄러트리듯이 움직여서 평평하게 정리한다.

9 샤블롱틀을 조심스럽게 떼어내고 실리콘 매트째 오븐팬에 올린다.

10 180℃ 컨벡션오븐에 넣고 9분 정도 굽는다. 오븐팬 방향을 돌려서 다시 3분 정도 굽는다. 굽는 시간은 총 12분 정도. 실리콘 매트째 철망에 올리고 그대로 실온에서 식힌다.

시로 아 앵비베 센차

1 냄비에 물을 넣고 가열하여 끓으면 불을 끄고 센차를 넣어 섞는다. 뚜껑을 덮고 10분 동안 향을 추출한다.

2 체로 걸러서 볼에 옮긴다. 체에 남은 찻잎을 고무주걱으로 꾹꾹 눌러서 짠다.

* 센차의 진액을 충분히 추출한다. 센차의 떫은맛이 조금 우러나는 정도가 좋다.

3 계량해서 100g이 되도록 물을 보충한다.

4 냄비에 3과 그래뉴당을 넣고 끓인다.

5 끓으면 바로 불에서 내려 볼에 옮기고, 바닥에 얼음물을 받쳐서 한 김 식힌다. 코냑을 넣어 섞는다.

줄레 드 만다린(장식용)

1 내열용기에 만다린 오렌지 퓌레와 농축 퓌레를 넣고, 전자레인지로 30℃ 정도까지 데운다.

2 레몬즙을 넣고 고무주걱으로 섞는다.

3 그래뉴당을 넣어 섞는다.

4 다른 내열용기에 판젤라틴을 넣고 전자레인지로 녹인다. 3을 1/3 정도 넣어서 섞는다.

5 나머지 3을 넣고 섞는다.

6 테두리가 없는 트레이에 필름을 붙이고, 37㎝ × 28.5㎝ × 높이 2㎜ 샤블롱틀을 올려서 테이프로 고정한다. 5를 붓고 고무주걱으로 펴서 급랭한다.

* 기포가 들어가면 알코올 스프레이를 뿌려 기포를 제거한다.

7 줄레와 샤블롱틀 사이에 프티 나이프를 넣어 틀을 제거하고, 지름 4㎝ 원형 틀로 찍는다. 필름째 냉동한다.

줄레 드 센차(장식용)

1 냄비에 물과 우유를 넣고 가열하여, 끓으면 불을 끄고 센차를 넣어 섞는다. 뚜껑을 덮고 10분 정도 향을 추출한다.
* 장식용으로 살짝 매트한 질감을 만들기 위해 우유를 넣는다.

2 체로 걸러서 볼에 옮긴다. 체에 남은 찻잎을 고무주걱으로 꾹꾹 눌러서 짠다.
* 센차의 진액을 충분히 추출한다. 센차의 떫은맛이 조금 우러나는 정도가 좋다.

3 계량하여 490g(물과 우유를 합한 분량)에서 부족한 만큼, 같은 배합률(물 41: 우유 8)로 물과 우유를 보충한다.

4 그래뉴당을 넣고 섞는다.

5 내열용기에 판젤라틴을 넣고 전자레인지로 녹인다. **4**의 1/3을 넣고 섞는다.

6 나머지 **4**를 넣고 섞는다.

7 테두리가 없는 트레이에 필름을 붙이고, 37㎝ × 28.5㎝ × 높이 2㎜ 샤블롱 틀을 올려서 테이프로 고정한다. **6**을 붓고 고무주걱으로 펴서 급랭한다.
* 기포가 들어가면 알코올 스프레이를 뿌려서 기포를 제거한다.

8 줄레와 샤블롱틀 사이에 프티 나이프를 넣어 틀을 제거하고, 지름 4㎝ 원형틀로 찍는다. 필름째 냉동한다.
* 원형틀로 찍을 때 찢어지기 쉬우므로 천천히 찍는다.

조립1

1 테두리가 없는 트레이에 필름을 붙이고, 지름 20㎝ 원형틀을 올린다. 줄레 드 센차(장식용) 8개를 둥글게 올리고 가운데에 1개를 놓는다.

2 줄레 드 만다린(장식용)을 **1**의 줄레 드 센차 사이에 조금씩 겹치도록 총 12개를 올린다.
* 끈적해서 필름이 잘 벗겨지지 않으므로, 주의하여 빠르게 벗겨낸다.

3 **2**의 줄레가 조금 녹아서 **1**의 줄레에 밀착될 때까지 실온에 둔다. 원형틀을 제거하고 급랭한다.

4 **3**에 샤블롱틀을 놓는다. 줄레에 70% 휘핑한 크렘 샹티이를 올리고, 팔레트 나이프로 둥근 모양을 대충 만든다. 각봉을 샤블롱틀 양쪽 가장자리에 대고 앞에서 뒤로, 뒤에서 앞으로 미끄러뜨리듯이 움직여서 평평하게 정리한다.
* 크렘 샹티이는 줄레가 살짝 보일 정도의 두께로 올린다. 두꺼우면 줄레가 보이지 않아서, 원형틀을 올릴 때 줄레의 위치를 알 수 없다.

5 줄레의 위치를 확인하면서 지름 20㎝ × 높이 2㎝ 원형틀을 씌우고 눌러서 그대로 급랭한다.

줄레 드 센차

1 냄비에 생크림, 우유, 물을 넣고 가열하여 끓으면 불을 끄고 센차를 넣는다. 뚜껑을 덮고 10분 동안 향을 추출한다.

2 2번에 나눠서 체에 걸러 볼에 옮긴다. 체에 남은 찻잎을 고무주걱으로 꾹꾹 눌러서 짠다.
* 찻잎의 양이 많으므로 2번에 나눠서 걸러, 센차의 진액을 충분히 추출한다. 센차의 떫은맛이 조금 우러나는 정도가 좋다.

3 계량하여 800g(생크림, 물, 우유를 합친 분량)에서 부족한 분량을, 같은 배합률(생크림2:우유1:물1)의 생크림, 물, 우유로 보충한다.

4 그래뉴당을 넣고 섞는다.

5 내열용기에 판젤라틴을 넣고 전자레인지로 녹인다. **4**를 3번에 나눠서 조금씩 넣고, 넣을 때마다 섞는다.

6 볼에 옮겨서 바닥에 얼음물을 받치고, 고무주걱으로 저으면서 걸쭉해질 때까지 식힌다.
* 점도가 없으면 조립할 때 비스퀴 조콩드 센차에 지나치게 많이 흡수된다. 많이 흡수되지 않도록 걸쭉하게 만든다.

조립2

1 내열용기에 화이트 초콜릿과 카카오버터를 넣고 전자레인지로 녹여서 35℃ 정도로 조절한다.
2 파트 쉬크레 센차 안쪽과 가장자리에 솔로 1을 얇게 바르고, 구멍이 있으면 막는다. 실온에 두고 굳힌다.
3 비스퀴 조콩드 센차를 지름 18㎝ 원형틀로 찍는다.
4 2에 줄레 드 센차를 높이의 80%까지 붓는다. 냉장고에 넣고 차갑게 식혀서 굳힌다.
5 3을 구운 면이 아래로 가게 올린 뒤, 손가락으로 살짝 눌러서 밀착시킨다.
6 솔로 시로 아 앵비베 센차를 바른다. 냉장고에 넣고 차갑게 식혀서 굳힌다.

무스 만다린

1 볼에 달걀노른자와 그래뉴당을 넣고 섞는다.
2 구리냄비에 만다린 오렌지 퓌레와 농축 퓌레를 담고, 고무주걱으로 저으면서 끓기 직전까지 가열한다.
3 1에 2를 1/3 정도 넣고 거품기로 섞는다.
4 2의 구리냄비에 3을 다시 넣고 약불에 올려, 크렘 앙글레즈를 만들 때처럼 고무주걱으로 저으면서 82℃까지 가열한다.
5 불을 끄고 체에 내려서 볼에 담는다.
* 걸쭉해서 체에 내리기 어렵다. 고무주걱으로 누르면 빨리 내릴 수 있다.
6 판젤라틴을 넣고 섞는다. 볼 바닥에 얼음물을 받치고 저으면서 한 김 식힌다.
7 6의 작업과 동시에 구리냄비에 물과 그래뉴당을 넣고 118℃까지 가열한다.
8 6의 작업과 동시에 믹싱볼에 달걀흰자를 넣고, 믹서에 휘퍼를 끼워서 저속으로 휘핑한다. 7이 100℃가 되면 중속으로 바꿔서, 하얗고 폭신해질 때까지 휘핑한다.
9 8에 7을 넣으면서 계속 휘핑하고, 7을 모두 넣으면 고속으로 바꿔 충분히 휘핑한다. 중저속으로 바꿔서 결을 정리한 뒤, 40℃까지 식힌다. 볼에 옮긴다.
* 40℃ 정도로 조절한다. 완전히 식을 때까지 휘핑하면, 쫀쫀하고 무거운 머랭이 된다.

10 6에 오렌지 리큐어를 넣고 고무주걱으로 섞는다. 볼 바닥에 얼음물을 받치고 22℃ 정도까지 식힌다.
11 9에 70% 휘핑한 생크림을 1/3 정도 넣고 거품기로 대충 섞는다. 나머지 생크림도 넣고 뭉치지 않게 섞는다.
12 11에 10을 넣고 섞는다. 고무주걱으로 바꿔서 골고루 섞는다.

조립3·완성

1 〈조립1〉에 무스 만다린을 넣고 스푼으로 평평하게 정리한다. 급랭한다.
* 냉동하면 가운데 부분이 가라앉기 때문에, 가운데를 조금 높게 만든다.
2 트레이에 1을 뒤집어서 놓고, 위에서 나파주 뇌트르를 부어 팔레트 나이프로 얇게 펴 바른다. 급랭한다.
3 원기둥 모양의 용기에 2를 올리고, 원형틀 옆면을 가스 토치로 살짝 데워 원형틀을 밑으로 내려서 분리한다.
4 〈조립2〉 위에 올린다. 냉장고에서 천천히 해동한다.

르 블랑

Le Blanc

그랑 바니유

grains de vanille

질감과 색조가 다른 흰색의 조화가 고급스럽고 아름답다. 베르가모트를 주인공으로 머랭, 무스, 비스퀴의 3가지 파트를 만들어, 부드러운 신맛과 은은한 쓴맛을 표현하였다. 입체적으로 장식한 5~6㎜ 두께의 머랭은 베르가모트 퓌레를 듬뿍 넣고 구워서, 바삭하고 섬세한 식감을 느끼는 동시에 사르르 녹으면서 산뜻한 신맛이 입안 가득 퍼지게 만들었다. 무스

는 젤라틴 양을 줄이고 화이트 초콜릿의 응고작용을 살려 걸쭉하고 부드럽게 만들어서, 입안에 적당히 남아 화이트 초콜릿의 부드러운 단맛과 요구르트 특유의 산뜻함이 감귤의 풍미와 어우러진다. 폭신한 비스퀴에는 베르가모트 껍질을 더했다. 천천히 풀어지면서 여운이 길어져, 처음부터 끝까지 베르가모트 향을 느낄 수 있다. 겉에서는 보이지 않는, 선명한 색깔의 가벼운 블루베리 무스와 걸쭉한 콩포트의 진한 과일 맛은, 맛에 강약을 주고 베르가모트의 풍미와 잘 어우러진다. 쓰다 레이스케 셰프는 「주인공인 재료의 매력을 심플하게 전달하고 싶습니다」라고 이야기한다. 「재료 고유의 개성」을 내세우면서 풍미, 식감과 조화를 이루는 디저트를 추구한다.

식용꽃

새하얀 파트와 통일감을 주면서, 절제되고 가련하며 화려한 분위기를 자아낸다.

글라사주 블랑 쇼콜라

젤라틴, 나파주, 글루코스 등을 배합한 무스의 식감에 어울리는 걸쭉한 텍스처. 화이트 초콜릿과 우유로 우유 맛이 느껴지는 부드러운 단맛을 더했다.

콩포트 미르티유

걸쭉하게 흘러나올 정도로 묽은 텍스처 곳곳에서 블루베리 열매의 부드러운 식감이 느껴져, 즙이 가득한 과일 느낌을 준다. 디저트 소스의 이미지로 조합하였다.

므랭그 베르가모트

바삭하고 가벼운 식감으로 입안에서 사르르 녹아 식감의 악센트가 된다. 녹으면서 퍼지는 베르가모트의 풍미가 코를 관통한다. 불규칙하게 잘라서 장식하여, 풍미와 식감, 그리고 겉모습에서도 리듬이 느껴진다.

비스퀴 다망드

무스처럼 입안에서 사르르 녹는 비스퀴를 만들기 위해, 프렌치 머랭을 듬뿍 배합하였다. 단맛을 충분히 내고 아몬드의 고소한 향을 더함으로써, 전체적으로 맛이 깊어지고 포만감도 준다. 겉모습으로는 예상할 수 없는 폭신폭신한 식감이 놀라움을 선사한다.

무스 베르가모트

초콜릿의 응고작용을 살려서 판젤라틴의 양을 줄였다. 판젤라틴을 보통 사용하는 만큼 넣으면 말랑한 식감이 되지만, 화이트 초콜릿을 사용하여 걸쭉하고 부드러운 식감으로 만들었다. 상큼한 베르가모트의 풍미가 은은하게 퍼진다.

무스 미르티유

달걀노른자를 사용하지 않고 이탈리안 머랭을 듬뿍 넣어서 결이 곱고 가벼운 텍스처로 만들고, 블루베리의 신선한 과일 맛을 제대로 표현하였다. 베리의 새콤달콤한 맛이 감귤의 신맛과 잘 어울린다.

| **재 료** | 지름 6.5㎝, 30개 분량

비스퀴 다망드

〈60㎝ × 40㎝ 오븐팬 1개 분량〉
아몬드파우더 … 85g
슈거파우더 … 85g
베르가모트 껍질 … 8.8g
달걀노른자*1 … 68g
달걀흰자A*1 … 51g
달걀흰자B*2 … 170g
그래뉴당 … 102g
박력분 … 80.75g

*1 섞는다.
*2 2~3℃ 냉장고에 넣고 식힌다.

앵비바주

시럽(보메 30도) … 50g
물 … 35g
진 … 30g

※ 볼에 모든 재료를 넣고 섞는다.

무스 미르티유

블루베리 퓌레(냉동·Boiron) … 264.3g
그래뉴당A … 13.4g
레몬즙 … 5.6g
그래뉴당B … 40.3g
물 … 12.3g
달걀흰자 … 21.3g
판젤라틴*1 … 6.7g
키르슈 … 38.1g
생크림(유지방 35%)*2 … 192.6g

*1 찬물에 불린다.
*2 80% 휘핑한다.

콩포트 미르티유

블루베리(냉동) … 180g
블루베리 퓌레(냉동·Boiron) … 90g
그래뉴당 … 75g
판젤라틴* … 3.5g
레몬즙 … 6g

*찬물에 불린다.

무스 베르가모트

베르가모트 퓌레(냉동·Boiron) … 135.6g
베르가모트 껍질 … 12.3g
요구르트 … 135.6g
가당 달걀노른자(가당 20%) … 64g
그래뉴당 … 22.4g
판젤라틴*1 … 6g
화이트 초콜릿(Valrhona 「오파리스」) … 205g
요구르트 리큐어 … 50g
생크림(유지방 35%)*2 … 450g

*1 찬물에 불린다.
*2 80% 휘핑한다.

글라사주 쇼콜라 블랑

〈만들기 쉬운 분량〉
물 … 80g
우유 … 100g
그래뉴당 … 115g
트레할로스 … 115g
포도당 … 214g
판젤라틴* … 16g
화이트 초콜릿(Valrhona 「이부아르」) … 260g
미루아르 뇌트르(투명한 광택용 시럽) … 100g
이산화티타늄 … 1g

*찬물에 불린다.

므랭그 베르가모트

〈만들기 쉬운 분량〉
달걀흰자 … 45g
건조 달걀흰자(Sosa 「알부미나」) … 1g
베르가모트 퓌레(냉동·Boiron) … 30g
그래뉴당A … 75g
베르가모트 오일 … 0.5g
그래뉴당B … 75g

완성

〈1개 분량〉
식용꽃 … 3개
슈거파우더 … 적당량

| **만드는 방법** |

비스퀴 다망드

1 믹싱볼에 아몬드파우더, 슈거파우더, 베르가모트 껍질을 넣은 뒤, 믹서에 휘퍼를 끼우고 달걀노른자와 달걀흰자A를 조금씩 넣으면서 중속으로 섞는다.
2 고속으로 바꿔서 하얗고 푹신해질 때까지 섞는다.
* 휘퍼로 떴을 때 리본 모양으로 주르륵 떨어지는 상태로 만든다.
3 다른 믹싱볼에 달걀흰자B와 그래뉴당을 넣고 휘퍼로 떴을 때 뿔이 뾰족하게 서는 상태까지 휘핑한다.
* 달걀흰자는 반드시 차갑게 식혀둔다. 차갑지 않으면 결이 고르지 않아 상태가 안정되지 않는다.
4 볼에 **2**와 **3**의 1/3을 넣고 박력분을 조금씩 넣으면서, 고무주걱으로 바닥에서부터 퍼올리듯이 섞는다.
5 나머지 **3**을 넣고 섞는다.
* 가능한 한 기포가 꺼지지 않도록 바닥에서부터 퍼올려 자르듯이 섞는다. 오븐팬에 부어서 펼 때도 섞이기 때문에 완전히 섞지 않아도 OK.
6 오븐시트를 깐 60㎝ × 40㎝ 오븐팬에 **5**를 부어서 편다.
7 220℃ 컨벡션오븐에 넣고 3분 동안 굽는다. 오븐팬의 방향을 돌려서 다시 3분 동안 굽는다. 굽는 시간은 총 6분. 오븐시트째 철망에 올리고 실온에서 한 김 식힌다.

콩포트 미르티유

1 냄비에 블루베리, 블루베리 퓌레, 그래뉴당을 넣고, 고무주걱으로 저으면서 한소끔 끓인다.
* 신선한 과일 맛을 살리기 위해, 보글보글 끓기 시작하면 바로 불을 끈다.

2 판젤라틴과 레몬즙을 순서대로 넣고, 넣을 때마다 고무주걱으로 섞는다.

3 볼 바닥에 얼음물을 받치고 식힌다.

4 지름 3㎝ × 높이 2㎝ 실리콘틀에 스푼으로 12g씩 넣는다. 냉동한다.

무스 미르티유

1 볼에 블루베리 퓌레를 넣고 가열한다. 퓌레가 녹으면 그래뉴당A를 넣고 거품기로 섞어서 녹인 뒤 불을 끈다. 레몬즙을 넣고 섞는다.
* 지나치게 가열하면 신선한 과일 맛이 날아가 버린다. 냉동 퓌레가 녹으면 바로 그래뉴당을 섞어서 녹인 뒤 불을 끈다.
* 레몬으로 신맛을 보충한다.

2 냄비에 그래뉴당B와 물을 넣고 가열하여, 보메 117도까지 졸인다.

3 믹싱볼에 달걀흰자를 넣고 믹서에 휘퍼를 끼워서, 고속으로 하얗고 폭신해질 때까지 휘핑한다.

4 2를 조금씩 넣으면서 휘퍼로 떴을 때 뿔이 뾰족하게 서는 상태까지 휘핑한다. 고무주걱으로 자르듯이 섞어서 큰 기포를 없애고 결을 정리한다. 냉동고에 넣고 차갑게 식힌다.
* 뜨거운 시럽을 넣고 식기 전에 충분히 휘핑하여 바로 식히면 품질이 떨어지지 않는다. 단, 지나치게 식히면 나중에 판젤라틴을 넣을 때 판젤라틴이 녹지 않으므로, 손으로 만졌을 때 차갑게 느껴지는 온도로 식힌다.

5 볼에 판젤라틴과 키르슈를 넣고 거품기로 섞는다.

6 5에 1의 1/2을 넣고 섞는다. 다시 1의 볼에 옮겨서 섞는다.

7 볼에 80% 휘핑한 생크림과 4를 넣고 대충 섞는다.
* 20% 정도 섞이면 OK.

8 6의 1/3을 넣고 전체를 고르게 섞는다.
* 덩어리지지 않도록 충분히 섞는다.

9 나머지 6의 1/2을 넣고 고무주걱으로 바닥에서 퍼올리듯이 섞는다.

10 나머지 6을 넣고 섞는다.

조립1

1 비스퀴 다망드의 오븐시트를 벗기고, 구운 면이 위로 오게 놓는다. 사방 가장자리를 칼로 잘라낸다.

2 작업대에 1을 가로로 길게 놓고 19.5㎝ 폭으로 자른다(3장).

3 차거름망으로 전체에 슈거파우더(분량 외)를 뿌린다. 자른 비스퀴 다망드 중 1장을 가로로 길게 놓고 세로로 칼을 넣어 1.7㎝ 폭으로 잘라, 19.5㎝ × 1.7㎝ 띠 모양 비스퀴를 30개 만든다.

4 나머지 비스퀴 다망드는 지름 5㎝ 원형틀로 찍는다.

5 지름 6.5㎝ × 높이 2㎝ 원형틀을 트레이에 가지런히 올린다. 3에 슈거파우더를 뿌리고, 원형틀 안쪽 옆면에 구운 면이 안쪽으로 오게 넣는다.

6 콩포트 미르티유를 가운데에 넣는다.

7 지름 10㎜ 둥근 깍지를 끼운 짤주머니에 무스 미르티유를 넣고, 위까지 가득 차게 짠다.

8 트레이째 들어서 작업대 위에 살짝 내리쳐 기포를 뺀다. 스푼으로 가운데가 조금 들어가게 눌러서 무스를 정리한다.
* 바닥용 원형 비스퀴 다망드를 올릴 때 무스가 넘치지 않도록, 무스 가운데가 조금 들어가게 눌러준다.

9 볼에 앵비바주를 넣고 4의 지름 5㎝ 비스퀴 다망드를 담갔다 뺀 뒤, 8에 구운 면이 아래로 가도록 올리고 살짝 눌러준다.

10 필름과 트레이를 씌워서 윗면을 평평하게 만든다. 급랭한다.

무스 베르가모트

1 냄비에 베르가모트 퓌레와 껍질, 요구르트를 넣고 고무주걱으로 저으면서 끓인다.
2 볼에 가당 달걀노른자와 그래뉴당을 넣고 거품기로 섞는다.
3 2에 1을 1/3 정도 넣고 섞는다. 다시 1의 냄비로 옮긴다.
4 3을 불에 올려 한소끔 끓인다.
* 살균을 위해 가열하여 달걀을 충분히 익힌다.
5 불에서 내린 뒤 판젤라틴을 넣고 섞는다.
6 볼에 화이트 초콜릿을 넣고, 5를 시누아로 걸러서 넣는다. 고무주걱으로 대충 섞어서 화이트 초콜릿을 녹인다.
7 스틱 믹서로 섞어서 유화시킨다.
8 얼음물을 받치고 고무주걱으로 저으면서 35~36℃로 조절한다.
9 요구르트 리큐어를 넣고 섞는다.
10 80% 휘핑한 생크림을 조금 넣고 거품기로 섞는다.
11 다른 볼에 나머지 생크림과 10의 1/2을 넣고 섞는다.
12 나머지 10을 넣어 섞은 뒤 고무주걱으로 바꿔서 골고루 섞는다.
* 걸쭉하고 부드러운 텍스처가 된다.

13 트레이에 지름 6.5㎝ × 높이 1.7㎝ 원형틀을 가지런히 올리고, 안쪽 옆면에 필름을 붙인다. 지름 10㎜ 둥근 깍지를 끼운 짤주머니에 12를 넣고, 원형틀에 35g씩 짠다. 급랭한다.
* 지름 10㎜ 둥근 깍지를 사용한다. 작은 깍지를 사용하면 짜는 동안 기포가 꺼지고, 지나치게 큰 것을 사용하면 분량 조절이 어렵다.

글라사주 쇼콜라 블랑

1 냄비에 물, 우유, 그래뉴당, 트레할로스를 넣고 거품기로 저으면서 가열한다.
2 그래뉴당이 녹으면 글루코스를 넣어 끓인 뒤, 고무주걱으로 저으면서 걸쭉해질 때까지 가열한다.
3 불에서 내리고 판젤라틴을 넣어 섞는다.
4 볼에 화이트 초콜릿을 넣고, 3을 시누아로 걸러서 넣는다. 고무주걱으로 대충 섞어서 화이트 초콜릿을 녹인다.
5 스틱 믹서로 유화시킨다.
6 미루아르 뇌트르와 이산화티타늄을 넣고, 고무주걱으로 고르게 섞는다. 랩을 씌워 밀착시킨 뒤, 냉장고에 하룻밤 넣어둔다.

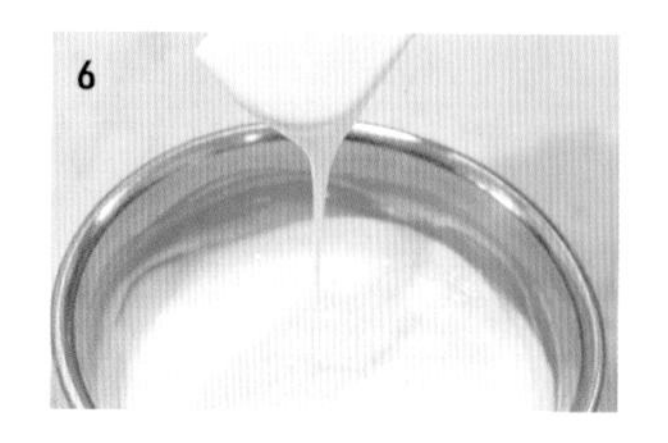

므랭그 베르가모트

1 믹싱볼에 달걀흰자, 건조 달걀흰자, 베르가모트 퓌레를 넣고, 믹서에 휘퍼를 끼워서 고속으로 섞는다.
* 베르가모트의 풍미를 살리기 위해 퓌레를 듬뿍 넣는다. 수분량이 많아서 달걀흰자만으로는 기포가 쉽게 꺼지고 안정되지 않는다. 기포를 충분히 포함할 수 있는 건조 달걀흰자를 넣어 안정성을 높인다.
2 그래뉴당A를 조금씩 넣어서 섞는다.
3 베르가모트 오일을 넣고 휘퍼로 뜨면 뿔이 뾰족하게 설 때까지 휘핑한다.
4 그래뉴당B를 넣고 고무주걱으로 자르듯이 섞는다.
5 오븐시트를 깐 오븐팬에 5~6㎜ 두께로 편 뒤, 95℃ 컨벡션오븐에 넣고 90분 정도 굽는다.

조립2·완성

1 무스 베르가모트의 원형틀을 분리하고 필름을 벗긴다.
2 트레이에 철망을 놓고 1을 올린 뒤, 글라사주 쇼콜라 블랑을 끼얹는다.
3 팔레트 나이프로 여분의 글라사주 쇼콜라 블랑을 제거한다.
4 〈조립1〉의 원형틀을 분리한 뒤 비스퀴 다망드가 아래로 가게 뒤집어 놓는다.
5 3을 팔레트 나이프로 4 위에 올린다.
6 므랭그 베르가모트를 적당한 크기로 잘라서 슈거파우더를 뿌린다.
7 식용꽃과 6을 핀셋으로 올려서 장식한다.

쫄깃쫄깃, 바삭, 걸쭉

폼 프랄리네

Pomme Praliné

몽 상클레르

Mont St. Clair

바닥 부분에 조합한 사과 기모브가 식감의 주인공이다. 부드럽고 쫄깃한 기모브는 바삭한 스트로이젤과 블론드 초콜릿 코팅, 사과, 캐러멜과 피칸으로 구성한 걸쭉한 무스나 소스와 대비를 이루면서, 씹는 동안 쫄깃함이 풀어져 매끄러운 크림처럼 변한다. 그리고 사과나 견과류의 여운과 함께 사라진다. 쓰지구치 히로노부 셰프는 「갓 찧은 떡을 연상시키는 기모브에서 생과자 파트로서의 가능성도 봅니다」라고 이야기한다. 동양인들에게 친숙한 식감을 프랑스 디저트와 융합시켜 독창적인 메뉴로 완성하였다.

| 재료 |

파트 아 스트로이젤 쇼콜라

〈20개 분량〉
버터*1 … 90g / 그래뉴당 … 45g
카소나드 … 45g / 소금 … 1.5g
아몬드파우더 … 72g
박력분*2 … 45g / 강력분*2 … 45g
카카오파우더*2 … 15g

*1 포마드 상태로 만든다.
*2 섞어서 체로 친다.

기모브 폼

〈만들기 쉬운 분량〉
A | 사과주스(SEIKEN 「하토라즈 린고」) … 85g
그래뉴당 … 90g / 트레할로스 … 45g
전화당A(트리몰린) … 50g
물엿(HAYASHIBARA 「할로덱스」) … 15g
레몬즙 … 15g
전화당B(트리몰린)*1 … 65g
젤라틴가루*2 … 10g
물*2 … 25g / 초록사과 리큐어 … 12.5g

*1 중탕으로 부드럽게 만든다.
*2 섞어서 젤라틴가루를 불린다.

커버링 쇼콜라 블론드

〈만들기 쉬운 분량〉
블론드 초콜릿(Callebaut 「골드 초콜릿」 카카오 30.4%)*1 … 500g
카카오매스 … 5g / 생참기름 … 90g
아몬드 다이스(로스트) … 70g
카카오닙*2 … 5g

*1 템퍼링한다. *2 다진다.

파트 드 프랄리네 피칸

〈만들기 쉬운 분량〉
그래뉴당 … 133g / 피칸 … 250g

소스 프랄리네 피칸

〈21개 분량〉
파트 드 프랄리네 피칸(위의 재료 만든 것) … 84g
사과주스 … 42g

소테 드 폼

〈20개 분량〉
그래뉴당A … 18g / 버터 … 18g
사과(홍옥)* … 350g / 그래뉴당B … 52g
칼바도스 … 8g / 사과 농축 퓌레 … 135g

* 껍질째 1.3㎝ 크기로 깍둑썬다.

비스퀴 다쿠와즈 누아제트

〈60㎝ × 40㎝ 오븐팬 1개 분량〉
달걀흰자 … 380g
그래뉴당 … 60g
헤이즐넛파우더* … 115g
아몬드파우더* … 115g
박력분* … 75g
슈거파우더* … 250g

* 섞어서 체로 친다.

무스 카라멜 피칸

〈약 25개 분량〉
파트 아 봉브
그래뉴당A … 120g
뜨거운 물(약 100℃) … 100g
그래뉴당B … 190g
달걀노른자 … 145g
젤라틴 매스*1(아래 재료로 만든 것) … 60g
젤라틴가루(Nitta Gelatin 「젤라틴 실버」) … 48g
물 … 192g
파트 드 프랄리네 피칸(왼쪽 재료로 만든 것) … 90g
카카오버터 … 30g
크렘 푸에테*2 … 320g

*1 젤라틴가루에 물을 섞어서 불린다. 3일 정도 냉장보관 가능하다.
*2 생크림(유지방 35%)을 70% 휘핑한다.

글라사주

〈만들기 쉬운 분량〉
생크림(유지방 35%) … 400g
트레할로스 … 300g
물엿(HAYASHIBARA 「할로덱스」) … 200g
화이트 초콜릿(Callebaut 「벨벳」) … 300g
젤라틴 매스* … 166g
나파주 뇌트르(Puratos Japan 「미루아르 뇌트르」) … 880g
가당 연유 … 250g
색소(레드, 그린, 옐로, 골드, 실버) … 적당량씩

* 왼쪽 무스 카라멜 피칸의 젤라틴 매스와 같은 방법으로 만든다.

조립·완성

〈1개 분량〉
동결건조 사과(수제) … 적당량
다크 초콜릿 … 적당량
생잎 … 1장

| 만드는 방법 |

파트 아 스트로이젤 쇼콜라

1 믹싱볼에 버터를 넣고 믹서에 비터를 끼워서 저속으로 섞는다.
2 그래뉴당, 카소나드, 소금을 넣고 섞는다.
3 아몬드파우더를 넣고 전체를 고르게 섞는다.
4 섞어서 체로 친 박력분, 강력분, 카카오파우더를 넣고 고르게 섞는다.
5 롤러를 이용하여 2㎜ 두께로 늘린 뒤, 피케롤러로 구멍을 낸다.
6 지름 4.5㎝ 틀로 찍는다. 타공 실리콘 매트를 깐 오븐팬에 가지런히 올리고, 위에도 타공 실리콘 매트를 씌운다.

7 150℃ 컨벡션오븐에 넣고 18분 정도 굽는다.
* 평평하게 굽기 위해 실리콘 매트를 씌운다. 구운 색도 필요 이상 진해지지 않아서, 재료의 풍미를 살릴 수 있다.

기모브 폼

1 냄비에 A를 넣고 센불로 106℃까지 가열한다.
* 사과주스가 맛을 내는 가장 중요한 재료이므로, 풍미가 진한 제품을 선택하였다. 레몬즙으로 신맛을 보충해서 사과의 신맛을 살렸다.
* 트레할로스는 단맛을 억제하기 위해, 할로덱스는 보습을 위해 배합한다.
2 믹싱볼에 전화당B와 물에 불린 젤라틴가루를 넣고, 믹서에 휘퍼를 끼워서 고속으로 섞는다. 하얗게 거품이 생기기 시작하면 1을 조금씩 넣고 섞는다.

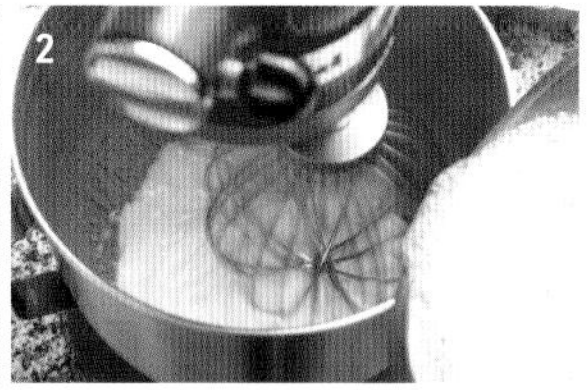

3 윤기가 나기 시작하면 초록사과 리큐어를 넣고 섞는다.

커버링 쇼콜라 블론드

1 볼에 모든 재료를 넣고 고무주걱으로 섞는다.
* 사과의 풍미를 살리기 위해, 캐러멜 풍미가 살짝 느껴지는 블론드 초콜릿을 선택하였다.
2 전자레인지에 넣고 30℃ 정도로 가열한다.

조립1

1 OPP 필름을 씌운 트레이에 파트 아 스트로이젤 쇼콜라의 1/2을 가지런히 올린다.
2 지름 10㎜ 둥근 깍지를 끼운 짤주머니에 기모브 폼을 넣고, 1의 파트 아 스트로이젤 쇼콜라 가운데에, 가장자리를 조금 비워놓고 3g씩 동그랗게 짠다.
3 동결건조 사과를 1꼬집씩 얹는다.
4 3 위에 위에 나머지 파트 아 스트로이젤 쇼콜라를 1장씩 올려서 기모브 폼을 덮는다.
5 트레이를 겹쳐서 4 위에 올려놓고, 잠시 그대로 두어서 평평하게 만든다.
6 5를 트랑페용 포크에 올려서, 30℃ 정도로 조절한 커버링 쇼콜라 블론드에 담갔다 뺀 뒤, OPP 시트를 깐 오븐팬 위에 가지런히 올린다. 냉장고에 넣고 차갑게 식혀서 굳힌다.

파트 드 프랄리네 피칸

1 냄비에 그래뉴당을 넣고 센불에 올려, 밝은 갈색이 될 때까지 가열하여 카라멜리제한다.
* 사과의 부드러운 신맛과 단맛을 살리기 위해 쓴맛이 나지 않도록 약하게 카라멜리제한다.
2 불을 끄고 피칸을 넣어 고무주걱으로 버무린다. 실리콘 매트 위에 편 뒤, 실온에서 한 김 식힌다.
3 푸드프로세스로 갈아서 페이스트 상태로 만든다.

소스 프랄리네 피칸

1 볼에 파트 드 프랄리네 피칸과 사과주스를 넣고 고무주걱으로 섞는다.
2 짤주머니에 1을 넣고 끝부분을 가위로 잘라, 지름 4㎝ × 높이 2㎝ 실리콘 원형틀에 6g씩 짠다. 냉장고에 넣고 차갑게 식혀서 굳힌다.

소테 드 폼

1 프라이팬에 그래뉴당A를 넣고 중불로 가열하여, 연한 갈색이 되면 버터를 넣어 녹인다.
* 버터를 넣으면 전체 온도가 내려가므로 색이 더이상 진해지지 않는다.
2 사과를 껍질째 1.3㎝ 크기로 깍둑썰어, 1에 넣고 고무주걱으로 버무린다.
3 그래뉴당B를 넣고 전체를 섞으면서, 사과가 부드러워질 때까지 소테한다.
* 캐러멜 풍미를 지나치게 강조하지 않고 단맛을 보충하기 위해, 그래뉴당을 나중에 넣는다. 캐러멜 풍미가 강하면 사과 맛이 약해진다.
* 타지 않도록 섞는 것이기 때문에, 사과가 으깨지지 않도록 주의한다.
4 칼바도스를 넣고 살짝 플랑베한다. 불에서 내린다.
* 사과 향을 보충하기 위해 칼바도스의 향을 더한다. 지나치게 태우면 사과의 풍미가 약해지기 때문에, 재빨리 플랑베한다.
5 사과 농축액을 넣고 섞는다.
6 소스 프랄리네 피칸을 짠 틀에, 5를 스푼으로 20g씩 넣는다. 냉동고에 넣고 차갑게 식혀서 굳힌다.

비스퀴 다쿠아즈 누아제트

1 볼에 달걀흰자와 그래뉴당을 넣고, 믹서에 휘퍼를 끼워 고속으로 섞는다.
2 1에 가루 종류를 넣고 날가루가 없어질 때까지 고무주걱으로 섞는다.
3 오븐시트를 깐 60㎝ × 40㎝ 오븐팬에 2를 붓고, L자 팔레트 나이프로 편다.
4 200℃ 컨벡션오븐에 넣고 12~14분 굽는다. 실온에서 한 김 식힌다. 지름 3.5㎝ 원형틀로 찍는다(두께는 약 5㎜).

무스 카라멜 피칸

1 파트 아 봉브를 만든다. 냄비에 그래뉴당A를 넣고 중불로 가열하여 연한 갈색이 될 때까지 카라멜리제한다.
2 뜨거운 물을 넣어 온도 상승을 억제한다.
* 지나치게 타지 않도록 주의한다.
3 그래뉴당B를 넣고 118℃까지 가열한다.
* 캐러멜 풍미가 살짝 느껴지는 시럽을 만든다.
4 3의 작업과 동시에 믹싱볼에 노른자를 넣고, 믹서에 휘퍼를 끼워서 고속으로 섞는다. 거품이 살짝 나면 3을 조금씩 넣으면서 하얗게 변할 때까지 섞는다.
5 내열용기에 젤라틴 매스를 넣고 전자레인지로 가열하여 녹인다.
6 4에 5를 넣어 섞은 뒤 믹서를 멈춘다.
7 볼에 파트 드 프랄리네 피칸과 카카오버터를 넣은 뒤 중탕 냄비에 넣고, 고무주걱으로 저으면서 40℃ 정도로 조절한다.
8 6에 7을 넣고 전체를 고르게 섞는다.
9 다른 볼에 70% 휘핑한 크림 푸에테를 넣고, 8의 1/2을 넣어 고무주걱으로 바닥에서부터 퍼올리듯이 섞는다
10 나머지 8을 넣고 섞는다.

조립2

1 짤주머니에 무스 카라멜 피칸을 넣고 끝부분을 가위로 잘라서, 높이 5.5㎝ 정도의 실리콘 사과 모양 틀에 40~45g씩 짠다.
2 1에 차갑게 굳힌 소스 프랄리네 피칸과 소테 드 폼을, 소스 프랄리네 피칸이 아래로 가도록 올리고 손가락으로 밀어 넣는다.
3 비스퀴 다쿠아즈 누아제트를 구운 면이 아래로 가게 올린 뒤, 틀과 같은 높이가 되도록 손가락으로 살짝 밀어 넣는다. 스푼으로 여분의 무스를 긁어서 깨끗이 정리한다. 냉동고에 넣고 차갑게 식혀서 굳힌다.

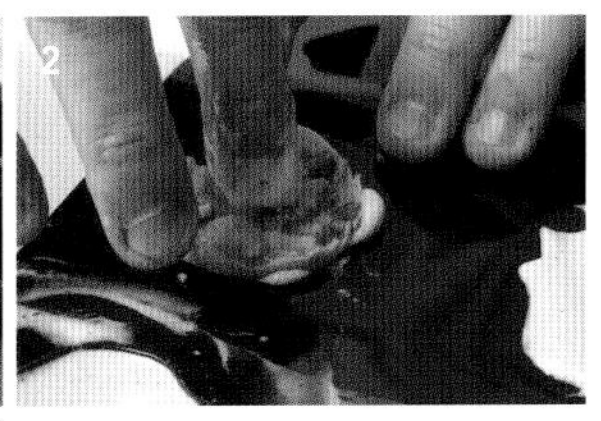

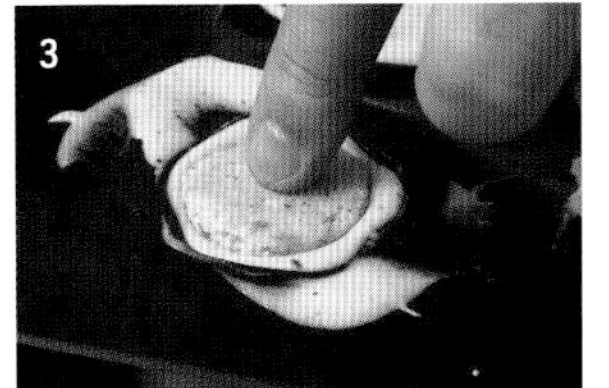

글라사주

1 냄비에 생크림, 트레할로스, 물엿을 넣고 가열한다.
2 볼에 화이트 초콜릿을 넣고 1을 넣은 뒤 고무주걱으로 저어서 충분히 유화시킨다.
3 내열용기에 젤라틴 매스를 넣고 전자레인지로 가열하여 녹인다.
4 2에 3을 넣고 섞는다.
5 나파주 뇌트르와 가당 연유를 넣어서 전체를 고르게 섞는다.
6 붉은색, 녹색, 노란색, 흰색 글라사주를 만든다. 붉은색이 베이스이므로 붉은색용은 넉넉하게 넣고 나머지는 조금씩 용기에 넣어서, 레드, 그린, 옐로+골드, 실버 색소를 각각 넣고 섞는다. 사용하기 직전에 30℃ 정도로 조절한다.

완성

1 다크 초콜릿으로 사과꼭지 모양을 만든다. 실온에 둔 다크 초콜릿을 푸드프로세서에 넣고 전체가 부드럽게 한덩어리가 될 때까지 간다.
2 1을 조금 덜어서 둥글게 뭉친 뒤 손바닥으로 굴려서 막대 모양을 만들고, 한쪽 끝을 뾰족하게 만든다. 살짝 구부려 실온에서 굳힌다.
3 뾰족하지 않은 끝부분을 가위로 잘라 길이를 조절한다.
4 OPP 시트를 깐 오븐팬에 지름 15~20㎝ 틀 2개를 놓고 철망을 올린다. 그 위에 사과 모양 틀을 제거한 〈조립2〉를 올린다.
5 볼에 붉은색 글라사주를 넉넉히 넣고, 녹색, 노란색, 흰색 글라사주를 조금씩 넣는다.
* 마블 무늬를 만들기 위해 4가지 색을 섞지 않는다.
6 4에 5를 붓는다. 윗면 가운데의 오목한 부분에 고인 글라사주를 손가락으로 살짝 닦아낸다.
7 〈조립1〉을 트레이에 가지런히 올린다.
8 6의 윗면 가운데 오목한 부분에 꼬치를 꽂아서 7 위에 올린다.
* 글라사주가 굳기 전에 꼬치를 꽂는다.
9 꼬치를 빼고 꼬치를 꽂아서 생긴 구멍에, 3의 뾰족한 끝부분이 아래로 가도록 꽂는다. 생잎을 오목한 부분에 함께 꽂는다.

바삭, 폭신, 촉촉

피스타슈 그리오트

Pistache Griotte

앙 브데트

EN VEDETTE

바삭하게 설탕옷을 입힌 피스타치오, 공기를 듬뿍 넣어 폭신하고 부드러운 비스퀴와 매끄러운 버터크림, 깔끔한 뒷맛과 입체감이 느껴지는 촉촉한 그리오트 줄레와 키르슈 절임을 조합하여, 견과류와 버터가 주는 묵직한 느낌을 특별한 텍스처 구성으로 가벼우면서도 깊은 맛으로 완성하였다. 버터크림은 2㎜ 두께로 비스퀴에 얇게 발라서 지나치게 무겁지 않게 하고, 줄레에는 체리 과육을 섞어서 리듬감을 플러스하였다. 「식감은, 무게감과 가벼움의 밸런스를 맞춰서 먹기 좋게 만드는 역할도 합니다」라는 것이 모리 다이스케 셰프의 설명이다.

| 재료 |

비스퀴 피스타슈

〈60㎝ × 40㎝ 오븐팬 1개 분량〉
피스타치오파우더(IKEDEN 「DI 피스타치오파우더」)*1 … 250g
슈거파우더*1 … 250g
달걀*2 … 275g
달걀흰자 … 250g
그래뉴당 … 75g
박력분*3 … 75g

*1 섞어서 체로 친다.
*2 풀어서 40℃로 조절한다.
*3 체로 친다.

쥘레 그리오트

〈약 18개 분량〉
그리오트 체리 퓌레 … 133g
그래뉴당 … 33g
그리오트 체리(냉동) … 33g
젤라틴가루* … 2.7g
물* … 13.5g
키르슈 … 8.7g

* 섞어서 젤라틴가루를 불린다.

크렘 오 뵈르 피스타슈

〈약 18개 분량〉
크렘 오 뵈르(아래 재료로 만든 것) … 500g
크렘 앙글레즈
가당 달걀노른자(가당 20%) … 113g
그래뉴당A … 95g
우유 … 119g
이탈리안 머랭
달걀흰자 … 72g
물 … 48g
그래뉴당B … 144g
버터* … 450g
피스타치오 페이스트(Babbi) … 25g

* 실온에 두고 포마드 상태로 만든다.

설탕옷을 입힌 피스타치오

〈만들기 쉬운 분량〉
물 … 40g
그래뉴당 … 120g
피스타치오 다이스* … 300g

* 150℃ 오븐으로 15분 정도 굽는다.

조립·완성

〈약 18개 분량〉
그리오트 체리 키르슈절임의 시럽 … 30g
그리오트 체리 키르슈절임* … 50~60개

* 분량 중 18개는 장식용이다.

| 만드는 방법 |

비스퀴 피스타슈

1 섞어서 체로 친 피스타치오파우더와 슈거파우더, 40℃로 데운 달걀을 믹싱볼에 넣은 뒤, 믹서에 휘퍼를 끼우고 고속으로 섞는다. 휘퍼 자국이 뚜렷하게 남고, 떴을 때 걸쭉하게 흘러서 밑에 쌓이면 OK.
* 달걀을 40℃로 데우면 거품이 잘 생긴다. 피스타치오파우더를 넣기 때문에 폭신한 거품이 생기지는 않지만, 충분히 공기를 넣어주지 않으면 구웠을 때 끈적하고 무거운 느낌의 비스퀴가 된다.
* 색조합으로 「피스타치오 고유의 개성」을 표현하기 위해, 피스타치오파우더는 발색이 좋은 미국산 IKEDEN 「DI 피스타치오파우더」를 선택하였다. 페이스트보다 파우더가 색이 잘 나타난다.

2 다른 믹싱볼에 달걀흰자와 그래뉴당을 넣고, 믹서에 휘퍼를 끼워서 중속으로 휘핑한다. 휘퍼로 떴을 때 뿔이 뾰족하게 서면 OK.
* 달걀흰자에 비해 그래뉴당의 양이 적어서, 바로 휘핑되므로 주의한다. 고운 머랭을 만들기 위해 중속으로 휘핑한다. 고속으로 하면 기포가 거칠고 고르지 않게 된다.

3 1에 2의 1/4을 넣고 고무주걱으로 전체를 고르게 섞는다.
* 머랭의 1/4을 먼저 넣으면, 기포가 어느 정도 들어가서 가루가 잘 섞인다.

4 박력분을 넣고 고무주걱으로 자르듯이 섞는다.

5 날가루가 없어지면 2의 나머지 머랭을 넣고, 덩어리가 없어질 때까지 재빨리 섞는다.

6 오븐시트를 깐 60cm × 40cm 오븐팬에 7.5cm × 35.5cm × 높이 4cm 사각형 틀을 놓고 **5**를 부은 뒤, 스크레이퍼로 평평하게 정리하고 틀을 제거한다.

* 보통은 오븐팬에 반죽을 부은 뒤 완성된 비스퀴를 오븐팬에서 쉽게 분리하기 위해 사방 테두리를 손가락으로 닦아 반죽을 제거하고 굽는데, 사각형틀을 사용하면 그 작업을 생략할 수 있어 작업효율이 향상된다.

7 170℃ 컨벡션오븐에 넣고 16분 정도 굽는다. 중간에 오븐팬 방향을 돌려준다. 완성되면 오븐시트째 철망 위에 올려놓고 실온에서 식힌다.

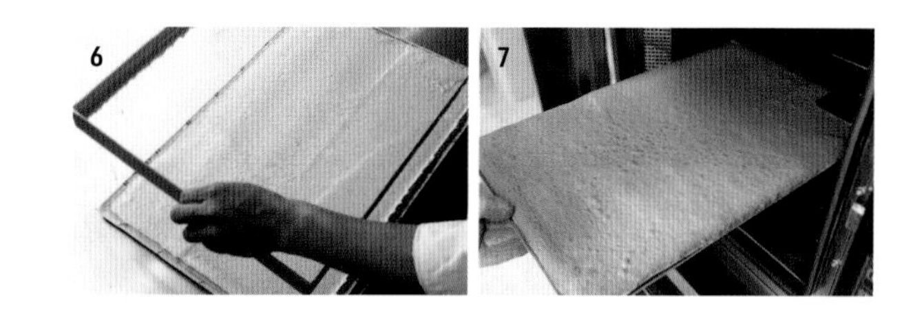

줄레 그리오트

1 냄비에 그리오트 체리 퓌레, 그래뉴당, 그리오트 체리를 넣고 중불에 올려, 가장자리가 보글보글 끓으면 불을 끈다.

* 살균을 위해서 가열한다. 지나치게 가열하면 향이 날아가므로 주의한다.

2 물에 불린 젤라틴가루를 넣고 녹인다.

3 원통형 용기에 옮기고 스틱 믹서로 갈아서, 체리 과육을 살짝 으깬다.

* 그리오트 체리 과육으로 과일 느낌을 살린다. 씹기 좋고 비스퀴나 크림의 식감에 어울리게 으깨지만, 남은 과육이 식감의 악센트가 된다.

4 **3**의 용기에 얼음물을 받쳐서 40℃가 되면 키르슈를 넣는다. 볼에 옮겨서 비닐랩을 씌우고 냉장고에 넣는다.

크렘 오 뵈르 피스타슈

1 크렘 앙글레즈를 만든다. 볼에 가당 달걀노른자와 그래뉴당A를 넣고 거품기로 섞는다.

2 냄비에 우유를 넣고 끓기 직전까지 가열한다.

3 **1**에 **2**를 넣고 거품기로 섞는다. **2**의 냄비로 다시 옮기고, 고무주걱으로 바꿔서 약불~중불로 계속 저으면서 나프 상태(Nappe, 80~85℃. 고무주걱으로 떴을 때 손가락으로 선을 그어도 선이 사라지지 않는 상태)가 될 때까지 가열한다.

4 **3**을 시누아로 걸러서 볼에 옮기고, 볼 바닥에 얼음물을 받쳐서 실온(약 25℃)까지 식힌다.

* 25℃ 정도까지 충분히 식힌다. 온도가 높으면 버터를 섞을 때 버터가 녹아서 공기를 포함하지 못하여 무거운 느낌이 된다. 또한 녹은 버터는 식어서 다시 굳어도, 원래의 매끄러운 상태로 돌아오지 않는다.

5 이탈리안 머랭을 만든다. 믹싱볼에 달걀흰자를 넣고 믹서에 휘퍼를 끼워서, 폭신한 상태가 될 때까지 중속으로 휘핑한다.

* 중속으로 휘핑한다. 설탕을 넣지 않으므로 고속으로 하면 바로 휘핑되어서 퍼석해진다.

6 냄비에 물과 그래뉴당B를 넣고 중불에 올려 117℃까지 졸인다.

7 **5**를 고속으로 바꿔서 **6**을 조금씩 넣고, 중저속으로 바꿔서 30℃까지 섞는다. 휘퍼로 떴을 때 뿔이 뾰족하게 서면 OK.

* 나중에 넣는 버터가 녹지 않는 온도로 조절한다. 볼 바닥을 만졌을 때 뜨겁지 않은 온도가 기준이다.

8 다른 믹싱볼에 포마드 상태로 만든 버터를 넣은 뒤, 믹서에 비터를 끼우고 **4**를 넣으면서 중속으로 섞는다. 충분히 유화되면 믹서를 멈춘다.

* 중속으로 섞는다. 저속으로 섞으면 유화가 잘 안 되고, 고속으로 섞으면 사방에 튄다.

* 버터는 공기를 포함하기 쉬운 실온에 두는 것이 가장 좋다. 크렘 앙글레즈도 실온으로 조절한다. 비슷한 온도로 맞추면 섞을 때 잘 유화된다. 공기가 충분히 들어가면 풍미와 식감이 가벼워진다.

9 **8**에 **7**을 넣고 저속으로 섞는다.

* 머랭의 온도는 30℃ 정도. 온도가 높으면 버터가 녹은 것처럼 풀어져서, 고르게 섞이지 않는다. 반대로 온도가 낮으면 제대로 유화되지 않는다.

10 **9**에 피스타치오 페이스트를 넣고 거품기로 전체를 고르게 섞는다.

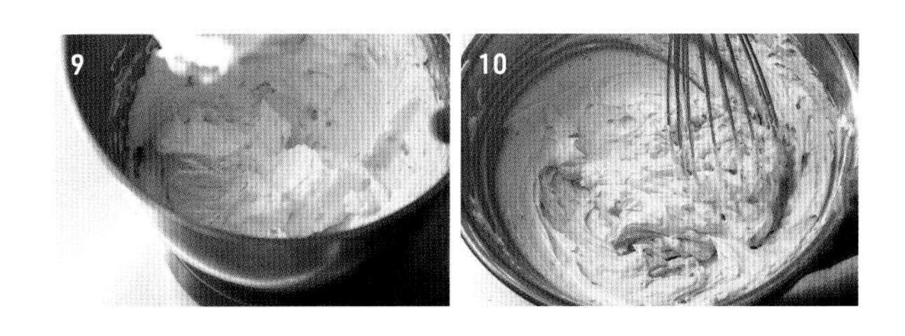

설탕옷을 입힌 피스타치오

1 냄비에 물과 그래뉴당을 넣고 중불에 올려 107℃까지 졸인다.

2 로스팅한 피스타치오 다이스를 넣고, 하얗게 결정화될 때까지 주걱으로 버무린다.

* 피스타치오에 설탕옷을 입히면 단맛이 더해지고, 식감에 악센트가 생긴다. 쉽게 눅눅해지지 않으므로, 설탕옷을 입히지 않은 것보다 바삭한 식감을 오래 유지할 수 있다.

조립·완성

1 비스퀴 피스타슈의 오븐시트를 벗기고, 다른 오븐시트를 깐 트레이에 구운 면이 위로 오도록 가로로 길게 놓는다.

* 구운 면이 안쪽이 되도록 만다. 바깥쪽이 되면 표면이 벗겨져 떨어질 수 있다.

2 그리오트 체리 키르슈절임의 시럽을 솔로 바른다.

3 줄레 그리오트를 L자 팔레트 나이프로 펴 바른다. 냉동고에 넣어 겉면만 차갑게 식혀서 굳힌다.

* 줄레 그리오트를 차갑게 식혀서 굳히지 않으면, 다음에 바르는 버터크림과 섞인다. 반대로 지나치게 차가우면 버터크림이 굳어서 바를 수 없다.

4 크렘 오 뵈르 피스타슈 400g을 L자 팔레트 나이프로 펴 바른다.

* 앞쪽 끝부분(감았을 때 중심이 되는 부분)의 크림을 조금 얇게 바르면 말기 쉽다.

5 물기를 제거한 그리오트 체리 키르슈절임을 앞쪽 끝부분에 1줄로 올린 뒤, 오븐시트를 잡고 밀어내듯이 끝에서부터 만다.

6 롤의 끝부분이 아래에 가게 놓고 오븐시트로 감은 뒤, 손으로 잘 눌러서 모양을 잡는다.

7 나머지 크렘 오 뵈르 피스타슈는 일부를 장식용으로 남겨두고, 고무주걱으로 표면에 얇게 바른다.

* 표면에 크렘 오 뵈르 피스타슈를 바르는 것은, 설탕옷을 입힌 피스타치오를 붙이기 위해서이다. 풍미보다 접착이 목적이므로 두껍게 바르지 않는다.

8 **7**을 가로로 길게 놓고 세로로 칼을 넣어, 손으로 잡기 편하게 1/2로 자른다. 자른 것을 손으로 들고, 다른 손으로 설탕옷을 입힌 피스타치오를 전체에 붙인다. 손바닥으로 잘 눌러서 붙인다.냉장고에 넣고 차갑게 식혀서 굳힌다.

9 **8**을 가로로 길게 놓고 자르지 않은 쪽 가장자리를 잘라낸 뒤, 3㎝ 폭으로 자른다.

10 지름 10㎜·10발 깍지를 끼운 짤주머니에 나머지 크렘 오 뵈르 피스타슈를 넣고, **9** 위에 장미 모양으로 짠다. 그리오트 체리 키르슈절임을 올린다.

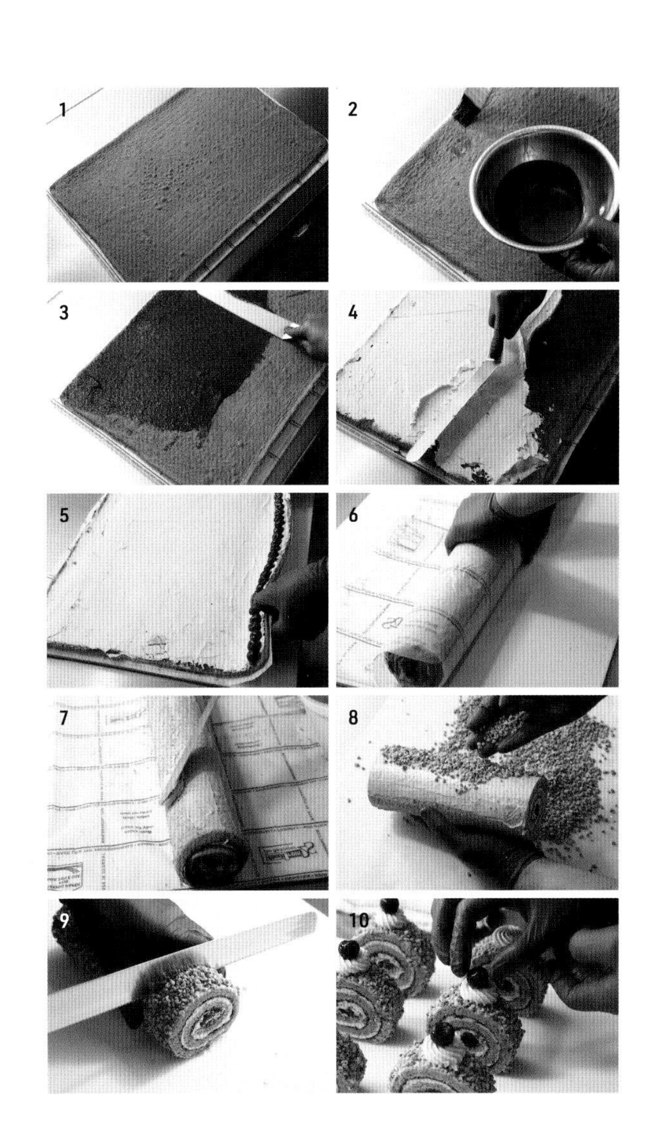

촉촉, 폭신, 걸쭉

타르트 데테

Tarte d'été

파티스리 준우지타

Pâtisserie JUN UJITA

우지타 준 셰프는 「텍스처로 풍미의 느낌을 조절하면 맛의 표현도 다양해집니다」라고 이야기한다. 「여름 타르트」에서는 백도의 촉촉함과 섬세한 단맛을 최대한 표현하였다. 백도는 부드러운 신맛의 파인애플과 함께 버터와 꿀을 넣고 조려서 풍미를 응축시키고, 아몬드 풍미의 크렘 샹티이와 아파레유의 폭신하고 걸쭉하게 녹는 식감과 부드러운 맛으로 감싼다. 생피스타치오의 촉촉하고 부드럽게 씹히는 맛이 백도의 식감과 어우러져, 씹을 때마다 퍼지는 고소한 맛이 백도의 단맛을 잘 살려준다. 파트 쉬크레와 설탕을 입힌 아몬드가 식감에 입체감을 더한다.

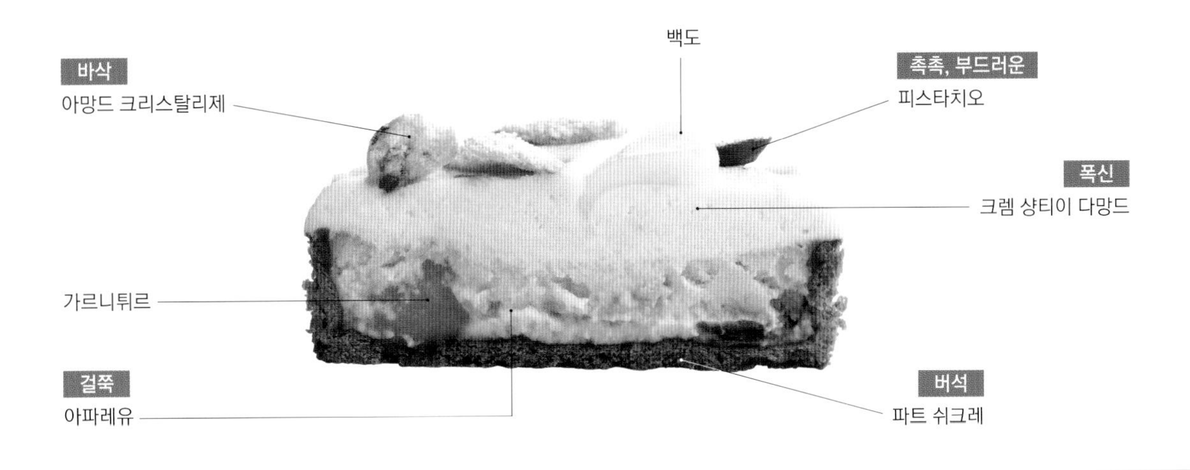

| 재료 |

파트 쉬크레

〈약 30개 분량〉
버터*1 … 180g / 소금 … 1.6g
바닐라 페이스트 … 조금
슈거파우더 … 165g
달걀*2 … 54g / 아몬드파우더*3 … 70g
박력분*3 … 315g / 덧칠용 달걀*2 … 적당량

*1 포마드 상태로 만든다.
*2 각각 풀어준다.
*3 각각 체로 쳐서 섞는다.

아파레유

파트 다망드 크뤼 … 70g
그래뉴당 … 70g / 달걀노른자 … 140g
생크림(유지방 38%) … 400g
우유 … 100g / 버터 … 50g
소금 … 조금
브랜디(Vosges「코냑 V.S.O.P」) … 50g

가르니튀르

〈약 30개 분량〉
백도*1 … 6~7개 분량(과육만 550g)
파인애플*2 … 1/2개 분량(과육만 230g)
꿀(아카시아)*3 … 78g
버터*4 … 23g
브랜디(Vosges「코냑 V.S.O.P」) … 약 27g

*1 껍질과 씨를 제거하고 한입 크기로 자른다.
*2 껍질과 심을 제거하고 한입 크기로 자른다.
*3 백도와 파인애플을 합친 양의 10%.
*4 백도와 파인애플을 합친 양의 약 3%.

아망드 크리스탈리제

〈만들기 쉬운 분량〉
그래뉴당 … 150g
물 … 50g / 소금 … 0.5g
슬라이스 아몬드* … 300g

* 180℃ 오븐에 넣고 10분 굽는다.

조립

〈약 30개 분량〉
피스타치오(시실리산, 홀) … 120개

크렘 샹티이 다망드

〈약 30개 분량〉
파트 다망드 크뤼 … 300g
생크림A(유지방 38%) … 150g
브랜디(Vosges「코냑 V.S.O.P」) … 90g
생크림B(유지방 47%) … 490g
그래뉴당 … 49g

완성

〈약 30개 분량〉
백도*1·2 … 약 30개 / 레몬즙*2 … 적당량
시럽(보메 30도)*2 … 적당량
피스타치오(홀)*3 … 적당량
슈거파우더 … 적당량

*1 5㎜ 두께의 웨지모양으로 자른다.
*2 레몬즙과 시럽을 섞어서 백도를 버무린다.
*3 2등분한다.

| 만드는 방법 |

파트 쉬크레

1. 믹싱볼에 버터, 소금, 바닐라 페이스트, 슈거파우더를 넣고, 믹서에 비터를 끼워서 저속~중속으로 덩어리가 없어질 때까지 섞는다.
2. 달걀을 한 번에 넣고 섞은 뒤, 전체가 매끄러워지면 저속으로 바꾼다.
3. 체로 쳐서 섞어둔 아몬드파우더와 박력분을 한 번에 넣고, 날가루가 없어질 때까지 섞는다.
4. 비닐랩으로 싸서 두께 3㎝ 정도의 정사각형으로 정리한다. 냉장고에 하룻밤 넣어둔다.
5. 덧가루(강력분·분량 외)를 뿌리고, 롤러를 이용하여 2.5㎜ 두께로 늘린다.
6. 지름 9.5㎝ 원형틀로 찍어서 지름 7.5㎝ × 높이 1.6㎝ 타르트링에 깐다. 틀에서 삐져나온 여분의 반죽을 프티 나이프로 자르고, 포크로 구멍을 낸다.

7 실리콘 매트를 깐 오븐팬에 가지런히 놓고 케이크컵 등을 올려서 누름돌을 넣는다. 180℃ 컨벡션오븐에 넣고 25분 구운 뒤 컵과 누름돌을 제거하고, 색이 날 때까지 10분 동안 굽는다.

* 수분량이 많은 가르니튀르를 올리기 때문에, 색이 제대로 날 때까지 구워서 눅눅해지지 않게 한다.

8 솔로 덧칠용 달걀물을 안쪽에 바른 뒤, 180℃ 컨벡션오븐에 넣고 다시 4~5분 정도 구워서 달걀을 완전히 익힌다.

* 달걀이 충분히 마를 때까지 익히지 않으면, 식으면서 달걀을 바른 부분이 부드러워지고 달걀 비린내가 난다.

아파레유

1 볼에 파트 다망드 크뤼와 그래뉴당을 넣고 고무주걱으로 눌러서 반죽한다.

* 아몬드가 확실히 느껴지는 맛이 진한 아파레유를 만들기 위해, 아몬드파우더가 아닌 파트 다망드 크뤼를 사용한다.

2 달걀노른자의 1/4을 넣고 전체가 골고루 섞여서 페이스트 상태가 될 때까지 고무주걱으로 누르면서 반죽한다.

3 나머지 달걀노른자를 넣으면서 고르게 섞일 때까지 거품기로 섞는다.

4 구리냄비에 생크림, 우유, 버터, 소금을 넣고 중불에 올려서, 70℃ 정도까지 가열한다.

5 3을 조심스럽게 붓고 거품기로 섞는다.

* 천천히 부어야 한다. 한 번에 확 부으면 구리냄비 안의 액체가 튀어서 안쪽 옆면에 달라붙고, 그 부분이 익어서 전체에 섞이면 풍미가 변한다.

6 크렘 앙글레즈 만드는 방법으로 익힌다. 거품기로 저으면서 80℃까지 졸여서 걸쭉하게 만든다. 불을 끄고 고무주걱으로 바닥에서부터 퍼올리듯이 섞으면서, 남은 열로 82~83℃까지 익힌다.

* 바닥이 타지 않도록 주의한다. 구리냄비는 열전도율이 높아서 80℃가 되면 불을 끄고, 남은 열로 온도를 높이는 것이 좋다.

7 시누아로 걸러서 볼에 옮긴다. 볼 바닥에 얼음물을 받치고 가끔씩 저으면서 한 김 식힌다.

8 브랜디를 넣고 섞는다. 비닐랩을 씌워서 냉장고에 하룻밤 넣어둔다.

* 냉장고에 하룻밤 넣어두면 상태가 안정되어 섞을 때 들어간 기포가 빠지기 쉽고, 동시에 매끄러운 식감이 된다.

가르니튀르

1 볼에 백도와 파인애플, 꿀을 넣어 섞는다.

* 백도와 파인애플은 익은 뒤에도 식감이 남을 정도의 크기로 자른다. 꿀은 깊은 맛을 내기 위해 넣는다.

2 프라이팬에 버터를 넣고 센불로 가열한다. 버터가 녹으면 1을 넣고, 주걱으로 가끔씩 저으면서 가열한다.

* 가열하는 것은 과일 맛을 응축시키기 위해서이다. 가열하면 과일에서 나온 과즙이 버터나 꿀과 함께 섞여서 졸여져 진한 국물이 된다. 익어서 부드러워진 과일에 이 국물이 스며들면, 풍미가 더욱 농후해진다. 불 세기가 약하면 수분이 증발하는 데 시간이 걸리기 때문에, 센불로 가열한다.

3 과일에 수분이 흡수되어 부풀어 오르고 윤기가 나면 브랜디를 넣는다. 알코올이 날아가면 불을 끈다.

4 볼에 옮기고 실온에서 한 김 식힌다. 비닐랩을 씌워서 냉장고에 하룻밤 넣어두고 맛이 배게 한다.

아망드 크리스탈리제

1 냄비에 그래뉴당, 물, 소금을 넣고 중불에 올려 120℃까지 졸인다.
2 구운 슬라이스 아몬드를 넣고 주걱으로 하얗게 결정화할 때까지 섞는다.
3 불을 끄고 트레이에 펼친 뒤 실온에서 식힌다.
* 설탕옷을 입히면 단맛과 식감의 악센트가 더해진다.

조립

1 실리콘 매트를 깐 60㎝ × 40㎝ 오븐팬에 파트 쉬크레를 가지런히 늘어놓고, 가르니튀르를 국물과 함께 30g 정도씩 스푼으로 넣는다.
2 피스타치오를 4개씩 넣는다.
* 피스타치오는 로스팅하지 않는 편이 촉촉하고 부드러운 식감과 맛을 표현할 수 있어서, 백도의 풍미와 어울린다. 로스팅하면 고소한 풍미가 백도의 섬세한 맛을 방해한다.
3 아파레유를 디포지터에 넣고 22g씩 채운다.
4 윗불, 아랫불 모두 170℃로 조절한 데크오븐에 넣고 20분 정도 굽는다. 실온에서 식힌다.

크렘 샹티이 다망드

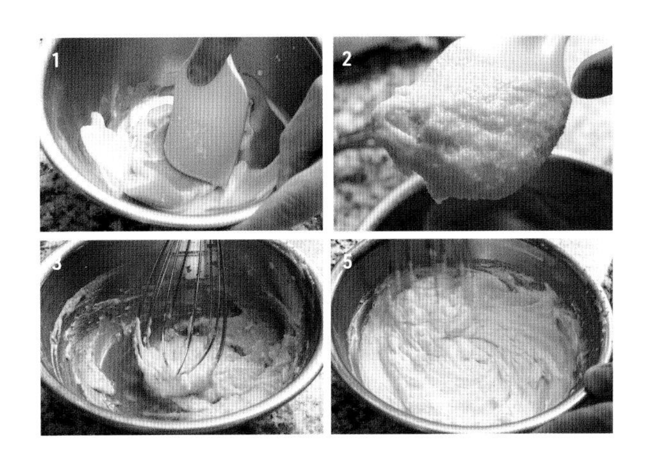

1 볼에 파트 다망드 크뤼와 생크림A의 1/2을 넣고, 고무주걱으로 누르면서 페이스트 상태가 될 때까지 섞는다.
2 나머지 생크림A를 넣고 섞는다.
* 5에서 크렘 샹티이와 섞을 때 분리되기 쉬우므로, 이 과정에서 충분히 섞는다. 파트 다망드 크뤼의 알갱이가 남아 있어도 OK.
3 브랜디를 넣고 거품기로 섞는다.
4 다른 볼에 생크림B와 그래뉴당을 넣고 거품기로 100% 휘핑한다.
* 100%로 충분히 휘핑한다. 5에서 생크림을 넣고 브랜디를 섞은 파트 다망드 크뤼와 섞으면, 부드러워져서 보형성도 낮아진다.
5 **3**에 **4**를 넣어 섞고, 전체가 고르게 섞이면 고무주걱으로 바꿔서 결을 정리한다.

완성

1 〈조립〉에 크렘 샹티이 다망드를 25g씩 올리고, 팔레트 나이프로 높이 5㎜가 되도록 윗면을 평평하게 정리한다.
2 아망드 크리스탈리제를 10개 정도씩 올리고, 레몬즙과 시럽으로 버무린 백도를 1개씩 가운데에 올린다.
* 백도가 작으면 2개 올려도 좋다.
3 1/2로 자른 피스타치오를 2조각씩 장식하고, 슈거파우더를 뿌린다.

트로피코

Tropicaux

에클라 데 주르

Éclat des Jours

텍스처의 변화로 열대과일의 프레시한 느낌을 효과적으로 연출하였다. 패션프루트가 주인공인 크렘은 버터로 깊은 맛을 내고, 끈적하고 독특한 식감으로 만든다. 바나나, 망고, 파인애플을 넣은 쥘리엔의 걸쭉한 식감과 촉촉함으로 과일 느낌이 잘 살아나고, 모두 하나가 되어 입안 가득 퍼진다. 파인애플 퓌레를 넣은 크렘 다망드는 쥘리엔 과즙의 「받침 접시」 역할도 하므로, 시간이 지나면 더욱 촉촉해진다. 나카야마 요헤이 셰프는 「식감은 맛의 연장선상에 있습니다. 촉촉함의 표현도 신경쓰고 있습니다」라고 설명한다.

| 재료 |

파트 쉬크레

〈만들기 쉬운 분량〉
버터*1 … 180g / 소금 … 1.5g
슈거파우더 … 120g
아몬드파우더(껍질째)*2 … 120g
달걀*3 … 60g / 박력분*2 … 300g

*1 실온에 둔다.
*2 각각 체로 친다.
*3 풀어준다.

크렘 다망드 아나나

〈20개 분량〉
달걀 … 50g / 파인애플 퓌레 … 75g
럼주 … 10g / 생크림(유지방 35%) … 75g
아몬드파우더(껍질 제거)*1 … 100g
옥수수전분*1 … 10g / 슈거파우더*1 … 100g
버터*2 … 75g

*1 섞어서 체로 친다.
*2 녹여서 45℃로 조절한다.

쿨리 망고

〈20개 분량〉
망고 퓌레 … 40g
그래뉴당* … 24g
옥수수전분* … 6g

* 섞는다.

크렘 트로피코

〈20개 분량〉
달걀 … 280g
그래뉴당*1 … 135g
옥수수전분*1 … 14g
패션프루트 퓌레 … 100g
바나나 퓌레 … 30g
라임 퓌레 … 10g
버터*2 … 200g

*1 섞는다.
*2 얇게 썰어서 실온에 둔다.

쥘리엔 프레샤

〈20개 분량〉
바나나(과육만) … 250g
애플망고(과육만) … 150g
파인애플(과육만) … 100g
럼주(Bardinet 「네그리타 럼」) … 15g

조립·완성

〈20개 분량〉
나파주 뇌트르 … 적당량
코코넛롱* … 적당량
그로제유(냉동) … 적당량
식용꽃(금어초) … 적당량

* 170℃ 오븐에 넣고 15분 로스팅한다.

| 만드는 방법 |

파트 쉬크레

1 믹싱볼에 버터를 넣고 포마드 상태가 될 때까지 섞는다

2 1에 소금, 슈거파우더, 아몬드파우더를 넣고, 믹서에 비터를 끼워서 중속으로 덩어리가 없어질 때까지 섞는다.

3 달걀을 한 번에 넣고 섞는다.

* 덩어리가 없어지면 달걀을 넣는다. 버터가 포마드 상태이면 부드럽게 잘 섞이고, 달걀을 넣어도 잘 어우러진다.

4 반죽이 잘 섞이고 매끈해지면 저속으로 바꾸고, 박력분을 한 번에 넣어 날가루가 없어질 때까지 섞는다.

* 충분히 섞으면 글루텐 양이 늘어나 반죽이 잘 섞이고, 시간이 지나도 바삭한 식감을 표현할 수 있다.

5 비닐랩으로 싸서 두께 3㎝ 정도의 정사각형으로 정리한 뒤, 냉장고에 하룻밤 넣어둔다.

크렘 다망드 아나나

1 볼에 달걀을 넣고 거품기로 풀어준 뒤, 파인애플 퓌레, 럼주, 생크림을 넣고 섞는다.
2 섞어서 체로 친 아몬드파우더, 옥수수전분, 슈거파우더를 넣은 뒤, 거품기로 가운데에서 바깥쪽으로 가루가 액체를 조금씩 흡수하도록 섞는다.
 * 전체가 섞이면 OK. 공기가 들어가지 않게 섞는다. 거품을 내면 공기가 들어가서, 구울 때 반죽이 부풀어올라 평평하게 구워지지 않는다.
3 녹여서 45℃로 만든 버터를 한 번에 넣고, 고르고 매끄러운 상태가 될 때까지 섞는다.
 * 버터를 녹여서 넣는 이유는, 공기를 넣지 않고 평평하게 굽기 위해서이다. 온도가 낮으면 버터가 바닥에 가라앉아 고르게 섞이지 않는다. 반대로 온도가 지나치게 높으면 달걀이 익어버리므로, 버터는 45℃가 적당하다.
4 볼 안쪽의 옆면을 고무주걱으로 정리한 뒤, 비닐랩을 씌우고 냉장고에 하룻밤 넣어둔다.

조립1

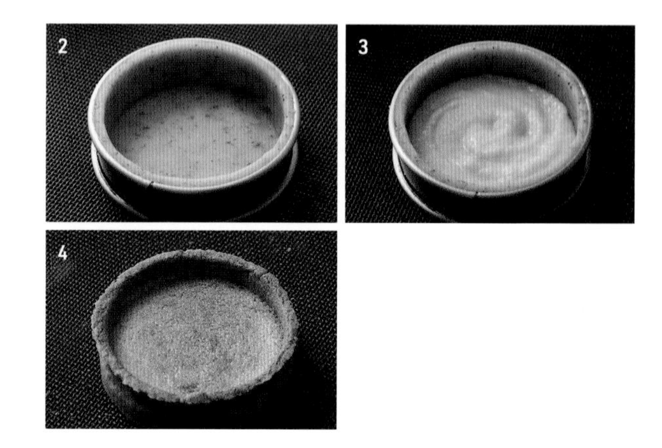

1 파트 쉬크레에 덧가루(분량 외)를 뿌리고, 롤러에 넣어 2.5㎜ 두께로 늘린다.
2 지름 9.5㎝ 원형틀로 찍어서 지름 7㎝ × 높이 2㎝ 원형틀 안에 깐다. 틀에서 삐져나온 반죽을 프티 나이프로 잘라서 정리한 뒤, 포크로 구멍을 뚫는다. 냉장고에 넣고 식힌다.
3 짤주머니에 크렘 다망드 아나나를 넣고 끝부분을 가위로 잘라서, **2**에 20g씩 짠다.
4 160℃ 컨벡션오븐에 넣고 20~25분 굽는다. 완성되면 실온에서 식힌다.

쿨리 망고

1 냄비에 망고 퓌레와 미리 섞어둔 그래뉴당과 옥수수전분을 넣고 거품기로 섞는다.
 * 옥수수전분은 덩어리지기 쉬우므로 미리 그래뉴당과 섞어둔다. 망고 퓌레를 넣고 바로 거품기로 섞어서 풀어준다. 섞지 않고 가열하면 뭉친 가루가 호화되어 덩어리지기 쉽다.
2 중불에 올려 거품기로 계속 저으면서 가열한다.
 * 옥수수전분으로 걸쭉하게 만들면 씹는 느낌이 좋은 가벼운 식감으로 완성된다. 다만 밀가루로 만들 때에 비해, 충분히 익히지 않으면 가루 느낌이 남기 때문에 주의한다.
3 끓어서 부글부글 커다란 거품이 생기면 고무주걱으로 바꿔서, 타지 않도록 바닥을 긁듯이 저어서 걸쭉하게 만든다. 고무주걱으로 섞을 때 냄비 바닥이 보이고, 크고 점성이 있는 거품이 생기며, 표면에 윤기가 나면 불을 끈다.
4 OPP 필름을 깐 트레이에 붓고, L자 팔레트 나이프로 얇게 편다.
5 스푼의 뒷면을 이용하여 사선을 그리고, 그 위에 다시 가늘고 불규칙하게 짧은 선을 겹쳐 그려서 비늘 모양 무늬를 만든다.
6 위에 지름 7㎝ × 높이 2㎝ 틀을 빈틈없이 배열한다. 냉동고에 넣고 차갑게 식혀서 굳힌다.

크렘 트로피코

1 볼에 달걀을 넣고 거품기로 풀어준 뒤, 미리 섞어둔 그래뉴당과 옥수수전분을 넣고 골고루 섞는다.
* 옥수수전분은 덩어리지기 쉽기 때문에, 미리 그래뉴당과 섞는다. 또한 3가지 퓌레에 넣은 뒤 바로 거품기로 섞어서 풀어준다. 섞지 않고 가열하면 뭉친 가루가 호화되어 덩어리지기 쉽다.

2 냄비에 패션프루트, 바나나, 라임의 3가지 퓌레를 넣고 중불에 올려, 거품기로 섞으면서 한소끔 끓인다.
* 퓌레를 지나치게 가열하면 향이 날아가기 때문에 끓으면 바로 불을 끈다.

3 1에 2를 넣고 섞는다.

4 2의 냄비에 다시 3을 옮기고 센불에 올려 거품기로 계속 저으면서 가열한다.
* 센불로 빠르게 가열한다. 약불로 천천히 가열하면, 전분에 끈기가 생기기 쉽고, 가루 느낌이 남는다.

5 끓어서 걸쭉해지기 시작하면, 표면의 기포를 없애기 위해 일단 불에서 내려 섞는다.

6 다시 불에 올려서 점성이 있는 큰 거품이 생기고, 전체에 윤기가 날 때까지 거품기로 저으면서 가열한다.
* 지나치게 되직해지면 일단 불에서 내려 섞는 작업을 반복한다. 타지 않도록 계속 거품기로 저어준다.

7 볼에 옮기고 버터의 1/2을 넣어 섞는다.
* 버터를 한 번에 넣으면 골고루 섞이지 않는다. 버터를 얇게 썰어서 실온에 둔 뒤, 전체에 뿌리듯이 넣으면 고르게 빨리 섞인다.

8 버터 알갱이가 보이지 않으면 나머지 버터를 넣고, 고르게 섞는다. 고무주걱으로 볼 안쪽의 옆면을 정리한다.

9 스틱 믹서로 매끄러운 상태가 될 때까지 섞는다.
* 전체가 고르고 윤기가 나면 제대로 유화된 것이다. 그래야 사르르 녹는 크림이 된다.

10 고무주걱으로 전체를 섞어 결을 정리한다.

11 따뜻할 때 디포지터에 넣고, 차갑게 굳힌 쿨리 망고에 60g씩 붓는다. 급랭한다.

쥘리엔 프레샤

1 바나나, 애플망고, 파인애플을 각각 5㎜ 크기로 깍둑썰어서 볼에 담는다.

2 럼주를 뿌리고 걸쭉해질 때까지 손으로 섞는다.
* 섞어서 바나나의 걸쭉함을 살리면, 풍미와 식감에 일체감이 생긴다.

조립2·완성

1 〈조립1〉에 쥘리엔 프레샤를 듬뿍 올린다.

2 팔레트 나이프로 표면을 평평하게 정리하고, 여분의 프레샤는 제거한다.
* 과일의 신선함을 표현하기 위해 듬뿍 넣는다.

3 겹쳐서 차갑게 굳힌 쿨리 망고와 크렘 트로피코의 틀을 제거한 뒤, 쿨리 망고가 위로 오게 2 위에 올린다.

4 짤주머니에 나파주 뇌트르를 넣고 끝부분을 잘라서 3의 가운데에 짠다. 팔레트 나이프로 윗면에 펴 바른다.

5 크렘 망고의 옆면에 로스팅한 코코넛롱을 붙인다.

6 윗면에 그로제유와 식용꽃을 장식한다.

걸쭉, 끈적끈적

쇼콜라 테 토사

Chocolat thé TOSA

앵피니

INFINI

고치현산 일본 홍차를 주인공으로, 그 향과 연결되는 우디한 향을 가진 초콜릿을 조합하였다. 입에 넣으면 폭신한 가나슈를 시작으로 글라사주, 크렘, 크렘 브륄레가 녹고, 곳곳에 숨겨둔 일본 홍차의 향이 부드러운 무스 쇼콜라의 풍미와 섞이면서 차례차례 퍼져나온다. 끈적한 크렘 브륄레에서 뿜어져 나오는 일본 홍차의 강력한 향이 여운으로 남아, 깊이 각인된다. 가나이 후미유키 셰프는 「텍스처의 차이로 풍미를 느끼는 데 시간차를 두면, 심플한 재료의 조합으로도 흐름과 강약을 표현할 수 있습니다」라고 설명한다.

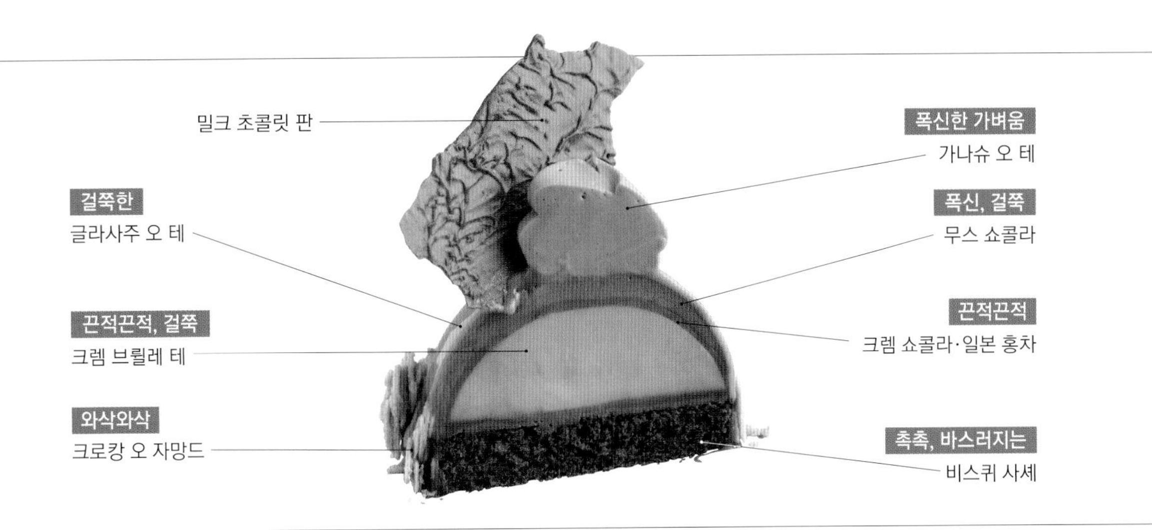

| 재료 |

비스퀴 사셰

〈60㎝ × 40㎝ 오븐팬 1개 분량, 54개 분량〉
마지팬 … 280g
가당 달걀노른자(가당 20%)* … 200g
달걀* … 100g / 달걀흰자 … 250g
그래뉴당 … 130g / 슈거파우더 … 60g
박력분(Showa 「라피네 퀴방」) … 85g
카카오파우더 … 80g
* 섞는다.

앵비바주

〈만들기 쉬운 분량〉
물 … 120g / 시럽(보메 30도) … 120g
일본 홍차(베니후키·기리야마 다업조합 「기리야마노와코차」) … 16g

크렘 쇼콜라·일본 홍차

〈약 8개 분량〉
생크림(유지방 35%) … 60g
전화당(트리몰린) … 3g
일본 홍차(베니후키·기리야마 다업조합 「기리야마노와코차」) … 2g
밀크 초콜릿(DAITO CACAO 「쉬페리외르 레갈」 카카오 38%) … 22g
다크 초콜릿(Casa luker 「마란타」 카카오 61%) … 10g
판젤라틴* … 0.2g
* 찬물에 불린다.

크렘 브륄레 테

〈약 10개 분량〉
생크림(유지방 35%) … 200g
혼합크림(다카나시 유업 「레크레 플러스」) … 60g
일본 홍차(베니후키·기리야마 다업조합 「기리야마노와코차」) … 8g
가당 달걀노른자(가당 20%) … 52g
그래뉴당 … 18g / 트레할로스 … 8g
※ 컨벡션오븐에 뜨거운 물을 담은 볼을 넣고 95℃로 예열한다.

무스 쇼콜라

〈약 8개 분량〉
크렘 앙글레즈(아래 재료로 만든 것) … 26g
　생크림(유지방 35%) … 72g
　우유 … 108g
　가당 달걀노른자(가당 20%) … 72g
　트레할로스 … 11g
판젤라틴* … 0.6g / 생크림(유지방 35%) … 60g
다크 초콜릿(Casa luker 「마란타」 카카오 61%) … 10g
다크 초콜릿(DAITO CACAO 「쉬페리외르 프레티크」 카카오 56%) … 16g
* 찬물에 불린다.

글라사주 오 테

〈만들기 쉬운 분량〉
우유 … 504g / 일본 홍차 … 14g
그래뉴당 … 96g / 트레할로스 … 96g
판젤라틴*1 … 6g / 푸드르 아 크렘(Marguerite 「푸드르 아 크렘 EX」) … 22g
혼합크림(다카나시 유업 「레크레 플러스」)*2 … 40g
나파주 뇌트르(Puratos 「하모니 서브리모 뇌트르」) … 적당량(완성 분량의 1/5)
*1 찬물에 불린다. *2 차갑게 식힌다.

가나슈 오 테

〈만들기 쉬운 분량〉
생크림(유지방 35%) … 207g
우유 … 45g
트레할로스 … 10g
물엿 … 10g
일본 홍차(베니후키·기리야마 다업조합 「기리야마노와코차」) … 20g
밀크 초콜릿(Cacao barry 「알룬가」 카카오 41%) … 45g
판젤라틴*1 … 3.2g
혼합크림(다카나시 유업 「레크레 플러스」)*2 … 95g
*1 찬물에 불린다. *2 차갑게 식힌다.

크로캉 오 자망드

〈만들기 쉬운 분량〉
아몬드 슬라이스 … 100g
시럽(보메 30도)*1 … 17g
슈거파우더*2 … 30g
*1 차갑게 식힌다. *2 체로 친다.

완성

〈1개 분량〉
얇은 밀크 초콜릿 판* … 1장
* 밀크 초콜릿을 템퍼링하여 필름 사이에 넣은 뒤, 위에서 밀대로 얇게 민다. 굳기 전에 위의 필름을 떼어낸다. 떼어낸 자국이 무늬가 된다.

| 만드는 방법 |

비스퀴 사셰

1 마지팬을 비닐랩으로 싸서 전자레인지에 넣고, 체온보다 조금 따뜻할 정도로 데운다. 볼에 옮긴다.
* 데우면 부드러워져서 달걀과 잘 섞인다.

2 미리 섞어둔 가당 달걀노른자와 달걀의 1/2을 여러 번에 나눠서 넣고, 넣을 때마다 뭉치지 않도록 손으로 반죽하면서 섞는다. 걸쭉하고 유동성이 있는 상태가 되면 OK.
* 마지팬 덩어리가 없는지 잘 확인한다. 덩어리가 있으면 구운 뒤까지 남아서 식감이 안좋다.

3 믹싱볼에 **2**를 넣고 믹서에 휘퍼를 끼운 뒤, 나머지 달걀을 조금씩 넣으면서 중속으로 섞는다. 공기가 들어가 볼륨이 생기고 하얗게 되면 OK.
* **4**에서 만드는 머랭과 같은 정도로 단단하게 만든다. 반죽 자체가 무겁기 때문에, 고속으로 섞으면 공기가 들어가기 어렵고 거품이 잘 나지 않는다. 거품을 지나치게 많이 내면 푸석한 느낌이 되므로, 속도는 중속으로 한다.

4 다른 믹싱볼에 달걀흰자와 그래뉴당을 넣고 믹서에 휘퍼를 끼워서, 휘퍼로 떴을 때 뿔이 선 뒤 끝이 구부러지는 정도까지 고속으로 휘핑한다.

5 슈거파우더, 박력분, 카카오파우더를 섞어서 체로 친다.

6 볼에 **3**을 옮기고, **4**의 1/2을 넣어 고무주걱으로 대충 섞는다.

7 **5**를 넣고 고무주걱으로 바닥에서 퍼올리듯이 섞는다. 완전히 섞지 않는다.

8 **4**의 나머지를 넣고 골고루 섞일 때까지 고무주걱으로 바닥에서부터 퍼올리듯이 섞는다.

9 오븐시트를 깐 오븐팬에 부어 L자 팔레트 나이프로 평평하게 편다. 오븐팬의 사방 테두리를 손가락으로 닦는다.

10 175℃ 컨벡션오븐에 넣고 12분 정도 굽는다. 완성되면 오븐시트째 철망에 올린 뒤 실온에서 식힌다.

앵비바주

1 냄비에 물과 보메 30도 시럽을 넣고 가열하여 끓으면 불을 끈다. 일본 홍차를 넣고 뚜껑을 덮은 뒤 15분 동안 우려낸다.

2 시누아로 걸러서 볼에 옮긴다. 시누아에 남은 찻잎은 고무주걱으로 꾹꾹 눌러서 짠다.

크렘 쇼콜라·일본 홍차

1 냄비에 생크림과 전화당을 넣고 가열하여 끓으면 불을 끈다. 일본 홍차를 넣고 고무주걱으로 섞은 뒤, 뚜껑을 덮고 15분 동안 향을 추출한다.

2 2가지 초콜릿을 볼에 넣고 전자레인지로 녹인다. 고무주걱으로 섞는다.

3 **1**에 판젤라틴을 넣고 섞는다.

4 시누아로 걸러서 볼에 옮긴다. 시누아에 남은 찻잎은 고무주걱으로 꾹꾹 눌러 짠다.

5 **2**에 **4**를 조금씩 넣으면서 거품기로 섞어 유화시킨다.

크렘 브륄레 테

1 냄비에 생크림과 혼합크림을 넣고 가열하여 끓으면 불을 끈다. 일본 홍차를 넣고 고무주걱으로 섞은 뒤, 뚜껑을 덮고 15분 동안 향을 추출한다.
* 혼합크림을 배합하면 잘 분리되지 않아 안정성이 높아진다. 또한 냉동에도 잘 견딘다.
* 부드러운 단맛이 있는 홍차 품종 「베니후키」는, 일반 홍차에 비해 생크림 등 유지성분이 많은 액체에는 향이 잘 우러나지 않기 때문에, 오래 담가두어야 한다. 찻잎 종류에 따라 끓여서 우려내도 좋다.

2 **1**의 작업과 동시에 볼에 가당 달걀노른자, 그래뉴당, 트레할로스를 넣고 거품기로 섞는다
* 단맛을 억제하면서도 당도를 어느 정도 높여 냉동에 잘 견디도록, 그래뉴당 일부를 트레할로스로 대체한다.

3 **2**에 **1**의 1/3을 시누아로 걸러서 섞는다.

4 **3**에 나머지 **1**을 걸러서 넣는다. 시누아에 남은 찻잎은 고무주걱으로 꾹꾹 눌러 짠다.

5 최대한 공기가 들어가지 않도록 거품기로 천천히 섞는다.
* 거품이 많이 들어간 경우에는 비닐랩을 밀착시켜서 실온에 1~2시간 둔다. 비닐랩을 벗기면 비닐랩에 기포가 달라붙어 기포를 제거할 수 있다.
6 디포지터에 담아서 지름 6cm × 높이 3cm 반구형 실리콘틀에 31g씩 넣는다.
7 뜨거운 물을 담은 볼을 넣고 95℃로 예열한 컨벡션오븐에 **6**을 넣은 뒤, 오븐 안에 스프레이로 물(분량 외)을 듬뿍 뿌리고 10분 동안 굽는다.
* 스프레이로 물을 뿌릴 때는 크렘 브륄레 테의 표면에 물이 닿지 않도록 주의한다. 스팀 컨벡션오븐이 있으면 뜨거운 물을 담은 볼이나 스프레이는 필요 없고, 스팀을 넣어서 굽는다.
8 오븐 문을 열고 스프레이로 물(분량 외)을 듬뿍 뿌린 뒤, 5분 더 굽는다.
* 틀을 흔들면 표면이 살짝 흔들리고, 기울이면 가운데가 조금 풀어지는 상태까지 굽는다.
9 완성되면 그대로 급랭한다.
10 틀을 분리하고 필름을 붙인 오븐팬에 올려서 냉동고에 넣고 식힌다.

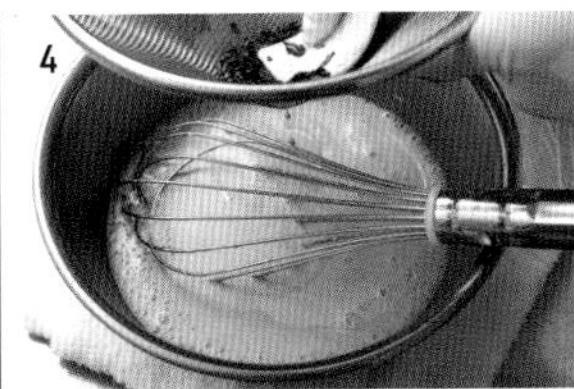

조립1

1 지름 6cm × 높이 3cm 반구형 실리콘틀에 크렘 쇼콜라·일본 홍차를 11g씩 붓는다.
2 냉동한 크렘 브륄레 테를 넣고 손가락으로 바닥까지 밀어 넣는다. 위로 넘친 가나슈로 크렘 브륄레 테가 덮이도록, 스푼으로 정리한 뒤 급랭한다.
3 틀을 제거하고 뒤집어서 필름을 붙인 오븐팬에 올려 냉동고에 넣고 식힌다.

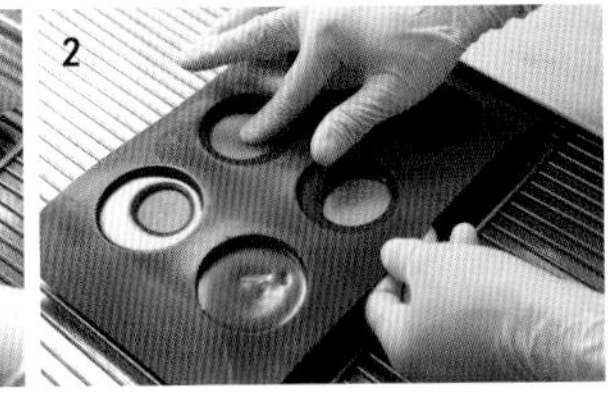

무스 쇼콜라

1 크렘 앙글레즈를 만든다. 냄비에 생크림과 우유를 넣고 끓인다.
2 **1**의 작업과 동시에 다른 볼에 가당 달걀노른자와 트레할로스를 넣고 거품기로 섞는다.
3 **2**에 **1**의 1/3을 넣고 거품기로 섞는다. **1**의 냄비에 다시 옮기고 약불에 올려 섞으면서 83℃까지 가열한다.
4 판젤라틴을 넣고 섞는다. 따뜻한 상태를 유지한다.
5 다른 볼에 생크림을 넣고 거품기로 60% 휘핑한다.
* 사용 직전에 휘핑한다. 미리 휘핑한 뒤 그대로 냉장고에 보관하면 지나치게 차가워져서, **8**에서 다른 재료와 섞을 때 초콜릿이 굳는다.
6 내열용기에 2가지 초콜릿을 넣고 전자레인지로 데워서 녹인다.

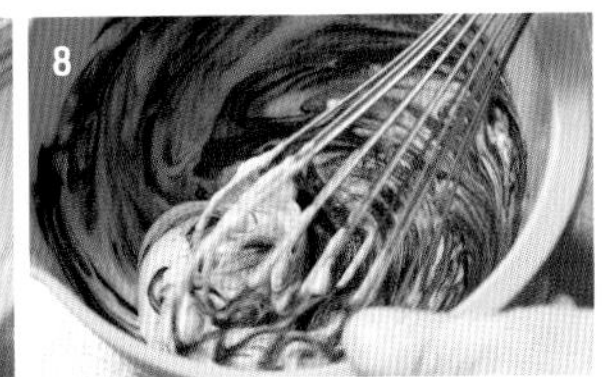

7 **6**에 따뜻한 **4**의 1/3을 넣고 거품기로 섞어서 유화시킨다. 나머지 **4**를 넣고 섞어서 확실하게 유화시킨다.
* 깊은 맛을 내기 위해 달걀을 넣은 크렘 앙글레즈를 배합한다. 우유를 넣어 묽게 만든 크렘 파티시에르로 대체할 수 있다.
* 식었으면 따뜻하게 만들어야 유화하기 쉽다.
8 **7**에 **5**를 조금 넣고 대충 섞은 뒤 나머지 **5**를 넣고 고르게 섞는다.

조립2

1 지름 12mm의 둥근 깍지를 끼운 짤주머니에 무스 쇼콜라를 넣고, 지름 6cm × 높이 3cm 반구형 실리콘틀에 12g씩 짠다.
2 〈조립1〉을 평평한 면이 위로 오게 올려서 바닥까지 밀어 넣는다. 넘친 무스를 L자 팔레트 나이프로 윗면에 덮어서 평평하게 정리한다. 급랭한다.

글라사주 오 테

1 냄비에 우유를 넣고 가열하여 끓으면 불을 끈다. 일본 홍차를 넣고 고무주걱으로 섞은 뒤, 뚜껑을 덮고 15분 동안 향을 추출한다.
2 시누아로 걸러서 볼에 담는다. 남은 찻잎은 고무주걱으로 꾹꾹 눌러 짠다.
3 **1**의 냄비에 다시 **2**를 옮기고, 그래뉴당과 트레할로스를 넣어 거품기로 섞는다. 불에 올려서 끓으면 내린다.
4 판젤라틴을 넣어 섞는다.
5 볼에 푸드르 아 크렘과 혼합크림을 넣고 거품기로 섞는다.
* 푸드르 아 크렘은 따뜻한 재료와 섞으면 굳어버리기 때문에, 혼합크림은 차갑게 식혀서 사용한다.

6 4에 5를 넣고 거품기로 저으면서 끓인다. 끓으면 그대로 1분 동안 가열한다.
7 볼에 옮겨 계량한 뒤, 계량 분량의 1/5 정도 되는 나파주 뇌트르를 넣고 스틱 믹서로 고르게 섞는다. 실온에서 식힌다.
8 밀폐용기에 넣어 냉동고에 보관하고, 사용 직전에 40℃로 조절한다.

가나슈 오 테

1 냄비에 생크림, 우유, 트레할로스, 물엿을 넣고 끓여서 끓으면 불을 끈다. 홍차를 넣어 고무주걱으로 섞은 뒤, 뚜껑을 덮고 15분 동안 향을 추출한다.
* 「베니후키」는 일반 홍차에 비해 생크림 등 유지성분이 많은 액체에는 향이 잘 우러나지 않기 때문에, 오래 담가두어야 한다.

2 1의 작업과 동시에 볼에 밀크 초콜릿을 담아 전자레인지에 넣고 녹인다.
3 1에 판젤라틴을 넣고 섞는다.
4 3을 시누아로 걸러서 다른 볼에 옮긴다. 시누아에 남은 찻잎은 고무주걱으로 꾹꾹 눌러서 짠다.
5 2에 4를 조금씩 넣으면서 거품기로 섞어서 유화시킨다.
6 혼합크림을 3번에 나눠서 넣고, 넣을 때마다 섞어서 잘 유화시킨다.
* 일본 홍차의 풍미를 최대한 살리면서, 우유 맛을 줄이고 깔끔하게 완성하기 위해 혼합크림을 같이 사용한다. 냉동에도 잘 견딘다.

7 비닐랩을 밀착시켜 냉장고에 하룻밤 넣어둔다. 사용하기 직전에 거품기로 떴을 때 뿔이 선 뒤 끝이 구부러지는 정도까지 휘핑한다.

크로캉 오 자망드

1 볼에 아몬드 슬라이스를 넣고 식혀둔 보메 30도 시럽을 넣어서 고무주걱으로 골고루 섞는다.
* 카라멜리제가 아니라 설탕옷을 입히는 것이므로, 슈거파우더가 지나치게 녹지 않고 가루 느낌이 나도록 완성한다. 차가운 시럽을 사용하면 2에서 슈거파우더가 잘 녹지 않는다.

2 1에 슈거파우더를 넣고 섞는다.
* 슈거파우더 속에 아몬드를 흩어놓는 느낌으로 섞는다. 보슬보슬한 상태로 완성한다. 슈거파우더가 부족하면 더 넣는다.

3 실리콘 매트를 깐 오븐팬에 옮기고 손으로 풀어서 펼친다.
* 큰 덩어리가 있으면 식감이 지나치게 강해지므로 되도록 풀어준다.

4 160℃ 컨벡션오븐에 넣고 아몬드에 색이 살짝 나고 표면에 설탕의 질감이 남아 있는 상태까지 7~8분 굽는다. 실온에서 식힌다.

조립3

1 비스퀴 사셰를 뒤집어서 오븐시트를 벗기고 지름 6㎝ 원형틀로 찍는다.
2 구운 면이 위로 오도록 철망에 올린 뒤 앵비바주를 살짝 바른다.
* 바삭한 식감을 유지하기 위해 앵비바주는 홍차 향을 낼 정도로 살짝만 바른다. 앵비바주 양이 지나치게 많으면 촉촉해진다.

3 2의 가운데에 글라사주 오 테를 팔레트 나이프로 조금 바른다.
4 〈조립2〉의 틀을 제거한 뒤 3에 올리고 살짝 눌러서 붙인다. 급랭한다.

완성

1 내열용기에 글라사주 오 테를 담아 전자레인지에 넣고 46~47℃로 데워서 녹인다. 실온에 두고 40℃ 정도까지 식힌다.
2 필름을 깐 오븐팬에 철망을 올리고 〈조립3〉을 올린다. 글로사주 오 테를 디포지터에 담아서 붓는다.
3 윗면 가운데에 꼬치를 꽂아 철망에 살짝 문질러서, 여분의 글루사주를 제거한다. 받침 접시에 옮긴다.
* 글라사주가 굳기 전에 빠르게 작업한다. 작은 L자 팔레트 나이프를 밑에 넣으면 작업하기 편하다.

4 윗면 가운데 부분의 글라사주를 팔레트 나이프로 파낸다.
* 6에서 가나슈 오 테가 미끄러지는 것을 막기 위해서이다.

5 크로캉 오 자망드를 4의 가장자리에 붙인다.
6 볼에 가나슈 오 테를 넣고, 거품기로 떴을 때 뿔이 선 뒤 끝이 구부러지는 정도까지 섞는다. 길이 1.8㎝ 장미 모양 깍지를 끼운 짤주머니에 넣고, 5의 윗면 가운데에 3번 정도 양쪽으로 왕복하면서 짠다.
7 얇은 밀크 초콜릿 판을 가나슈 오 테에 꽂는다.

짝, 걸쭉

쇼콜라 카라멜 카페

Chocolat Caramel Café

아쓰시 하타에

Atsushi Hatae

블랙커피의 깔끔한 풍미와 목넘김을 추구한 디저트. 에스프레소의 풍미가 퍼져 나오는 촉촉한 줄레와 커피 향이 강하게 느껴지는 걸쭉한 크렘 카페를, 수분량이 많은 부드러운 무스 쇼콜라로 감싸서 텍스처에 통일감을 줬다. 쿠르스티양과 비스퀴가 포만감을 주며, 코냑 향이 깊이를 더한다. 부드러운 카라멜 샹티이와 소스가 입안에서 사르르 녹는다. 하타에 아쓰시 셰프는 복잡한 구성이어도 맛·향·식감의 균형으로 조화를 이루면서, 변화를 더해 입체적인 맛을 구축한다. 자신있게 선보이는 디저트에서 개성이 빛난다.

| 재 료 |

샹티이 카라멜 카위

〈약 100개 분량〉
그래뉴당…125g / 버터…20g
생크림A(유지방 35%)…100g
소금…0.5g
생크림B(유지방 35%)…250g
코냑(카뮈)…15g

비스퀴 쇼콜라 아망드

〈60㎝ × 40㎝ 오븐팬 1개 분량〉
달걀(풀어준다)…60g
달걀노른자(풀어준다)…100g
아몬드파우더*1…85g
슈거파우더*1…115g
달걀흰자(차갑게 식힌다)…150g
그래뉴당…90g
버터*2…50g
박력분*3…50g
카카오파우더*3…50g
*1·3 각각 섞어서 체로 친다.
*2 데워서 녹인 뒤, 50℃ 정도로 조절한다.

비스퀴 쇼콜라 상 파린

〈57㎝ × 37㎝ 사각형틀 1개 분량〉
달걀흰자(차갑게 식힌다)…270g
그래뉴당…360g
달걀노른자…250g
다크 초콜릿(Valrhona「과나하」 카카오 70%)…300g
버터(적당한 크기로 자른다)…200g
카카오파우더(체로 친다)…65g

앵비바주

〈100개 분량〉
시럽(보메 30도)…50g
에스프레소…75g / 코냑(카뮈)…25g
※ 보메 30도 시럽과 에스프레소를 섞어서 차갑게 식힌 뒤, 코냑을 넣고 섞는다.

크렘 카페

〈약 100개 분량〉
생크림(유지방 35%)…600g
바닐라빈*1…1개
커피콩…60g
통카콩(부순다)…6g
그래뉴당A…25g
소금…3g
그래뉴당B…170g
인스턴트 커피…3g
에스프레소…300g
달걀노른자(풀어준다)…200g
판젤라틴*2…10g
코냑(카뮈)…45g
*1 깍지에서 씨를 긁어낸다. 깍지도 사용한다.
*2 찬물에 불린다.

줄레 에스프레소

〈약 100개 분량〉
에스프레소…700g
인스턴트 커피…2g
소금…0.7g / 그래뉴당…35g
판젤라틴*…14g
*찬물에 불린다.

크루스티양

〈57㎝ × 37㎝ 사각형틀 1개 분량〉
누아제트 카라멜리제(아래 재료로 만든 것)…150g
　헤이즐넛(껍질 제거, 홀)…200g
　그래뉴당…80g / 물…30g
　버터…적당량
크럼블(아래 재료로 만든 것)…350g
　버터…100g
　카소나드…50g
　그래뉴당…50g / 소금…1.5g
　헤이즐넛파우더(껍질째)*…100g
　박력분*…100g
카카오버터…50g
블론드 초콜릿(Valrhona「둘세」 카카오 35%)…250g
푀양틴…100g
*각각 체로 친다.

무스 쇼콜라

〈약 100개 분량〉
다크 초콜릿(Valrhona「과나하」 카카오 70%)…250g
다크 초콜릿(Cacao barry「피스톨」 카카오 76%)…850g
우유…1000g
그래뉴당…80g
달걀노른자(풀어준다)…100g
판젤라틴*1…12g
생크림(유지방 35%)*2…1500g
*1 찬물에 불린다.
*2 60% 휘핑한다.

소스 카라멜 카뮈

〈50개 분량〉
그래뉴당 … 75g
생크림(유지방 35%) … 75g
에스프레소 … 15g
코냑(카뮈) … 7g

글라사주 쇼콜라

〈만들기 쉬운 분량〉
카카오버터 … 100g
다크 초콜릿(Valrhona 「과나하」 카카오 70%) … 100g
아몬드 다이스(16분할)* … 적당량
*구운 색이 날 때까지 로스팅한다.

완성

〈1개 분량〉
지름 4㎝와 3㎝ 디스크 쇼콜라(블론드 초콜릿, Valrhona 「둘세」 카카오 35%) … 각 1개
지름 2.5㎝와 2㎝ 디스크 쇼콜라(다크 초콜릿, Valrhona 「과나하」 카카오 70%) … 각 1개
지름 3㎝ 디스크 쇼콜라(밀크 초콜릿, Belcolade 「레 셀렉시옹」 카카오 34%) … 1개

| 만드는 방법 |

샹티이 카라멜 카뮈

1 냄비에 그래뉴당을 넣고 중불에 올려 냄비를 흔들면서 가열한다. 그래뉴당이 녹으면 거품기로 섞고, 전체가 붉은 갈색이 되면 불을 끈다.
2 1에 버터를 넣고 섞어서 녹인 뒤 생크림A를 넣고 섞는다.
* 유지방 40% 이상의 생크림을 사용하면 지나치게 진해지기 때문에, 35% 생크림을 선택한다. 가벼움 속에서도 중후함이 느껴지도록 버터를 넣는다.
3 냄비 바닥에 얼음물을 받쳐서 가볍게 한 김 식힌 뒤, 소금과 생크림B의 1/3을 넣고 고무주걱으로 섞는다. 나머지 생크림B를 넣고 섞는다.
4 코냑을 넣어 섞는다.
5 비닐랩을 씌워 밀착시킨 뒤 냉장고에 하룻밤 넣어둔다. 사용하기 직전에 믹싱볼에 넣고 80% 정도 휘핑한다.

비스퀴 쇼콜라 아망드

1 믹싱볼에 달걀, 달걀노른자, 아몬드파우더, 슈거파우더를 넣고, 믹서에 휘퍼를 끼워서 고속으로 하얗게 변할 때까지 거품을 낸다.
* 되도록 가벼운 텍스처로 만들기 위해 비터가 아닌 휘퍼로 거품을 낸다.
2 다른 믹싱볼에 달걀흰자를 넣고, 믹서에 휘퍼를 끼워서 고속으로 휘핑한다. 흰자가 풀어지면 중고속으로 바꾸고, 그래뉴당을 조금 넣는다. 전체가 하얗고 폭신해지면 나머지 그래뉴당의 1/2을 넣는다. 휘퍼 자국이 남을 정도로 휘핑되면 나머지 그래뉴당을 넣고 80% 휘핑한다.
* 달걀흰자는 반드시 차갑게 식힌다. 차가운 달걀흰자를 사용하면 기포가 좀 더 미세해진다.
3 볼에 50℃ 정도로 조절한 녹인 버터를 넣고, 1을 조금 넣어 거품기로 섞는다.
* 버터 온도가 지나치게 낮으면 다른 재료와 잘 섞이지 않고, 지나치게 높으면 구운 뒤 푸석해진다.
4 나머지 1에 2의 1/2, 박력분, 카카오파우더를 넣고 고무주걱으로 대충 섞는다. 나머지 2를 1/2씩 나눠서 넣고, 넣을 때마다 고무주걱으로 섞는다.
5 대충 섞이면 3을 넣고 고르게 섞는다.
6 실리콘 매트를 깐 60㎝ × 40㎝ 오븐팬에 붓고, L자 팔레트 나이프로 평평하게 편다.
7 200℃ 컨벡션오븐에 넣고 6분 정도 굽는다. 완성되면 실온에서 식힌다.

비스퀴 쇼콜라 상 파린

1 믹싱볼에 달걀흰자를 넣고, 믹서에 휘퍼를 끼워서 고속으로 휘핑한다. 흰자가 잘 풀어지면 중고속으로 바꿔서 휘핑한다. 전체가 하얗고 폭신해지면 그래뉴당을 조금 넣는다. 기포가 촘촘해지면 나머지 그래뉴당의 1/2을 넣는다. 휘퍼 자국이 나면 나머지 그래뉴당을 넣고 90% 휘핑한다.

* 일반적인 비스퀴 쇼콜라는 80%로도 충분하지만, 초콜릿과 달걀노른자를 많이 배합했기 때문에 유지성분과 수분에 의해 기포가 꺼지기 쉬우므로 90%까지 충분히 휘핑한다.

2 1에 달걀노른자를 넣고 최대한 기포가 꺼지지 않도록 고무주걱으로 자르듯이 섞는다. 완전히 섞지 않아도 OK.

3 1의 작업과 동시에 볼에 다크 초콜릿과 버터를 넣고 전자레인지로 녹여서, 50℃ 정도로 조절한다. 거품기로 섞는다.

* 차갑게 식혀둔 달걀흰자를 휘핑하여 온도가 낮은 머랭과 섞기 때문에, 섞을 때 굳지 않도록 초콜릿과 버터는 온도를 높게 조절한다.

4 3에 카카오파우더를 넣고 거품기로 섞는다.

5 4에 2의 1/3을 넣고 자르듯이 섞는다. 다시 2에 옮겨서, 고무주걱으로 바닥에서부터 퍼올리듯이 고르게 섞는다.

* 달걀흰자에 비해 설탕의 배합이 많고 90% 휘핑하여 촘촘하게 만든 머랭이므로, 기포는 잘 꺼지지 않지만 초콜릿을 넣으면 전체가 단단해진다.

6 실리콘 매트를 깐 60㎝ × 40㎝ 오븐팬에 57㎝ × 37㎝ 사각형틀을 놓고, 5를 부은 뒤 L자 팔레트 나이프로 평평하게 편다.

7 180℃ 컨벡션오븐에 넣고 9분 정도 굽는다.

크렘 카페

1 냄비에 생크림을 넣고 가열하여 80℃ 정도가 되면 불을 끈다. 바닐라빈 씨와 깍지, 커피콩, 통카콩을 넣고 뚜껑을 덮는다. 50℃ 이상을 유지하면서 15분 동안 향을 추출한 뒤, 시누아로 걸러서 다른 냄비에 옮긴다.

* 커피는 다크 로스트로 산미가 살짝 있는 것을 사용한다. 15분 우려서 잡미 없이 풍미만 추출한다. 50℃ 이하로 내려가면, 진공포장하여 저온조리기에 넣고 추출해도 좋다.

2 1에 그래뉴당A와 소금을 넣고 가열한다.

3 다른 냄비에 그래뉴당B를 넣고 중불에 올려, 냄비를 흔들면서 가열한다. 그래뉴당이 녹으면 거품기로 섞고, 전체가 붉은 갈색이 되면 불을 끈다.

4 3에 2를 조금씩 넣으면서 거품기로 섞는다.

5 4에 인스턴트 커피를 섞어서 녹인 뒤 에스프레소를 넣는다.

* 인스턴트 커피를 조금 넣어 커피의 풍미를 보충한다.

6 5를 끓인다.

7 볼에 달걀노른자를 넣고 6의 1/3을 넣어 섞는다.

8 나머지 6을 불에 올려서 끓으면 불을 끄고, 7을 넣어 섞는다. 다시 몇 초 정도 가열한 뒤, 불에서 내려 섞는다. 한 김 식으면 고무주걱으로 바꿔서, 덩어리지지 않도록 골고루 섞는다.

* 수분이 많기 때문에 가열해도 농도는 지나치게 높아지지 않는다. 지나치게 가열하여 달걀이 익으면, 스크램블 같은 상태가 되므로 주의한다.

9 판젤라틴을 넣어 섞는다. 냄비 바닥에 얼음물을 받쳐서 한 김 식힌 뒤, 코냑을 넣고 섞어서 식힌다.

줄레 에스프레소

1 볼에 모든 재료를 넣고 불에 올려서 거품기로 저으면서 한소끔 끓인다.
* 짠맛이 느껴지지 않을 정도로 소금을 조금만 넣어 전체적인 맛을 잡아준다.

2 볼 바닥에 얼음물을 받쳐서 걸쭉해지기 직전까지 식힌다.

조립1

1 지름 4㎝ × 깊이 2㎝ 원형 플렉시판에 줄레 에스프레소를 스푼으로 7g씩 넣는다. 급랭한다.

2 디포지터에 크렘 카페를 채워서 **1**에 10g씩 부은 뒤 급랭한다.

크루스티양

1 누아제트 카라멜리제를 만든다. 오븐시트를 깐 오븐팬에 헤이즐넛을 펼쳐서, 170℃ 오븐에 넣고 10~12분 굽는다.

2 **1**의 작업과 동시에 냄비에 그래뉴당과 물을 넣고 116℃까지 가열한다. 불을 끄고 **1**을 넣은 뒤, 고무주걱으로 섞어서 전체를 하얗게 당화시킨다.
* 지나치게 많이 묻히면 바삭한 식감이 되므로, 그래뉴당의 양을 최대한 줄여서 얇게 묻힌다.

3 **2**를 센불에 올리고 헤이즐넛을 바닥에서부터 퍼올리듯이 섞어서 천천히 그래뉴당을 녹여 카라멜리제한다.
* 헤이즐넛을 가열하는 것이 아니라, 주위에 묻힌 그래뉴당을 녹여서 카라멜리제하는 것이 목적이므로, 센불로 단숨에 가열해도 OK.

4 불에서 내리고 버터를 넣어 섞는다.

5 오븐시트를 깐 작업대에 **4**를 펼쳐놓고, 손으로 1알씩 분리한다. 실온에서 식힌 뒤 밀폐용기에 넣어 보관한다.

6 크럼블을 만든다. 볼에 버터를 넣고 전자레인지로 녹인 뒤, 고무주걱으로 섞어서 살짝 단단한 포마드 상태로 만든다.

7 **6**에 카소나드, 그래뉴당, 소금을 넣고 섞는다.

8 **7**에 헤이즐넛파우더와 박력분을 순서대로 넣고, 넣을 때마다 자르듯이 섞는다.

9 **8**을 한 덩어리로 만들어서 1/2로 접은 오븐시트 사이에 끼우고, 롤러를 이용하여 4㎜ 두께로 늘린다. 냉장고에 넣고 차갑게 식혀서 굳힌다.

10 위에서 손으로 눌러 7메시 체에 내린 뒤, 오븐시트를 깐 오븐팬에 간격을 두고 편다. 160℃ 컨벡션오븐에 넣고 10분 정도 굽는다. 실온에서 식힌다.

11 볼에 카카오버터를 넣고 전자레인지로 녹인다. 블론드 초콜릿을 넣고 고무주걱으로 섞어서 녹인다.
* 카카오버터와 초콜릿의 양이 지나치게 많으면 초콜릿 덩어리를 먹는 느낌이 나기 때문에, 얇게 묻힐 수 있는 정도로 최소한의 양만 준비한다.

12 1/2로 접은 오븐시트 사이에 **5**의 누아제트 카라멜리제를 넣고 냄비 바닥 등으로 위에서 눌러 부순다.

13 볼에 **10**, **12**, 푀양틴을 넣고 **11**을 넣어 고무주걱으로 버무린다.

14 60㎝ × 40㎝ 오븐팬에 필름을 깔아 밀착시키고, 57㎝ × 37㎝ 사각형틀을 올린다. 사각형틀 안에 **13**을 넣고, L자 팔레트 나이프로 평평하게 정리한다. 굳기 전에 〈조립2〉의 작업을 진행한다.
* 쉽게 부서지는 식감으로 만들기 위해 조금씩 간격을 두고 깐다. 빈틈없이 빼곡하게 깔면 판자처럼 단단해진다.

조립2

1. 쿠르스티양에 비스퀴 쇼콜라 상 파린의 구운 면이 위로 오게 겹쳐서 밀착시킨다. 냉동고에 넣고 차갑게 식혀서 굳힌다.
   * 완전히 얼어서 굳으면 틀로 찍을 때 갈라질 수 있으므로, 크루스티양이 틀에 달라붙지 않을 정도로만 굳히는 것이 좋다.
2. 비스퀴 쇼콜라 아망드를 지름 4cm 원형틀로 찍는다.
3. **2**에서 남은 비스퀴를 12메시 체에 내려서 크럼을 만든다. 밀폐용기에 넣어 냉동보관한다.
   * 비스퀴를 건조시켜 로보 쿠프(푸드프로세서)로 가는 방법도 있지만, 건조시키면 무스에 닿는 부분만 수분을 흡수하여 식감에 차이가 생기고, 또한 건조시킨 크럼은 퍼석한 느낌을 주기 때문에 여기서는 건조시키지 않는다.
4. **1**을 지름 4.3cm 원형틀로 찍는다. 냉동고에 넣고 식힌다.

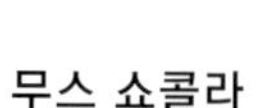

무스 쇼콜라

1. 볼에 2가지 초콜릿을 담아 전자레인지에 넣고 녹인다.
2. 냄비에 우유와 그래뉴당을 넣고 끓인다.
3. 볼에 달걀노른자를 넣고 **2**의 1/3을 넣어서 거품기로 섞는다.
4. 나머지 **2**를 불에 올려서 끓으면 **3**을 넣고 섞어서 몇 초 정도 가열한다. 불에서 내리고, 덩어리지지 않도록 고무주걱으로 섞는다.
5. **4**에 판젤라틴을 넣고 섞는다.
   * 수분이 많으므로 젤라틴을 넣어 보형성을 높인다.
6. **1**에 **5**를 조금(1/7~1/6이 기준) 넣고 거품기로 골고루 섞는다. 이 작업을 2번 더 반복한다.
   * 수분이 많기 때문에 여러 번에 나눠서 넣는다. 처음에는 분리된 상태가 되어도 OK. 서서히 유화시킨다.
7. **6**에 나머지 **5**를 넣고 섞는다.
8. 스틱 믹서로 섞어서 완전히 유화시킨다.
9. 볼 바닥에 얼음물을 받쳐서 31℃ 정도까지 식힌다.
   * 일반적인 무스 쇼콜라는 초콜릿이 굳어서 뭉치지 않도록 40~50℃로 조절한 뒤 휘핑한 생크림을 섞는데, 여기서는 수분량이 많아서 잘 굳지 않으므로 31℃ 정도로 조절한다.
10. **9**에 60% 휘핑한 생크림을 넣고 거품기로 섞는다. 마지막에는 볼을 흔들어 주면 골고루 잘 섞인다.
   * **9**를 식히지 않고 휘핑한 생크림에 섞으면 기포가 쉽게 꺼지므로, **9**의 온도는 낮게 조절한다. 생크림은 많이 휘핑하지 않고 60% 정도만 휘핑하면, 더욱 매끄럽고 입안에서 잘 녹는 텍스처가 된다.

조립3

1. 오븐시트를 깐 트레이에 비스퀴 쇼콜라 아망드를 구운 면이 아래로 가도록 가지런히 올린 뒤, 솔로 앵비바주를 바른다.
2. 〈조립1〉에 **1**을 뒤집어서 올린다(앵비바주를 바른 면이 아래로 가게 한다). 플렉시판을 분리한다.
3. 지름 5.5cm × 높이 4cm 틀 안쪽 옆면에 필름을 붙이고, 필름을 깐 60cm × 40cm 오븐팬에 가지런히 올린다. 짤주머니에 무스 쇼콜라를 넣고 끝부분을 가위로 잘라서 틀의 1/2 높이까지 짠다.
4. **3**에 **2**를 비스퀴 쇼콜라 아망드가 위로 오게 놓고 손가락으로 밀어 넣는다.

5 4에 무스 쇼콜라를 틀 높이의 80%까지 짠다.

6 〈조립2〉의 2를 비스퀴 쇼콜라 상 파린이 아래로 가도록 올리고, 손가락으로 살짝 누른다.

7 필름을 씌우고 트레이 등으로 눌러서 평평하게 만든 뒤 급랭한다.

소스 카라멜 카뮈

1 냄비에 그래뉴당을 넣고 중불에 올려 냄비를 흔들면서 가열한다. 그래뉴당이 녹으면 거품기로 섞고, 전체가 붉은 갈색이 되면 불을 끈다.

2 생크림을 조금씩 넣어 섞는다. 볼에 옮기고 바닥에 얼음물을 받쳐서 식힌다.

3 에스프레소와 코냑을 넣고 섞는다. 밀폐용기에 담아 냉장보관한다.

* 보관기간이 길면 향이 날아가기 쉬우므로 그때그때 만들어서 사용한다.

글라사주 쇼콜라

1 볼에 카카오버터를 담아 전자레인지로 녹인다. 다크 초콜릿을 넣고 고무주걱으로 섞는다.

* 여러 재료를 섞어서 만든 초콜릿은 카카오버터보다 잘 녹는다. 카카오버터는 완전히 녹을 때까지 초콜릿보다 시간이 더 걸리기 때문에, 먼저 데운 뒤 초콜릿과 섞으면 고르게 섞인다.

2 로스트한 아몬드 다이스를 넣어 섞는다.

완성

1 〈조립3〉을 손으로 잡고, 바깥쪽 옆면을 가스 토치로 살짝 데워서 틀을 분리한다. 옆면의 필름을 벗겨낸다.

2 윗면 가운데에 프티 나이프를 꽂아서, 윗면만 남기고 글라사주 쇼콜라에 담갔다 뺀다.

3 바닥을 철망에 문질러 여분의 글라사주 쇼콜라를 제거한다.

* 아몬드 다이스가 들어 있기 때문에, 바닥에 글라사주 쇼콜라가 있으면 받침 접시에 놓았을 때 기울어진다.

4 윗면에서 여분의 글라사주 쇼콜라를 프티 나이프로 제거한다. 냉장고에 넣고 반해동한다.

5 〈조립2〉의 3을 윗면에 올리고 손가락으로 살짝 눌러서 붙인다. 스푼으로 가운데 크림을 제거하여 무스가 표면에 나오게 한다.

6 샹티이 카라멜 카뮈를 80% 정도 휘핑한다. 지름 15㎜ 둥근 깍지를 끼운 짤주머니에 넣고, 5에서 크림을 제거한 부분에 3㎝ 정도의 높이로 짠다.

7 스푼을 가스 토치로 따듯하게 데운 뒤, 6의 샹티이 카라멜 카뮈를 눌러서 움푹 파이게 만든다.

8 7의 움푹 파인 곳에 소스 카라멜 카뮈를 스푼으로 넣는다.

9 지름 4㎝ 디스크 쇼콜라(블론드)를 8의 움푹 파인 곳에 뚜껑처럼 씌운다. 다른 디스크 쇼콜라는 샹티이 카라멜 카뮈에 수평으로 꽂는다.

블루베리 두부 타르트

Blueberry & Tofu Tart

레스 바이 가브리엘레 리바 & 가나코 사카쿠라

LESS by Gabriele Riva & Kanako Sakakura

버터를 넣지 않은 고소한 풍미의 타르트 셸에, 미소와 우메보시 등을 넣어 감칠맛이 진한 두부크림을 채우고 싱싱한 블루베리를 조합한, 가브리엘레 리바 셰프와 사카쿠라 가나코 셰프의 풍부한 감성과 틀에 박히지 않은 재료 사용이 돋보이는 타르트이다. 타르트 셸은 글루텐이 적은 스펠트밀을 사용하여 매우 얇게 구워, 버석버석 부서지는 식감을 실현하였다. 치즈가 연상되는 매끈한 텍스처의 두부크림과 대비를 이룬다. 블루베리는 생, 콩포트, 글레이즈로 사용하여 색과 풍미의 진한 정도, 식감의 차이로 과일 이미지를 각인시켰다. 자소엽 젤의 섬세한 신맛이 악센트다.

| 재 료 |

스펠트밀 타르트 셸

〈지름 6㎝ 타르트링 약 20개 분량〉

A | 스펠트밀가루 … 100g
스펠트밀가루(통밀가루) … 100g
베이킹파우더 … 1g
시나몬파우더 … 2g
천일염 … 1g

B | 메이플시럽(Amber) … 80g
미강유 … 80g
애플비네거 … 2g

도뤼르* … 적당량

* 달걀노른자 100g을 풀어서 생크림(유지방 47%) 13g을 넣고 섞은 뒤 거른다.

두부크림

〈12개 분량〉

시마두부(간수를 빼지 않은 오키나와 두부) … 170g

A | 두유 … 78g
한천가루 … 1.5g
바닐라빈 씨 … 2g
메이플시럽(Amber) … 50g

B | 레몬껍질(간다) … 5g
우메보시(수제)* … 5g
미소* … 23g
칡녹말 … 3g
레몬즙 … 35g

E.V.올리브오일 … 30g

* 염분이 적은 것을 사용한다.

블루베리 콩포트

〈35개 분량〉

블루베리*1 … 250g
그래뉴당 … 100g
HM펙틴 … 7.5g
판젤라틴*2 … 1.75g
레몬즙 … 27.5g

*1 나가노 「Takekawa Farm」의 무농약 블루베리를 사용한다.
*2 찬물에 불린다.

블루베리 글레이즈

〈만들기 쉬운 분량〉

사과즙 … 214g
물엿 … 150g
블루베리(냉동)*1 … 250g
한천가루 … 1g
칡녹말*2 … 8g
물*2 … 12g

*1 나가노 「Takekawa Farm」의 무농약 블루베리 중 모양이 망가지거나 무른 것을 냉동하여 사용한다. 냉동한 것을 해동해서 사용하면, 가공했을 때 색이 잘 난다.
*2 칡녹말을 물에 풀어준다.

자소엽 젤

자소엽 주스(아래 재료로 만든 것) … 300g
물 … 420g
자소엽(적차즈기) … 67g
구연산 … 4.2g
그래뉴당A … 56g

한천가루 … 2.5g
그래뉴당B … 60g

완성

블루베리(2등분)* … 적당량
차즈기 꽃이삭 … 적당량

* 나가노 「Takekawa Farm」의 무농약 블루베리를 사용한다.

| 만드는 방법 |

스펠트밀 타르트 셸

1 볼에 A를 넣고 거품기로 골고루 섞는다.

* 스펠트밀의 통밀가루를 배합하여, 식감과 강력한 풍미를 더한다.

2 B를 넣고 손으로 섞는다. 전체가 골고루 섞여 한 덩어리가 되면, 고무주걱으로 고르게 섞는다.

* 버터 대신 미강유를 사용하기 때문에, 손으로 섞는 동안 가루가 기름과 시럽을 흡수하여 단단해진다.

3 작업대에 실리콘 매트를 깔고 2를 올린다. 위에 실리콘 매트를 1장 더 씌운 뒤, 밀대로 밀어서 두께 1㎝ 정도로 평평하게 만든다.

4 작업대에 오븐시트를 깔고 3을 올린다. 위에 오븐시트를 1장 더 씌운 뒤, 롤러를 이용하여 2㎜ 두께로 늘린다. 중간에 롤러 진행 방향과 90도 방향으로 밀대를 밀어 반죽의 폭을 넓힌다.

5 오븐팬에 4를 오븐시트째 올리고 냉동실에 최소 2시간, 냉장실에 최소 4시간 넣어두는데, 가능하다면 양쪽 모두 하룻밤 정도 두는 것이 좋다.

* 스펠트밀은 글루텐이 매우 적기 때문에 휴지시키지 않아도 굽는 중간에 수축되는 일이 거의 없지만, 글루텐의 연결이 약하기 때문에 충분히 식혀서 갈라지지 않게 한다.

6 18.5㎝ × 2.5㎝ 띠 모양이 되도록 칼로 20개를 자른다. 나머지는 지름 5.5㎝ 원형틀로 20개를 찍어낸다. 냉동고에 넣고 차갑게 식힌다.

7 지름 6㎝ 타르트링 안쪽 옆면에 손으로 버터(분량 외)를 조금 도톰하게 바른 뒤, 실리콘 매트를 깐 오븐팬에 올린다.

* 오일보다 버터를 발라야 틀에서 잘 떨어지지 않는다.

8 7에 6의 띠 모양 반죽을 타르트링 안쪽 옆면에 딱 맞게 붙이고, 이음매를 손가락으로 눌러준다. 타르트링에서 삐져나온 부분을 프티 나이프로 잘라서 정리한다.

* 실온에 두면 반죽이 바로 부드러워지기 때문에, 냉동고에서 1장씩 꺼내 빠르게 작업한다. 한 번에 많이 만들지 말고, 필요에 따라 그때그때 만들어서 냉동고에 넣고 사용한다.

9 8 위에 6의 둥근 반죽을 올린다. 자연스럽게 바닥까지 반죽이 들어가면, 위에서 손으로 부드럽게 눌러 바닥에 깔고, 옆면의 반죽과 연결된 부분을 손가락으로 눌러서 붙인다.

10 윗불, 아랫불 모두 160℃로 예열한 데크오븐에 넣고 25분 정도 굽는다. 실온에서 식힌다.

11 10 안쪽에 솔로 도뤼르를 바르고, 윗불, 아랫불 모두 160℃로 예열한 데크오븐에 넣어서, 색이 충분히 날 때까지 15~17분 정도 굽는다. 타르트링을 분리한 뒤 실온에서 식힌다.

두부크림

1 시마두부를 적당한 크기로 잘라 찜통에 넣고 찐다. 속까지 데워지면 종이를 깐 볼에 옮긴 뒤, 위에도 종이를 덮고 손으로 살짝 눌러서 물기를 뺀다.

* 시마두부는 일반 두부에 비해 단단하고 수분이 적기 때문에 작업하기 편하다. 모멘[木綿]두부의 물기를 충분히 제거한 뒤 사용해도 OK. 골고루 잘 섞이도록 한천가루나 칡녹말과 섞기 전에 충분히 가열하는 것이 중요하다.

2 냄비에 A를 넣고 거품기로 저으면서 끓인다.

3 높이가 있는 좁은 용기에 B와 1을 넣은 뒤 2를 넣는다. 스틱 믹서로 매끄러워질 때까지 간다.

4 레몬즙을 넣고 섞는다.

5 E.V. 올리브오일을 넣고 충분히 유화될 때까지 섞는다.

6 짤주머니에 5를 넣고 끝부분을 가위로 자른 뒤, 스펠트밀 타르트 셸에 30g씩 짠다. 작업대에 살짝 내리쳐서 평평하게 만든 뒤, 타공 실리콘 매트를 깐 오븐팬에 올린다. 만져도 크림이 손에 묻어나지 않을 때까지, 냉장고에 넣고 차갑게 식혀서 굳힌다.

블루베리 콩포트

1 냄비에 블루베리, 그래뉴당, HM펙틴을 넣는다. 고무주걱으로 블루베리를 살짝 으깨서, 배어나온 과즙과 그래뉴당을 잘 섞는다.
2 1을 약불에 올려 가끔씩 고무주걱으로 1과 같은 방법으로 섞으면서 가열하고, 끓기 시작하면 불에서 내린다.
3 2에 판젤라틴을 섞어서 녹인 뒤 레몬즙을 넣고 섞는다.
4 볼에 옮기고 비닐랩을 씌워 밀착시킨 뒤, 냉장고에 최소 4시간 동안 넣어두고 차갑게 식힌다. 체에 내려 냉장고에 넣어둔다.

블루베리 글레이즈

1 냄비에 사과즙과 물엿을 넣고 고무주걱으로 저으면서 끓인다.
2 불을 끄고 블루베리를 넣어 비닐랩을 씌운 뒤, 실온에서 30분 식힌다.
3 시누아로 걸러서 다른 볼에 옮긴다.
* 위에서 고무주걱 등으로 누르지 않고 깨끗한 즙만 추출한다.
4 냄비에 3의 즙을 다시 옮기고, 한천가루를 넣어 거품기로 섞는다. 불에 올려 끓인다.
5 불을 끄고 물에 풀어놓은 칡녹말을 넣은 뒤 약불로 저으면서 끓인다.
6 볼에 옮기고 비닐랩을 씌워 밀착시킨 뒤, 걸쭉해질 때까지 냉장고에서 최소 30분 동안 식힌다.

자소엽 젤

1 자소엽 주스를 만든다. 냄비에 물을 넣고 끓여서 불을 끈 뒤 자소엽을 넣는다. 색이 변하면 구연산을 넣고 섞는다.
* 구연산을 넣으면 발색이 좋아진다.
2 시누아로 거르고 부직포 쿠킹페이퍼를 깐 시누아로 한 번 더 거른다.
* 부직포 쿠킹페이퍼를 사용하면 고체와 액체가 제대로 분리되어, 보다 깨끗한 액체를 추출할 수 있다.
3 그래뉴당A를 넣고 섞어서 녹인다.
4 냄비에 3의 300g, 한천가루, 그래뉴당B를 넣고 섞어서 끓인다.
5 트레이에 옮겨서 냉장고에 30분 이상 넣어두고 차갑게 식혀서 굳힌다. 가로세로 7㎜ 크기로 자른다.

완성

1 두부크림을 넣고 차갑게 식혀서 굳힌 스펠트밀 타르트 셸에, 팔레트 나이프로 블루베리 콩포트를 올리고 타르트 셸 높이와 같도록 평평하게 정리한다.
2 1에 블루베리를 올리고 위에서 살짝 눌러 밀착시킨다.
3 2의 블루베리에 솔로 블루베리 글레이즈를 바르고, 그 위에 블루베리를 겹쳐 올린다.
4 3의 블루베리에 블루베리 글레이즈를 바르고 틈새에도 바른다.
5 4의 블루베리 글레이즈에 가로세로 7㎜ 크기로 자른 자소엽 젤과, 세로로 2등분한 블루베리를 2~3조각 올려서 붙인다.
6 차즈기 꽃이삭을 적당한 길이로 잘라 핀셋으로 장식한다.

흰앙금 소스를 곁들인 심플한 므랭그 샹티이

Meringue Chantilly

파티스리 이즈

Pâtisserie ease

일체감과 조화를 중시하고 비슷한 뉘앙스의 풍미와 식감을 겹쳐서 사용하여, 강한 개성을 표현하기보다는 깊이와 기분 좋은 여운을 선사하는 오야마 게이스케 셰프. 바삭하고 섬세한 머랭에는 경쾌한 식감의 아몬드 슬라이스를 조합하였다. 짙은 갈색이 날 때까지 구워서 고소한 풍미도 머랭과 아몬드의 공통점이다. 어느새 녹아서 사라지는 머랭의 식감과 은은한 감칠맛을, 가벼운 식감과 맛을 가진 아몬드가 잘 살려준다. 가볍게 녹는 크렘 푸에테와 흰앙금 소스의 부드러운 풍미가 전체를 감싼다.

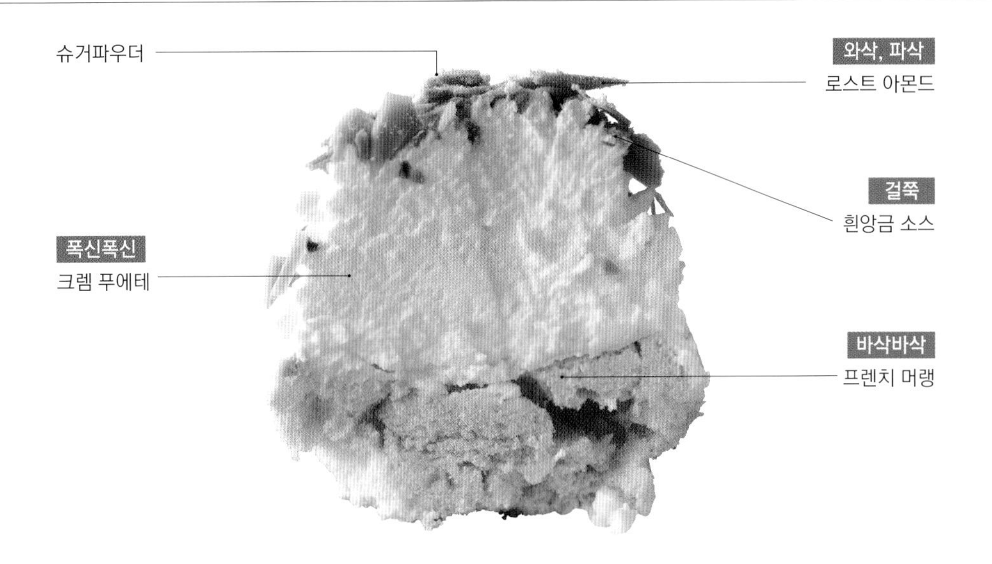

| 재료 |

프렌치 머랭

〈12개 분량〉
달걀흰자…80g
그래뉴당…80g
슈거파우더A*…80g
슈거파우더B*…적당량
* 각각 체로 친다.

로스트 아몬드

〈만들기 쉬운 분량〉
아몬드 슬라이스…적당량

크렘 푸에테

〈12개 분량〉
생크림(유지방 42%)*1…200g
혼합크림*2…200g
*1 다카나시 유업「다카나시 홋카이도 순생크림 42」.
*2 다카나시 유업「레크레 33%」.

흰앙금 소스

〈12개 분량〉
사탕수수 설탕…120g
물…80g / 흰앙금…50g

완성

슈거파우더…적당량

| 만드는 방법 |

프렌치 머랭

1 믹싱볼에 달걀흰자를 넣고 그래뉴당을 조금 넣은 뒤, 믹서에 휘퍼를 끼워서 중고속으로 휘핑한다. 전체적으로 하얗게 거품이 생기면, 나머지 그래뉴당을 1/2씩 넣고 중속으로 20분 정도 휘핑한다.

* 달걀흰자에 설탕을 충분히 녹여서 고운 기포가 고르게 들어 있는 좋은 식감의 머랭을 만들기 위해, 중간에 중속으로 바꿔서 천천히 휘핑한다. 고속으로 계속 휘핑하면 단시간에 완성되지만, 큰 기포가 섞여서 단단한 식감으로 구워진다.

2 윤기가 나면 고속으로 바꾸고, 휘퍼로 떴을 때 뿔이 뾰족하게 서는 상태까지 섞는다.

* 중속으로 끝까지 계속 섞으면 기포는 작아지지만 단단하지 않기 때문에, 마지막에 고속으로 바꿔서 충분히 휘핑하여 보형성을 높인다.

3 볼에 머랭과 슈거파우더A를 넣고, 되도록 기포가 꺼지지 않도록 고무주걱으로 바닥에서부터 퍼올리듯이 섞는다. 날가루가 없어질 때까지 섞는다.

* 잘 꺼지지 않고 고운 기포가 가득한 머랭을 만든 뒤, 슈거파우더를 넣어서 가볍고 결이 고운 텍스처로 완성한다.

4 지름 14㎜ 둥근 깍지를 끼운 짤주머니에 3을 넣고, 실리콘 매트를 깐 오븐 팬 위에 지름 5㎝ 정도의 반구 모양으로 짠다.

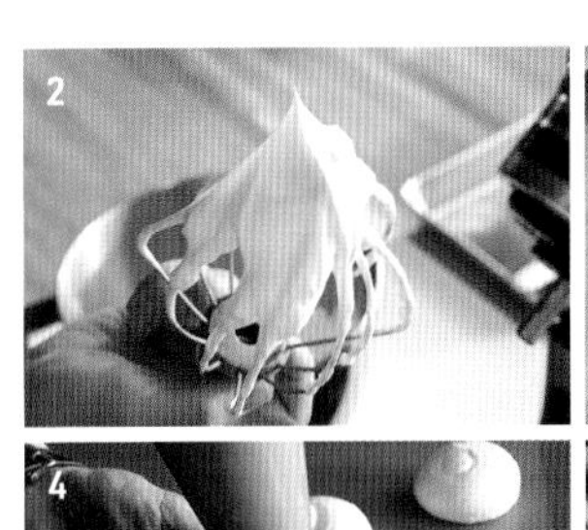

* 시간이 지날수록 기포가 꺼지기 때문에 빠르게 짠다. 조금(300g 이하)씩 작업하면, 오븐에 넣을 때까지 걸리는 시간을 단축시킬 수 있다.

5 차거름망을 이용하여 4에 슈거파우더B가 살짝 쌓일 정도로 뿌린다.

6 120~130℃ 컨벡션오븐에 넣고 3시간 정도 굽는다.

* 굽는 중간에 부풀어올라 슈 시트처럼 갈라지지만, 매끈하고 보기 좋은 모양보다 제대로 익히는 것이 중요하다. 좀 더 가벼운 식감을 표현할 수 있다.

7 완성되면 그대로 실온에 두고 식힌다. 건조제를 담은 밀폐용기에 넣어서 보관한다.

* 속까지 연갈색이 되고 카라멜라이즈된 부분도 있는 상태면 완성이다. 달걀흰자에 비해 그래뉴당의 양이 많은 배합이지만, 색이 날 때까지 제대로 구우면 단맛을 억제할 수 있다. 지나치게 오래 구우면 캐러멜 풍미가 증가하여 느끼해지므로, 알맞게 굽는다.

로스트 아몬드

1 불소가공 오븐팬에 아몬드 슬라이스를 펼치고, 구운 색과 고소한 향이 충분히 날 때까지 160℃ 컨벡션오븐에 넣고 굽는다(약 15분이 기준). 완성되면 그대로 실온에 두고 식힌다. 건조제를 담은 밀폐용기에 넣고 보관한다.

크렘 푸에테

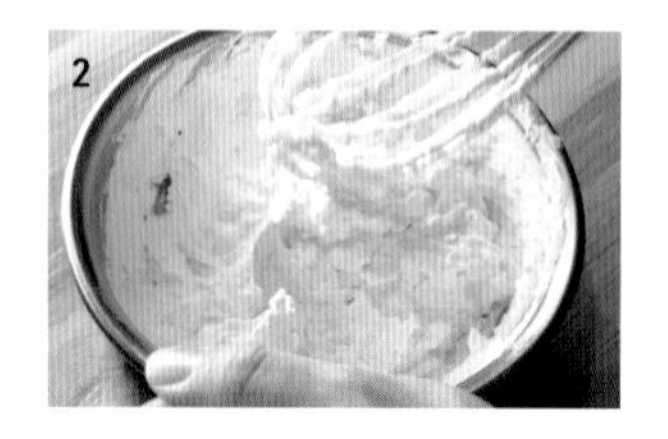

1 볼에 생크림과 혼합크림을 넣고 유지방 38%로 조절한다.

* 유지방 42% 생크림과 연유처럼 밀키한 유지방 33% 혼합크림을 섞어서, 밀키한 풍미와 유지방의 균형을 맞춘다.

2 거품기로 100% 휘핑한다.

* 살짝 퍼석한 질감이 되면 OK. 폭신폭신하고 가벼운 식감을 표현할 수 있다.

흰앙금 소스

1 냄비에 사탕수수 설탕과 물을 넣고 끓인다.

2 볼에 흰앙금을 넣고 **1**을 조금씩 넣으면서, 고무주걱으로 떴을 때 주르륵 흘러내리는 상태가 될 때까지 섞는다. 냉장고에 넣고 식힌다.

* 흰앙금은 단맛이 강하지 않은 것을 선택한다.

완성

1 10발, 10번 별모양 깍지를 끼운 짤주머니에 크렘 푸에테를 넣고 접시 위에 조금 짠다.

2 프렌치 머랭의 구운 면이 아래로 가게 잡고, 평평한 면에 **1**의 크렘 푸에테를 장미 모양으로 3바퀴 돌려서 짠다.

3 **2** 위에 로스트 아몬드를 듬뿍 올린다.

4 **1**에 **3**을 올려서 붙인다.

5 **4**에 차거름망으로 슈거파우더를 듬뿍 뿌린다.

6 흰앙금 소스를 스포이트에 담아 **5**에 곁들인다. 먹는 사람이 원할 때 뿌린다.

Aroma

Texture

Design

3

디자인이 인상적인 디저트

시각에 대하여

감수_ 와다 유지[和田 有史]

1974년 시즈오카현 출생. 니혼대학 대학원 문학연구과를 수료한 뒤, 국립 연구개발법인 농업·식품 산업기술 종합연구기구 등을 거쳐, 리쓰메이칸대학 식매니지먼트 학부교수로 재직 중이다. 도쿄대학 대학원 상급객원연구원도 맡고 있다. 실험심리학, 지각심리학, 인지심리학을 전문으로 하며, 심리학 박사이자 전문 관능평가사.

「보는 것」은 어떤 원리일까? 시각의 메커니즘

시각, 후각, 청각, 촉각, 미각 등 우리는 다양한 감각기능을 통해 바깥세상의 정보를 얻는다. 그중 「시각」은 눈을 통해 사물의 색깔, 모양, 밝기, 움직임 등을 구분하고 인식하는 작용을 말한다. 우리의 눈은 색깔이나 모양 같은, 사물의 구조와 성질에 대한 정보를 포함한 빛의 패턴을 받아들여, 어느 정도의 정보를 망막으로 처리한 뒤 시신경을 통해 뇌로 전달한다. 뇌에서는 다양한 시각정보가 분석·통합되어, 최종적으로 눈에 비치는 것이 어떤 색이나 모양인지 인식된다. 또한 뇌 속에서는, 눈에서 받은 정보와 「붉고 달콤한, 돌기가 있는 음식」이라는 기억 속 정보가 통합된다. 그 결과, 눈앞에 있는 것을 「딸기」라고 판단할 수 있게 되는 것이다. 음식을 입에 넣기 전에 그 정보를 뇌에 전달하는 시각은, 음식의 인상을 좌우하는 중요한 감각기능이라고 할 수 있다.

시각이 음식의 첫인상을 결정한다

레스토랑에서 요리나 디저트를 선택할 때, 메뉴 사진은 주문을 결정하는 데 큰 영향을 미친다. 또한 쇼케이스에 진열된 케이크를 선택할 때도, 겉보기에 「맛있어 보이는 것」, 「먹고 싶은 생각이 드는 것」을 선택하는 사람이 대부분일 것이다. 이처럼 우리는 겉으로 드러나는 인상으로 음식의 매력을 판단한다.

겉모습을 판단할 때는 색, 모양, 크기, 플레이팅 방법, 그릇과의 밸런스, 조명을 받는 방식과 반사 등, 다양한 요소가 관련된다. 예를 들어 볶음밥이나 치킨라이스는 높이 소복하게 담아야 볼륨이 생겨서, 평평하게 담았을 때보다 더 맛있어 보인다. 또한 어떤 실험에서는 같은 양의 아이스크림을 담는 경우, 큰 컵보다 작은 컵에 담는 것이 「매력적으로 보인다」라고 답한 사람이 많았다고 한다. 그 이유는 대상이 되는 사물 주위에 더 큰 사물이 있으면, 대상이 되는 사물이 상대적으로 작아 보이기 때문이다. 한편 도형의 각도도 겉모습의 인상을 좌우하는 요소 중 하나이다. 정사각형의 경우 똑바로 보는 것보다, 45도 회전시킨 것이 더 크고 인상적으로 보인다는 것이 실험을 통해 밝혀졌다. 케이크를 진열할 때도, 보여지는 각도를 의식하여 진열하면 효과적이다.

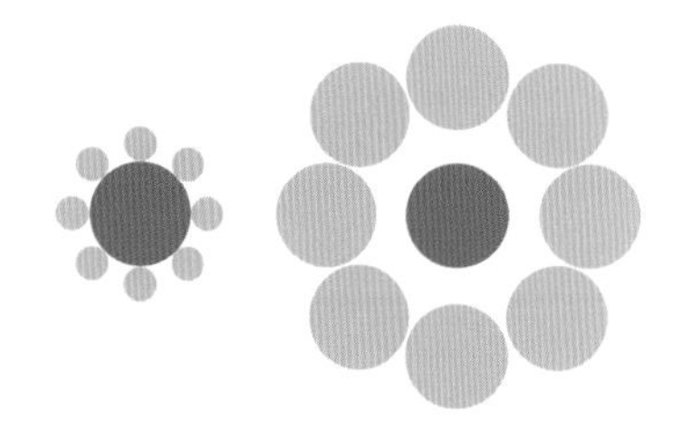

가운데 파란색 원은 왼쪽과 오른쪽 모두 같은 크기. 그런데 가운데 원은 주위 원이 크면 작아 보이고, 반대로 주위 원이 작으면 커 보인다.

딸기는 왜 빨갛게 보일까?

세상을 물들이는 다양한 색은 각각의 물체가 반사하는 빛의 자극에 의한 것이다. 태양광이나 전구 등의 빛에는 파장이 다른 다양한 광선이 포함되어 있어서, 빛을 받은 물체는 그러한 파장의 빛 중 일부를 흡수하고, 나머지 파장을 반사한다. 예를 들어 딸기는 빨간색 장파장의 빛을 반사하고 그 외의 빛을 흡수하기 때문에, 우리 눈에는 빨갛게 보인다. 즉, 물질이 반사하는 빛의 파장 차이가 물체의 색 차이를 만드는 중요한 실마리가 되는 것이다.

포유류뿐 아니라 물고기, 새, 곤충도 색을 구분한다고 알려져 있지만, 각각이 인식할 수 있는 색상은 환경에 맞춰 다르게 진화해왔다. 우리 인간이나 침팬지 등의 영장류는 빨강, 초록, 파랑의 파장을 감지하여 색을 판단하는 「삼색형 색각」을 갖고 있으며, 이 색각은 녹색잎 사이에 있는 붉게 익은 열매를 발견하기 위해 발달했다고 한다. 이 이야기가 맞다면, 사람의 색각은 더 맛있는 것을 먹기 위해 진화하고 완성된 것이라고 할 수 있다.

색이 미각을 현혹시킨다!?

미각이 시각의 영향을 받기 쉽다는 것은 다양한 실험을 통해서 밝혀졌다. 예를 들어, 빨간색이나 분홍색에서는 「단맛」을, 갈색에서는 「쓴맛」을 느끼기 쉽다고 알려져 있다. 다양한 색으로 만든 따뜻한 수프를 사용한 실험에서는, 같은 온도라도 파란색 수프는 다른 색보다 온도가 낮다고 느꼈고, 노란색 수프를 마셨을 때는 파란색 수프를 마셨을 때보다 실제로 체온이 올라갔다는 결과도 나와 있다.

모양이 달라지면, 맛도 달라진다!?

영국의 심리학자 찰스 스펜스의 저서 『GASTROPHYSICS : The New Science of Eating(한국어판 제목: 왜 맛있을까)』에는 과자의 모양과 맛에 얽힌 일화가 소개되어 있다. 영국의 초콜릿회사가 어느 날 초콜릿바 모양을 리뉴얼하였다. 각진 모양에서 모서리를 둥글게 바꾼 것이다. 그러자 많은 소비자들이 「예전보다 달다」라고 항의했다고 한다. 그러나 초콜릿회사가 변경한 것은 모양뿐이었다. 레시피는 전혀 바꾸지 않았는데도 불구하고, 둥근 모양으로 바꾸니까 「달다」라고 느끼는 사람이 증가한 것이다.

모양과 미각의 관계에 대한 연구를 진행하고 있는 리쓰메이칸대학의 인지디자인 연구실에서는, 「달다」, 「쓰다」 등 맛을 표현하는 단어와 모양의 관련성을 분석하였다. 그 결과 대략적이지만 둥근 모양과 「달다」, 뾰족한 모양과 「쓰다」의 상관관계가 높은 것을 알 수 있었다. 뾰족한 모양이 「쓴맛」을 연상시키는 것에 대해 찰스 스펜스는, 뾰족한 모양이나 쓴맛이 「진화 과정에서 위험이나 위협과 결부되어 인식된」 영향일 것이라고 말했지만, 맛과 모양이 결부되는 이유는 아직 명확하게 밝혀지지 않았다.

「디저트배는 따로 있다」와 시각의 관계

이미 배가 불렀어도 「디저트배는 따로 있다」라고 생각하는, 단것이라면 눈 깜짝할 사이에 먹어 치우는 디저트 매니아가 많이 있다. 사실 우리가 포만감을 느끼는 것은 위 속에 들어 있는 음식물의 양 때문이 아니라, 「먹는」 행위를 계속하다 보면 뇌의 포만중추가 자극되기 때문이라고 한다. 그런데 일단 포만중추가 자극되더라도, 그 자극을 넘어서는 「맛있겠다」, 「먹어보고 싶다」라는 강한 자극이 생기면 「먹고 싶은」 욕구가 포만감을 능가한다. 「디저트배는 따로 있다」라고 하듯이, 식욕이 다시 솟는 것이다. 또한 식욕이 강해지면서 오렉신(Orexin)*이 분비되어 소화기관의 활동이 활발해지는 것도, 다른 배가 생기는 요인 중 하나라고 한다. 디저트뿐 아니라 「맛있겠다」라고 생각하게 하는 시각적 매력을 가진 음식은, 겉모습만으로도 식욕을 돋우어 사람을 죄스럽게 만드는 존재라고 할 수 있다.

* 뇌 시상하부에서 생성되는 신경전달물질로, 식욕이나 섭식행동, 수면·각성 등에 관여한다.

한편, 색은 맛 판단에 영향을 미치기도 한다. 예를 들어 프랑스 보르도대학 와인양조학과에서, 아무런 정보도 주지 않고 학생들에게 붉게 착색한 화이트와인을 시음하는 실험을 진행했더니, 많은 학생들이 레드와인으로 인식하고 레드와인 시음에 쓰는 전형적인 단어를 사용했다고 한다. 와인전문가를 목표로 하는 학생들조차, 색에 따라 맛 평가를 잘못할 만큼, 색이 맛에 미치는 영향은 매우 크다고 할 수 있다.

기억 속 색깔이 음식의 맛을 좌우한다

바나나는 노란색, 딸기는 빨간색, 오렌지는 주황색……, 어떤 음식을 생각할 때 우리는 알게 모르게 기억 속에 있는 음식의 색을 떠올린다. 이처럼 기억된 색을 「전형색(典型色)」이라고 부르는데, 다양한 식품에는 각각의 전형색이 결합되어 있다. 음식의 전형색은 일반적으로 실제보다 선명한 색으로 기억되는 경우가 많고, 기억 속의 색은 맛이나 향의 느낌에도 영향을 미친다고 한다. 예를 들어 빙수에 뿌리는 시럽은 실제 레몬즙이나 딸기즙보다 선명하게 착색되어 있는데, 이것은 레몬이나 딸기를 상기시키는 전형색으로, 그 음식의 인상을 강하게 만든 예라고 할 수 있다.

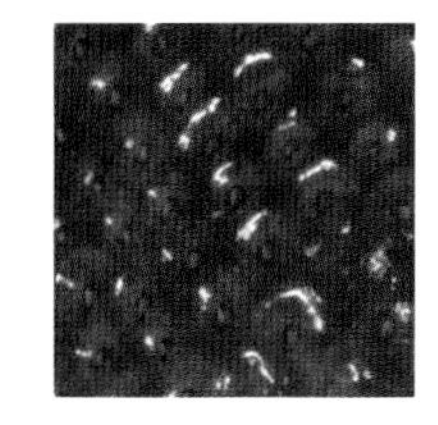

많은 사람들이 「딸기=빨간색」으로 인식한다는 점에서, 딸기의 전형색은 빨간색이라고 할 수 있다. 흑백의 딸기 사진을 보아도 딸기라고 말해주지 않으면 한눈에 알아보기 어렵다.

「윤기」 있는 식품이 신선하게 느껴진다

우리는 평소 식품의 신선도를 겉모습으로 판단한다. 그 판단에는 색이나 질감 등 여러 요소가 관련되어 있는데, 「윤기」도 그러한 요소 중 하나이다.

우리 연구팀에서 딸기와 양배추의 표면을 촬영하여 해석하고, 시간의 경과와 함께 휘도(단위 면적당 밝기)가 어떻게 변화하는지를 연구한 적이 있다. 그 결과, 표면의 휘도는 시간이 흐르면서 저하되어 윤기가 없어지고, 그 변화에 따라 겉모습에 의한 신선도 평가도 저하된다는 점을 알 수 있었다. 제과에서 글라사주나 나파주로 윤기를 내는 경우가 많은데, 과학적으로 보아도 윤기를 더함으로써 과자가 더 신선하게 느껴진다고 할 수 있다.

딸기의 신선도 평가 변화

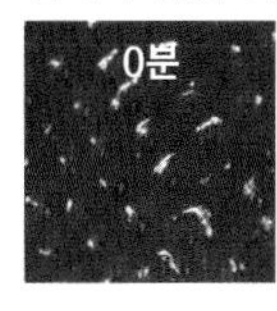

* 출전: Arce-Lopera,Wada et al.i-Perception(2012) vol.3,338-355

인지심리학으로 알아보는,
디저트의 디자인

도미타 다이스케 [冨田 大介]
1977년 아이치현 출생. 미술대학을 졸업한 뒤 〈오텔 드 미쿠니〉(도쿄 요쓰야)를 거쳐, 〈에그르두스〉(도쿄 메지로)에서 경험을 쌓고 수셰프로 10년 정도 일했다. 2017년 아이치현의 〈파티스리 카르티에 라탱〉(아이치 나고야)의 오너 셰프가 되었다.

와다 유지 [和田 有史]
1974년 시즈오카현 출생. 리쓰메이칸대학 식매니지먼트학부 교수로, 실험심리학, 지각심리학, 인지심리학을 전문으로 연구하며 다방면에서 활약 중이다. 『맛의 인지과학, 혀끝에서 뇌의 저편까지』 등의 공저가 있다. 음식에 대한 관심이 많아서 셰프들과도 교류가 많다.

디저트의 시각적 표현

와다 도미타씨는 평소 디저트의 모양과 색을 어떻게 결정하나요?

도미타 레시피를 생각할 때는 항상 「맛」에서부터 시작합니다. 우선 재료와 파트의 조합을 생각하고, 맛이 결정되면 디자인을 생각하는 방식입니다. 디자인 측면에서는 어떻게 하면 디저트의 맛을 잘 전달할 수 있을지를 가장 먼저 생각합니다. 손님은 겉모습에서 받은 인상을 바탕으로 맛을 상상하여 구입하기 때문에, 겉모습에서 떠오르는 맛과 실제의 맛이 가까운 쪽이, 먹었을 때 좀 더 「맛있다」라고 느낄 수 있다고 생각합니다. 만약 차이가 있으면 「이건 무슨 맛일까」라고 찾는 것부터 시작되기 때문에, 미각적 평가를 내리기까지 시간이 걸려 맛의 감도가 떨어지게 됩니다. 그래서 예를 들어 맛이 무거울 때는 색을 진하게 만들고 가벼울 때는 밝게 만드는 등, 겉모습에서도 어느 정도 풍미의 경향이 전달되는 디자인을 하고자 합니다.

와다 밝은색일수록 가볍고, 어두운색일수록 무겁게 느끼는 경향은 실험에서도 밝혀졌습니다. 음식의 겉모습으로 상상한 맛과 먹었을 때의 맛이 일치하면 맛이나 향의 인상이 더욱 강해진다는 것도 과학적으로 연구되고 있고, 식품 포장의 디자인과 내용물의 맛에서 받은 느낌을 조사한 연구에서는, 표현의 방향성이 일치하면 그렇지 않은 경우에 비해 맛이 더 강하게 느껴진다는 결과가 나왔습니다. 겉모습과 내용물 이미지의 일치 외에, 외형적으로는 어떤 점을 중요시하나요?

도미타 가장 중요한 포인트는 맛있어 보여야 한다는 것입니다. 그래서 손님이 딱 보고 「맛있겠다!」라는 생각이 들도록, 친숙하고 안심할 수 있는 디자인을 하는 경우가 많아요. 하지만 경연대회에 출품하는 디저트의 경우에는, 전문 심사위원이 평가하기 때문에 스타일리시하거나 놀라움을 주는 디자인이 필요합니다.

와다 그렇군요. 상황에 따라 디자인의 방향성을 바꾸거나 구분하고 있군요.

도미타 파티스리의 디저트는 평소와 다른 즐거운 분위기를 연출을 하고 싶을 때 구입하는 경우가 많다고 생각하기 때문에, 특별하고 일상에서 벗어난 느낌을 받을 수 있도록, 케이크 디자인은 물론 진열 방법 등에도 기대감이나 설레임을 살리려고 합니다.

와다 식품에 접근할 때는 시각이 시작점인 경우가 많기 때문에, 거기서부터 기대치를 크게 높이는 것도 중요합니다. 조금 전에 매장을 둘러보았는데, 모양도 색도 예쁜 케이크가 많아서 디자인적인 연출에도 신경을 많이 쓰고 있다는 것을 알겠더군요. 케이크도 구움과자도 윤기가 있는 것이 눈에 띄었는데, 윤기에 대해서는 어떻게 생각하나요?

도미타 맛을 느끼게 하는 요소 중 하나로 중요하게 생각합니다. 다만, 윤기가 인상에 남았다면 그것은 조명의 효과도 있을 겁니다. 어떻게 하면 상품이 잘 보일지 고민해서, 조명의 높이와 쏘는 방식을 결정하고 있으니까요.

와다 쇼케이스 내의 조명은 LED입니까?

도미타 네, LED는 상품이 밝게 보이고, 교체할 필요도 없으며, 열도 발생하지 않기 때문에 가장 적합한 조명이라고 생각합니다. 단지 빛이 반사되기 쉽고, 광원의 점들이 대리석이나 케이크에 비칠 수 있다는 점이 조금 신경쓰입니다.

와다 LED는 발광하는 부분의 면적이 작은 점광원이므로, 빛이 직진하여 하이라이트를 만들기 쉽습니다. 그런 특성 때문에 윤기를 표현하기에는 효과적인 광원이지만, 점들이 신경쓰인다면 반투명 유리 커버 등을 덮어놓는 방법도 있습니다. 다만 그러면 스포트라이트 효과는 줄어들고, 윤기도 약해지겠지요.

도미타 윤기는 겉으로 보이는 인상에 상당히 큰 영향을 미치기 때문에, 우리 파티시에들은 나파주나 글라사주 등을 사용하여 윤기를 내는 경우가 많습니다.

와다 사람은 식품의 윤기로 신선도를 평가하는 경향이 있기 때문에, 윤기 있는 식품을 보면 「신선도가 높다」, 「프레시하다」라는 이미지를 갖기 쉽습니다. 우리 연구팀에서는 전에 딸기와 양배추가 열화하는 모습을 촬영한 뒤, 휘도(단위 면적 당 밝기)의 분포 상태를 측정하여 윤기와 신선도의 관계를 분석한 적이 있습니다. 그 결과, 표면의 휘도는 시간이 지남에 따라 저하되고, 분포도 흐트러지는 것을 알 수 있었습니다. 또한 다양한 휘도 분포 이미지를 보여주고 신선도를 평가하도록 했는데, 윤기가 있는 이미지일수록 신선도가 높다고 평가하였습니다.

도미타 그렇군요, 과일과 채소는 윤기가 있으면 더 신선해 보이는데, 과학적으로도 증명되었군요.

색과 모양이 맛에 주는 영향

와다 색을 보는 원리에 대해 조금 이야기하자면, 색이라는 것은 그 물체가 어떤 파장의 빛을 반사하고, 어떤 파장의 빛을 흡수하느냐에 따라 결정됩니다. 딸기가 빨갛게 보이는 것은 파란색이나 녹색 빛을 흡수하고 빨간색 빛을 반사하기 때문이에요. 반면 레몬은 빨간색부터 녹색까지 반사하기 때문에, 빨간색 빛을 비추면 빨갛게 보이고 녹색 빛을 비추면 녹색으로 보입니다. 단, 딸기도 레몬도 푸른 빛은 반사하지 않기 때문에, 푸른색 빛을 비추면 검게 보입니다.

도미타 딸기 꼭지는 녹색 빛을 비추어도 제대로 녹색으로 보입니다.

와다 광합성을 담당하는 색소인 클로로필은, 녹색 빛을 흡수하기 어려운 성질을 갖고 있기 때문에, 잎은 녹색으로 보입니다. 영장류의 색각이 빨강, 초록, 파랑을 구분할 수 있게 발달한 것은, 녹색의 숲속에서 익은 열매를 쉽게 찾기 위해서라는 이야기도 있습니다. 이것이 맞다면 우리의 색각은 빨강과 녹색을 구별하기 위해 진화했다고 볼 수 있어요.

도미타 저는 생과자에 원색은 별로 사용하지 않지만, 장식용

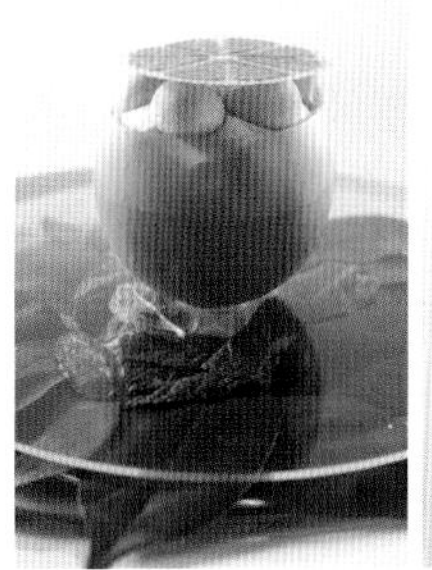

도미타셰프가 2013년에 출전한 세계 제과대회 「쿠프 뒤 몽드 드 라 파티스리」에서 선보인 작품. 왼쪽부터 플레이팅 디저트, 앙트르메 쇼콜라, 앙트르메 글라세. 맛도 겉모습도 오렌지를 표현하였다. ©Le Fotographe

피에스 몽테를 만들 때는 악센트로 빨간색과 녹색을 사용하는 경우가 많습니다. 빨간색과 녹색을 사용하면 색상이 훨씬 잘 살아납니다. 그러고 보니 제과를 배우던 시절, 여러 가지 과일을 넣은 타르트 프뤼이를 만들 때, 빨간색을 넉넉히 사용하라고 배웠습니다. 빨간색 과일이 많으면 왠지 굉장히 맛있어 보이지요.

와다 이유는 1가지가 아니겠지만, 빨간색 = 익은 과일의 색이라고 인식하기 때문에, 눈길을 끄는 것인지도 모르겠어요. 모양에 대해서는 어떤가요?

도미타 쉽게 먹을 수 있어야 하는 것과 맛의 균형이 첫 번째라고 생각하지만, 전통적인 디저트에 대해서는 옛날부터 만들어온 모양을 계속 지켜서 만드는 것도 있고, 구성 요소는 살리면서 새로운 디자인으로 바꾸어 만드는 것도 있습니다. 응용을 더하면, 디저트 매니아들은 「디자인이 특별해서 흥미롭다」라고 생각하지 않을까요.

와다 우리는 안심할 수 있는 친숙한 모양을 선호하는 경향과, 지금까지 없었던 새로운 것에 끌리는 경향을 모두 갖고 있기 때문에, 전통과 새로움을 하나의 디저트로 표현하는 것이 효과적인 방법이라고 생각합니다. 단, 전통 디저트를 응용한 디저트는 나름대로의 지식과 경험이 없다면 알아볼 수 없겠지요.

도미타 경험의 유무는 중요하다고 생각합니다. 일본의 콩쿠르에 출전했을 때는 숨은 맛을 잘 사용하거나, 특별한 재료를 넣어 맛을 증폭시켜서 놀라움을 선사하였습니다. 하지만, 문화, 역사, 프랑스 디저트를 만드는 수준이 다른, 여러 나라의 사람들이 심사위원을 맡는 세계 대회에서는, 세계적인 기준으로 평가받을 수 있는 디저트를 만들어야 합니다. 예를 들어 20개국 이상의 심사위원이 심사하는 「Coupe du Monde de la Pâtisserie」에서는 심사위원이 먹어보지 못한 식재료를 사용해도 높은 평가를 받지 못할 가능성이 있어요. 그래서 제가 출전했을 때 일본팀은 오렌지를 테마로, 겉모습도 오렌지를 상기시키는 디저트를 출품하였습니다. 20개국이 출전하여 이틀에 걸쳐 개최되

그림① 풍미의 시각화에 따른 기본 도형(발췌)

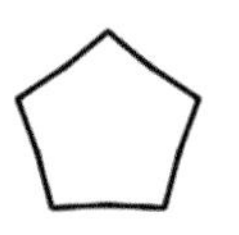

와다교수의 연구그룹은 음식의 맛을 시각적으로 나타내는 것을 목적으로, 음식의 맛을 표현하는 단어와 모양의 관련성을 분석하였다. 밝다⇔어둡다, 가볍다⇔무겁다 등의 반대말을 7단계 척도로 평가하는 시맨틱 디퍼렌셜(SD, Semantic Differential)법 등으로 모양의 인상을 측정하였는데, 그 결과 「달다」는 둥그스름한 모양, 「쓰다」는 각진 모양과 관계가 높은 것으로 밝혀졌다.

* 출전·개편 : 와다 유지 외, 일본관능평가학회지 25권, 제2호, 89-91(2021)

는 대회이기 때문에, 좀 더 기억에 남는 디저트를 만들지 않으면 이길 수 없습니다. 그래서 맛도 디자인도 오렌지로 통일함으로써, 강한 인상을 심어주려고 생각했습니다.

와다 결과는 어땠나요?

도미타 개최국 프랑스에 이어 준우승을 차지했습니다.

와다 훌륭하네요. 오렌지색은 감귤, 빨간색은 베리 등 사람들은 색과 플레이버를 연결하여 기억하고 있어서, 많은 사람이 떠올리는 전형적인 색을 강조하면 더욱 맛있게 느낀다고 합니다. 겉모습에 임팩트가 있는 디자인은 맛과 향 이상으로 기억에 오래 남고, 맛은 물론 디자인도 오렌지로 통일한 점이 상당히 효과적이었던 것 같아요.

도미타 제가 실천하고 있는 것은 모두 경험을 통해 배운 것이지만, 과학적인 설명을 들으면 역시 그렇구나라고 생각하는 경우가 많습니다.

와다 우리 연구팀에서는 맛을 시각적으로 표현하는 방법도 연구하고 있어서, 「달다」, 「쓰다」, 「프루티」 등 음식의 맛을 표현하는 단어에 어울리는 이미지의 도형을 골라서 검증하는 실험을 하고 있습니다. 예를 들어, 초콜릿 맛에 대응하는 도형은 그림①과 같습니다. 밀크 초콜릿과 비터 초콜릿을 실제로 먹고 2개의 도형을 보여준 뒤 「어느 초콜릿과 어울린다고 생각하나요」라고 묻자, 80% 이상의 사람이 달콤함이나 밀키함에 대응하는 모양을 밀크 초콜릿, 쓴맛이나 카카오 느낌에 대응하는 모양을 비터 초콜릿이라고 답했습니다.

도미타 재미있네요. 실제로 장식에 사용하는 초콜릿 등은 날카로운 쪽이 카카오 느낌과 쓴맛을 연상케 하고, 둥글면 달콤해 보입니다. 이러한 도형을 통해 디자인을 생각하면, 풍미가 더 잘 전달될 수도 있겠네요.

와다 지금 이야기한 것은 모양과 풍미를 대응시킨 실험이었고, 우리는 색과 모양에 대해서도 실험을 진행하고 있습니다. 예를 들어, 핑크색은 둥근 모양의 이미지에 가깝습니다.

도미타 앞에서도 말했지만 색은 맛의 이미지에 영향을 줍니다. 특히 초콜릿은 색이 진한 편이 쓸 것 같고, 밝으면 달 것 같다고 느낍니다. 이런 연구 데이터를 보면 맛을 살리는 표현으로서, 디자인이 중요한 요소 중 하나임을 확인할 수 있습니다.

도미타 다음에는 오늘 배운 시각적 효과를 의식하여 케이크를 만들어볼 생각입니다.

단맛과 쓴맛을 모양으로 표현

와다 오늘은 모양과 맛의 관련성에 대해, 실제로 만든 케이크로 검증해 봅시다.

도미타 우선, 색과 모양으로 쓴맛·단맛의 인상이 변하는지를 테마로, 초콜릿 케이크를 4가지 패턴으로 만들어 보았습니다(아래 사진). 모양만 보면 둥근 쪽보다 각진 쪽이 더 쓸 것 같다고, 저는 생각했습니다.

와다 육각형 케이크는 앞에서 이야기한 맛의 시각표현 실험에서, 「카카오」 풍미의 이미지와 비슷한 모양이네요. 위에 장식한 초콜릿도 둥근 모양보다 뾰족한 모양이 더 쓸 것 같은 느낌이 있습니다.

도미타 색에도 농담을 표현했는데, 역시 진한 색이 좀 더 써 보입니다.

와다 육각형에 뾰족한 장식을 올린 케이크와 둥근 모양에 둥근 장식을 올린 케이크가, 쓴맛에 대한 인상에서는 극과 극이네요. 모양과 색의 차이로 인상이 달라지는 것을 알 수 있습니다.

도미타 또 하나, 빨간색 케이크를 모양과 윤기를 다르게 바꿔서 만들었어요(p.161 왼쪽 위 사진). 모양은 네모난 쪽보다 둥근 쪽이 달콤하게 느껴집니다. 그리고 윤기를 내는 나파주를 뿌린

모양과 색의 농담 차이

모양과 색의 농담으로 인상의 차이를 검증하였다. 모양에서는 각진 쪽이 둥근 쪽보다 더 쓰게 느껴지고, 색에서는 어두운 쪽이 밝은 쪽보다 더 「쓴맛」이 느껴졌다.

모양과 질감의 차이

모양과 질감으로 인상의 차이를 검증하였다. 모양은 네모난 쪽보다 둥근 쪽이 더 달콤하게 느껴지고, 질감은 피스톨레하여 매트한 쪽보다 나파주로 윤기를 낸 쪽이 더 프레시하고 촉촉하게 느껴졌다.

망트 프레즈

Menthe Fraise

민트 향이 상쾌한 바바루아와 딸기 콩포트의 조합. 귀여운 딸기 디자인이 눈길을 끈다. 둥그스름한 모양이 부드러운 단맛을, 붉은 나파주의 윤기가 프레시함을 느끼게 한다.

쪽이, 피스톨레하여 매트한 질감을 표현한 쪽보다 더 촉촉하고 신선하게 느껴집니다.

와다 앞에서 이야기한 윤기 있는 딸기가 더 신선해 보인다는 저희 연구결과를, 실제 케이크로 확인할 수 있었습니다.

도미타 이렇게 보면 동그랗고 윤기 있는 케이크가 가장 촉촉하고 달콤하게 느껴집니다. 지금까지 모양을 먼저 생각하고 디저트를 만든 적이 거의 없었지만, 이번에 와다 교수님의 이야기를 들으니 모양이 가진 맛의 이미지를 잘 살리면, 지금 이상으로 디자인을 통해 맛을 전달할 수 있을 것 같습니다.

와다 색, 질감, 모양의 조합 방법에 따라, 디저트의 표현에는 무한한 가능성이 있는 것 같아요.

도미타 다음은 매장에서 제공하는 케이크입니다. 「루비」와 「바르켓 카페」는 모두 초콜릿 케이크이지만, 뾰족하고 색이 짙은 바르켓 카페가 보기에는 더 쓸 것 같습니다. 실제로 바르켓 카페는 초콜릿과 커피의 쓴맛을 잘 살려서, 부드러운 초콜릿 무스 안에 과일 콩포트가 들어 있는 루비보다 쓴맛이 납니다. 또한 딸기를 디자인한 「망트 프레즈」는 윤기를 더해 프레시함을 연출한 예입니다.

와다 다양한 연구를 통해 식감의 이미지를 표현하고 있군요. 디저트 전문가가 실천하는 조형적인 표현 방법과, 「겉모습에서 기대한 풍미나 식감과 먹었을 때 느끼는 풍미가 일치할 경우 그렇지 않은 경우보다 더 맛있게 느껴진다」라는 우리 연구 사이에 공통성이 있다는 것을 알았습니다.

도미타 직감적, 감각적으로 작업하던 일에 과학적 근거가 있다는 것을 알고 나니, 정답을 맞춘 기분입니다(웃음).

「흔들림」 효과

도미타 마지막으로 장인의 기술로 만들어낸 「맛있는 느낌」의 예로, 「타르트 크렘 오랑주」를 준비했습니다. 이런 디저트는 머랭을 짜는 방법이나 굽는 정도 등에서 장인의 기량이나 개성이 나타납니다. 예를 들어 머랭 짜는 방법만 봐도, 균형은 잘 맞아도 기계처럼 일정하지 않고, 수작업으로 만들었을 때만 느낄 수 있는 온기가 있습니다. 정해진 틀에 넣어서 만든 디저트와는 다른, 모양에 의한 「맛있는 느낌」을 받을 수 있어요.

와다 수작업으로 만든 모양을 보고 「맛있을 것 같다」라고 느끼는 것은, 기분 좋은 미묘한 흔들림이 있기 때문일지도 모릅니다. 파도 소리나 촛불처럼 규칙성과 의외성이 적당히 결합된 「1/f 의 흔들림」을 느끼면 사람의 마음이 편안해진다고 합니다.

도미타 확실히 정해진 디자인의 케이크인 경우에도, 토핑의 각도를 조금 틀어서 움직임을 만드는 일 등을 자연스럽게 하고 있습니다.

루비

Rubis

무스 쇼콜라에 새콤달콤한 프랑부아즈와 체리 콩포트를 조합한 디저트. 진한 색조가 진한 초콜릿 풍미를 연상시키는 한편, 둥근 모양과 윤기가 매끄러운 느낌을 준다.

바르켓 카페

Barquette Café

쌉싸름한 커피 가나슈와 진한 아몬드 프랄리네를 조각배 모양의 파이에 채우고, 글라사주 쇼콜라와 커피 크림 샹티이로 마무리했다. 날렵한 모양과 글라사주 쇼콜라의 색이 쓴맛을 연상시킨다.

타르트 크렘 오랑주

Tarte Crème Orange

산뜻하고 상큼한 단맛 속에, 은은하게 쓴맛이 나는 여름귤을 사용한 크림, 콩피, 머랭을 조합. 입체감 있게 머랭을 짜는 방식과 알맞게 구운 색에서, 장인의 손길이 느껴진다.

와다 비대칭의 미학이군요. 어떤 연구에 따르면 일반적으로는 균형 잡힌 대칭 도형을 「아름답다」, 「좋다」라고 생각하는 사람이 많다고 하지만, 일본의 정원처럼 비대칭 디자인만이 가진 아름다움도 분명히 있다고 생각합니다.

도미타 그런 부분이 혼재되어 있으면, 촌스럽지 않게 「맛있겠다」라는 느낌으로 이어질지도 모르겠어요. 한층 더 맛을 느끼기 위해서는, 모양이나 색의 사용법이 중요하다고 다시 한 번 생각했습니다.

와다 아름다움은 케이크의 중요한 요소이고, 꿈을 꾸게 해주는 음식이기 때문에 시각적인 이미지가 중요하다고 생각합니다.

오감을 모두 사용하여 미각을 개발한다

도미타 이야기가 조금 빗나가지만, 저는 1년에 1번 초등학교에서 식생활 교육을 합니다. 그 수업에서는 설탕, 소금, 식초, 초콜릿으로 단맛, 짠맛, 신맛, 쓴맛을 느끼게 한 다음, 타르트를 나눠주고 어떤 맛이 날 것 같은지 물어봅니다. 그때 먼저 겉모습을 보고 달다, 시다, 쓰다, 짜다 중 어떤 맛이라고 생각하는지 손을 들게 하는데, 초콜릿 타르트의 경우에는 매번 「달다」와 「쓰다」가 반반 정도였습니다. 실제로 먹고 나서 물어보면 「쓰다」라고 말하는 아이가 대부분이었습니다. 그래서 지나치게 쓴 것 같아 카카오를 줄였더니, 이번에는 「달다」라는 대답이 압도적으로 많아졌습니다. 색이나 모양에 대해 생각할 기회가 생겨서, 색을 진하게 만들거나 카카오파우더를 뿌리는 등, 겉모습으로 쓴맛을 표현하는 방법도 여러 가지가 있다는 것을 깨달았습니다.

와다 쓴맛을 모양과 색으로 표현하는 디저트라면 아이들도 먹기 편할 것 같아요. 도미타씨의 수업은 프랑스의 양조가이자 미각교육의 1인자 자크 퓌제(Jacques Puisais)의 미각교육 방법을 생각나게 합니다.

도미타 레스토랑에서 요리를 배우던 시절, 프랑스의 미각교육 보급에 힘을 쏟던 셰프의 「미각 수업」에서 어시스턴트를 한 경험이 지금의 수업으로 연결되었다고 생각합니다.

와다 그렇군요. 저는 자크 퓌제의 세미나에 참가한 적이 있는데, 시각을 활용한 수업은 아이들도 이해하기 쉽고 흥미를 유발하기 좋습니다. 이번에 만든 초콜릿 케이크 샘플을 보여주고, 「어느 것이 가장 달콤할까요?」라고 물으면, 역시 둥글고 색이 옅은 케이크가 「달콤할 것 같아요」라고 대답하는 아이가 많을 겁니다.

도미타 식생활 교육에서는 자신이 무엇을 느꼈는지가 중요해서, 「달다」, 「짜다」, 「시다」, 「쓰다」 등, 어떻게 대답해도 틀린 것이 아닙니다. 최종적으로는 이 수업을 통해 맛이란 혀로 느낄 뿐만 아니라, 겉모습, 냄새, 소리 등 여러 가지 요소로 이루어져 있다는 것을 알게 되었으면 합니다.

와다 인간의 시각, 후각, 청각, 미각, 촉각 등의 감각은 결코 독립적으로 작용하는 것이 아니고, 각각의 감각이 영향을 주고받아 「맛」이 됩니다. 특히 시각은 맛이나 식감의 이미지에 큰 영향을 미치기 때문에, 그러한 시각의 작용과 겉모습이 맛을 판단하는 데 영향을 미치는 사례 등을 포함하면, 더욱 재미있는 수업이 될 것 같습니다.

도미타 저는 지금까지 맛에 대해 계속 연구해 왔는데, 「보여주는」 부분에 대해 더 파고들 필요가 있다고 새삼 느꼈습니다. 지금까지 쓴맛을 표현하고 싶을 때는 카카오파우더의 퍼센트를 올리거나, 쓴맛이 강한 재료를 넣는 등 맛의 측면에서 조절하였지만, 색이나 모양으로 맛의 인상을 강하게 만들 수 있다는 것을 알았기 때문에, 앞으로는 디자인을 연구하여 맛을 효과적으로 표현하는 방법도 찾아보려고 합니다.

와다 디저트 전문가로서 도미타씨의 해석력과 표현력은 정말 놀랍습니다. 평소의 연구가 디저트를 통해 실제로 표현되어 효과를 확인할 수 있었던 점이, 연구자로서 매우 기쁩니다.

시각 효과와 겉모습의 표현방법

에그르두스

AIGRE DOUCE

시각은 맛을 상상하게 해주는 중요한 감각이다. 시각적 요소는 한눈에 맛있다는 것을 알 수 있는, 맛으로 이어지는 첫 접촉이며, 그동안의 음식 경험이나 맛의 기억과도 연결된다. 임팩트나 새로움보다는 재료의 질감, 자연스러운 색 조화, 신선함을 느끼는 「시즐감(감각 기관을 활용하여 소비자의 구매 욕구를 자극하는 느낌)」, 무엇보다 맛있을 것 같은 「구르망디즈(Gourmandise, 식도락)」적인 표현을 의식하여, 조형적으로 아름다울 뿐 아니라 선의 부드러움이나 「수작업 느낌」이 있는 겉모습도 추구한다. 또한, 나의 데코레이션의 기본은 좌우 비대칭(Asymmetry)이다. 잘 정리된 모습 속에 계산된 자연스러운 「흐트러짐」이 더해져야, 프랑스 과자로서의 아름다움이 표현된다고 생각한다.

데라이 노리히코

1965년 가나가와현 출생. 〈르 노트르〉 등을 거쳐 프랑스로 건너가, 앙제의 〈르 트리아농〉, 겐트(벨기에)의 「담」, 륄루즈의 〈자크〉 등에서 경험을 쌓았다. 일본으로 돌아와 도쿄 요쓰야의 〈오텔 드 미쿠니〉에서 셰프 파티시에로 일한 뒤, 2004년 도쿄 메지로에서 개업하였다. 를레 데세르(Relais Desserts) 회원.

모양에서 받는 인상을 생각한다

시각적으로 맛있게 느껴지는지를 생각할 때, 모양에서 받는 인상의 차이는 크지 않다. 피스타치오로 만든 파트 아 글라세를 입힌, 각각 다른 모양의 프티 가토(오른쪽 사진)를 보아도, 식욕을 돋운다는 의미에서는 별 차이를 느낄 수 없다. 물론 모양에 따라 콤퍼지션(구성)이 다르면, 맛이나 식감을 느끼는 방식에 영향을 준다. 원기둥, 삼각뿔, 사각형의 경우, 파트를 겹치는 방법이 달라지는 경우가 많기 때문이다. 또한 파트의 비중에 차이가 생기면, 모양이 같아도 인상은 달라진다. 예를 들어 타르트 시트가 매우 두껍다면, 지금까지의 음식 경험과 기억이 더해져 「먹기 힘들겠다」라는 생각이 드는데, 실제로 먹기 힘들고 맛의 균형이 맞지 않는 경우가 많다. 시각에 의한 정보는 대부분 모양보다 색조, 질감, 장식 등에서 얻을 수 있다고 생각한다.

「맛있어 보이는 겉모습」을 생각한다

시각만으로 맛을 판단할 수 있을까? 예를 들어 식품 샘플용 모조품 딸기를 비교했을 때, 정교하게 만든 모조품과 누가 봐도 가짜라는 것을 알 수 있는 모조품의 경우, 정교하게 만든 쪽이 맛있어 보인다. 지금까지의 음식에 대한 기억과 겉모습을 연결시켜 판단하기 때문에, 색이나 윤기 등이 좀 더 진짜에 가까운 것이 맛있어 보이는 것이다. 한편, 진짜와 정교한 가짜를 비교했을 때, 반드시 진짜가 맛있어 보이는 것도 아닌 듯하다. 설령 진짜라도 흰 부분이 많으면 단단하고 달지 않을 것 같고, 오히려 정교한 모조품이 더 맛있어 보인다. 모조품끼리 비교할 때처럼 색과 윤기 등을 통해 맛을 상상하는 것이다. 이러한 시각의 「위험성」을 이해하고, 디저트의 비주얼을 생각하는 것이 중요하다.

오른쪽에서 첫 번째가 장식용 모조품이고, 왼쪽 2개는 식품 샘플용 모조품이다. 오른쪽에서 두 번째가 진짜 미국산 딸기.

진짜 딸기라도 빨간 딸기는 맛있어 보이고, 흰 부분이 많은 딸기는 단단하고 맛없어 보인다.

재료가 주는 느낌의 표현방법을 생각한다

「재료가 주는 느낌」의 시각적 표현도 중요하다. 딸기의 경우 붉은색을 입히면 풍미가 없어도 딸기느낌을 낼 수 있고, 반대로 딸기 풍미라도 새하얗게 만들면 시각적으로는 딸기를 표현할 수 없다. <오텔 드 미쿠니>의 셰프 파티시에 시절, 딸기 바깥쪽의 빨간 부분과 중심의 흰 부분을 각각 다른 파트로 만들어서 조합한 디저트를 만든 적이 있다. 빨간 파트는 딸기라고 예상할 수 있지만, 하얀 파트는 딸기라고 판단하기 어렵다. 먹으면 바로 두 파트가 모두 딸기라는 것을 알 수 있는, 서프라이즈를 선사하는 시각적 연출의 하나였다. 또한, 예를 들어 딸기 퓌레를 사용한 매끄러운 핑크색 무스보다, 딸기 과육이 남아 있는 프리저브를 넣은 핑크색 무스가 딸기의 신선함이나 과일 맛을 느낄 수 있고, 그것들보다도 시즐감이 있는 젤리피에가 딸기의 응축된 풍미를 상상하게 한다. 겉모습만으로 풍미의 인상을 강하게 또는 약하게 만들 수 있는 것이다.

기본 타르트 중 하나인, 딸기가 주인공인 「타르트 오 프레즈」는 딸기의 맛을 맛있게 전달할 수 있도록 겉모습에도 신경을 썼다. 변화가 느껴지도록 딸기를 올리고, 프랑부아즈로 신맛을 보충하면서 딸기의 풍미를 응축시킨 선명한 색깔의 콩피튀르를 듬뿍 발라 색과 윤기를 더했다. 물론 풍미도 강해지지만, 보기에도 딸기 느낌이 강해진다.

위에서부터 시계방향으로, 색소로 붉게 만든 물, 딸기 향료를 넣은 물, 딸기의 흰 부분으로 만든 퓌레, 딸기 퓌레, 과육을 넣은 딸기 퓌레.

위에서부터 시계방향으로, 딸기 향료만 넣은 무스, 딸기 퓌레 무스, 딸기 과육을 넣은 퓌레 무스, 딸기 과육을 넣은 젤리피에로 덮은 무스, 신선한 딸기.

타르트 오 프레즈

Tarte aux Fraises

과일 느낌을 풍부하게 표현하여 딸기 맛을 어필한다

딸기 맛을 최대한 맛있게 느끼는 것을 목표로 만든 디저트이다. 베리 콩피튀르를 타르트 셸에 바르고, 마무리할 때도 듬뿍 발라서 딸기 맛을 강력하게 표현하였다. 윤기와 선명한 색이 과일 느낌과 시즐감을 높여준다. 딸기는 조금 작고 크기가 고른 것을 선택하여, 세로로 2등분한 뒤 표면과 단면이 모두 보이게 올려서, 색에 변화를 주고 입체감도 살렸다.

| 재료 |

파트 쉬크레

〈만들기 쉬운 분량〉
달걀(풀어준다)…85g
소금…4g
버터(차갑게 식힌다)…300g
박력분…430g
아몬드파우더…55g
슈거파우더…160g
바닐라빈 씨…0.25개 분량

베리 콩피튀르

〈만들기 쉬운 분량〉
그래뉴당…470g
펙틴…5.5g
딸기(냉동·홀)*…500g
프랑부아즈(냉동·브로큰)*…125g

* 냉장고에서 해동한다.

크렘 디플로마트

〈지름 12㎝ 원형틀 2개 분량〉
크렘 파티시에르*…120g
키르슈…3g
생크림(유지방 45%)…35g
슈거파우더…3.5g

* 오른쪽 프랑지판의 크렘 파티시에르와 같은 방법으로 만든다.

프랑지판

〈만들기 쉬운 분량〉
달걀(풀어준다)…100g / 그래뉴당…94g
버터(실온에 둔다)…100g
아몬드파우더*1…100g / 박력분*1…17g
크렘 파티시에르*2…80g / 럼주…8.3g

*1 섞어서 체로 친다.
*2 냄비에 우유 500g(만들기 쉬운 분량, 이하 동일)과 바닐라빈 깍지와 씨 0.5개 분량, 그래뉴당 50g을 넣어서 끓인다(A). 달걀노른자 120g과 그래뉴당 100g을 섞고, 커스터드파우더 45g과 A를 넣어서 섞는다. 시누아로 걸러서 다시 A의 냄비에 옮기고, 센불로 가열한다. 급랭한다.

조립·완성

〈지름 12㎝ 원형틀 2개 분량〉
시럽*1…10g / 딸기*2…적당량
살구잼*3…적당량
아몬드 슬라이스 크로캉*4…적당량
슈거파우더…적당량

*1 보메 30도 시럽과 키르슈를 1:1 비율로 섞는다.
*2 꼭지를 따서 세로로 2등분한다.
*3 냄비에 시판 살구잼 500g(만들기 쉬운 분량, 이하 동일)과 살구 퓌레 100g을 넣어 중불로 끓인다. 사용 직전에 다시 가열하는데, 주걱으로 떴을 때 떨어지면서 굳는 상태까지 졸인다.
*4 아몬드 슬라이스 100g(만들기 쉬운 분량, 이하 동일)과 보메 30도 시럽 28g을 버무리고, 슈거파우더 58g을 조금씩 섞는다. 오븐팬에 펼치고 165℃ 오븐에 넣어 8~10분 굽는다.

| 만드는 방법 |

파트 쉬크레

1 볼에 달걀과 소금을 넣고 섞는다.
2 박력분의 일부를 덧가루로 뿌리고, 버터를 밀대로 두드려 부드럽게 만든다.
3 나머지 박력분, 아몬드파우더, 슈거파우더를 섞어서 체로 친 뒤, 믹싱볼에 넣고 바닐라빈 씨를 넣는다.
4 2의 버터를 넣고 믹서에 후크를 끼워서, 중속으로 사블레 상태가 될 때까지 섞는다.
5 4에 1을 넣고 한덩어리가 될 때까지 저속으로 섞는다.
6 OPP 시트 사이에 5를 끼워서 평평하게 만든다. 오븐팬을 올리고, 최소 30분~1시간(가능하면 하룻밤) 정도 냉장고에 넣어둔다.
7 롤러를 이용하여 1.25㎜ 두께로 늘린 뒤, 지름 16㎝ 원형틀로 찍는다.
8 지름 12㎝ × 높이 2㎝ 원형틀에 깐다. 여분의 반죽을 잘라내고 포크로 찔러서 구멍을 낸다. 최소 1시간 정도 냉장고에 넣어둔다.

프랑지판

1 볼에 달걀과 그래뉴당을 넣은 뒤 볼 바닥을 직접 불에 대고, 거품기로 섞으면서 25℃ 정도로 데워 그래뉴당을 녹인다.
2 다른 볼에 버터를 넣고 가루 종류와 1을 3번 정도로 나눠서 번갈아 넣은 뒤, 넣을 때마다 거품기로 매끄럽게 섞는다.
3 크렘 파티시에르와 럼주를 섞어서 2에 넣고 섞는다. 비닐랩을 밀착시켜서 냉장고에 2~3시간 넣어둔다.

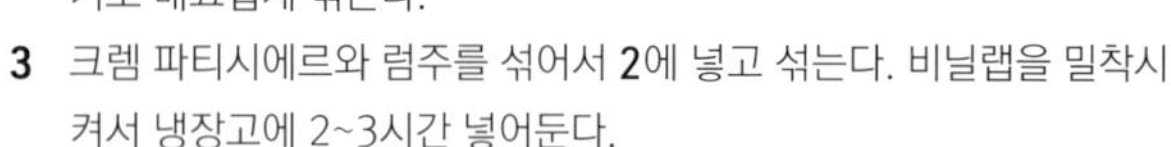

베리 콩피튀르

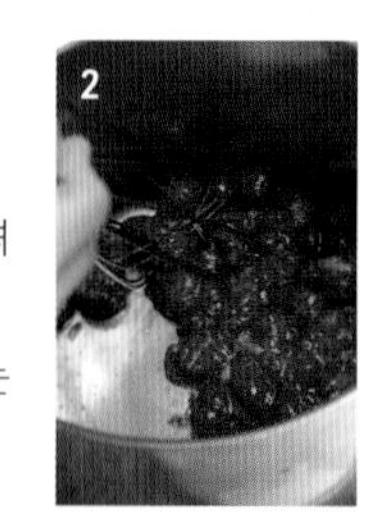

1 볼에 그래뉴당 1줌과 펙틴을 넣고 섞는다.
2 냄비에 딸기와 프랑부아즈를 넣고, 센불에 올려 거품기로 으깨면서 끓인다.
3 남은 그래뉴당을 섞고, 끓으면 1을 넣어 섞는다. 오븐팬에 얇게 펼친 뒤 실온에서 식힌다.

조립

1 지름 13㎜ 둥근 깍지를 끼운 짤주머니에 프랑지판을 넣고, 파트 쉬크레 바닥에 조금 짜서 얇게 편다.
2 베리 콩피튀르를 넣어 얇게 편다.
3 2에 프랑지판을 소용돌이 모양으로 짜서 평평하게 정리한다.
4 윗불 180℃, 아랫불 175℃로 예열한 데크오븐에 넣고, 40분 정도 굽는다. 원형틀을 제거하고 철망에 올려 실온에서 식힌다.

크렘 디플로마트

1 크렘 파티시에르와 키르슈를 섞는다.
2 생크림과 슈거파우더를 섞어서 거품기로 충분히 휘핑한다.
3 1과 2를 섞어서 고무주걱으로 섞는다.

완성

1 〈조립〉의 윗면에 솔로 시럽을 5g씩 바른다.
2 지름 13㎜ 깍지를 끼운 짤주머니에 크렘 디플로마트를 넣고, 가운데에 원뿔 모양으로 65g씩 짠다.
3 딸기를 자연스럽게 올려서 돔 모양으로 만든다.
4 베리 콩피튀르를 흐르지 않을 정도로 데운 뒤, 솔로 3의 딸기에 듬뿍 바른다.
5 파트 쉬크레 옆면에 살구잼을 얇게 바르고 아몬드 슬라이스 크로캉을 붙인 뒤, 그 위에 슈거파우더를 뿌린다.

장식을 생각한다

파우더

콩카세

에필레

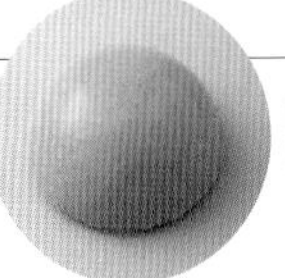

프랄리네

마지팬

아몬드

프랑스 디저트에서 빼놓을 수 없는 재료인 아몬드에는 파우더, 콩카세(다이스), 에필레(슬라이스), 프랄리네, 마지팬 등 다양한 형태와 가공법이 있다. 이것들을 장식에 사용하면 같은 재료라도 다채로운 겉모습으로 응용할 수 있다. 파우더는 폭신하고 부드러운 인상이 되고, 콩카세는 시럽을 묻혀서 카라멜리제하면 고소함이 돋보인다. 에필레는 어느 정도 규칙성을 갖고 붙이면 조화를 이룬 아름다운 모양을 만들 수 있다. 로스팅하면 파삭한 식감도 연상된다. 마지팬은 얇게 펴서 토치로 가볍게 그을리면 표정이 생기고, 프랄리네를 카카오버터와 섞으면 매끄러운 질감도 표현할 수 있다. 1가지 재료로 다양하게 표현하는 방법을 알아두면 장식의 폭도 넓어질 뿐 아니라, 다른 재료를 조합하면 무한대로 응용할 수 있다.

초콜릿

초콜릿도 프랑스 디저트에서 중요한 재료이다. 화이트, 밀크, 다크, 블론드 등 종류에 따라 색감의 차이를 낼 수 있고, 다양하게 가공할 수도 있으며, 겉모습도 자유자재로 변형할 수 있어서, 풍부한 표정을 만들 수 있는 매우 재미있는 재료라고 생각한다. 비스퀴나 푀이타주 같은 반죽에 사용하기도 좋고, 다크한 색감으로 겉모습이 훨씬 단단해 보이고 느낌도 완전히 달라진다. 하지만 시각적인 면에서 초콜릿의 매력이 최대한 발휘되는 것은 장식이다. 글라사주나 피스톨레로 표면을 덮고, 크림이나 가나슈로 만들어서 짜고, 코포(Copeau)나 얇은 판 모양으로 만들어서 올리고, 머랭이나 시트를 장식하는 등, 초콜릿이라는 단 하나의 재료로 응용의 폭이 넓어질 뿐 아니라, 재료가 주는 느낌을 살리면서 디자인성도 높일 수 있다.

위에서부터

글라사주	카카오파우더를 넣은 버터크림	가나슈	카카오파우더
코포 & 피스톨레	크렘 샹티이 쇼콜라	피스톨레	제누아즈 쇼콜라 크럼
파트 아 글라세	카카오닙	플라케트 쇼콜라	므랭그 프랑세즈 쇼콜라

머랭

바삭하게 구운 므랭그 프랑세즈는 가열 정도로 겉모습에 변화를 줄 수 있다. 오른쪽 위의 사진은 왼쪽부터 저온에서 하얗게 말리듯이 구운 것, 살짝 색이 날 때까지 구운 것, 아몬드파우더와 슬라이스, 슈거파우더를 뿌려서 색이 날 때까지 구운 것이다. 모두 「맛있어 보이는 겉모습」이지만, 약간의 차이로 인상이 크게 달라진다. 타르트 셸에 레몬크림을 채우고 므랭그 이탈리엔느를 짜는 프랑스 디저트 「타르트 오 시트롱」에서, 므랭그 이탈리엔느를 짜고 가스 토치로 그을린 것과 슈거파우더를 뿌리고 오븐에서 살짝 구운 것을 비교(오른쪽 아래 사진)하였다. 가스 토치로 그을린 것은 색의 대비가 보기 좋지만 끈적하고 무거운 단맛과 식감이 상상되며, 오븐에 구운 것은 부풀어 오르고 전체적으로 구운 색이 살짝 생겨서 고소한 향과 바삭한 식감을 상상하게 한다. 여기서는 오븐에 구운 것이 더 맛있을 것 같은 모습이고, 실제로도 가볍고 맛있다고 생각하는 사람이 많다. 맛을 추구하면 자연스럽게 맛있어 보이는 모습으로 완성되는 경우가 많다. 맛 표현을 위해 작은 부분까지 신경을 쓰면, 정통 디저트라도 다른 느낌으로 완성되어, 맛과 겉모습에 개성을 더할 수 있다.

하얗게 말리듯이 굽는다
은은하게 색이 나도록 굽는다
슈거파우더 등을 뿌려서 굽는다

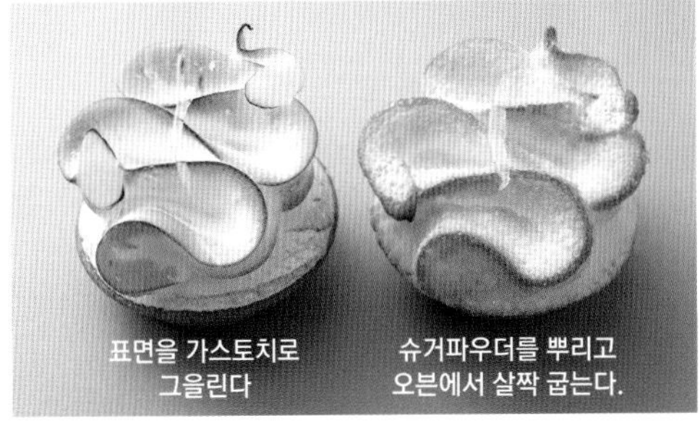

표면을 가스토치로 그을린다
슈거파우더를 뿌리고 오븐에서 살짝 굽는다.

카카우

CACAU

파리 세베이유

Paris S'éveille

예술성을 높여 아름다움과 맛을 양립

머랭으로 하얀색과 입체감을 강조

가네코 셰프가 상상하는 화이트 카카오 꽃을 표현하였다. 끝이 뾰족한 프렌치 머랭 꽃잎을 살짝 띄워서 올려 입체감을 살리고, 큰 꽃 모양으로 완성. 슈거파우더를 뿌려 하얀색이 돋보이고, 머랭 꽃잎 밑에 생긴 그림자와 대비를 이루어 신비로운 분위기를 연출한다.

카카오 원두로 테마를 명확하게

친한 셰프에게 받은 모캄보(*Theobroma bicolor*)라는 화이트 카카오 원두가 발상의 시작이다. 「공룡알을 연상시키는 신기한 모양에 끌렸습니다」라는 것이 가네코 셰프의 설명이다. 화이트 카카오 원두를 장식하여 테마를 시각적으로 전달하고, 독특한 풍미와 식감으로 새로움과 놀라움을 선사한다.

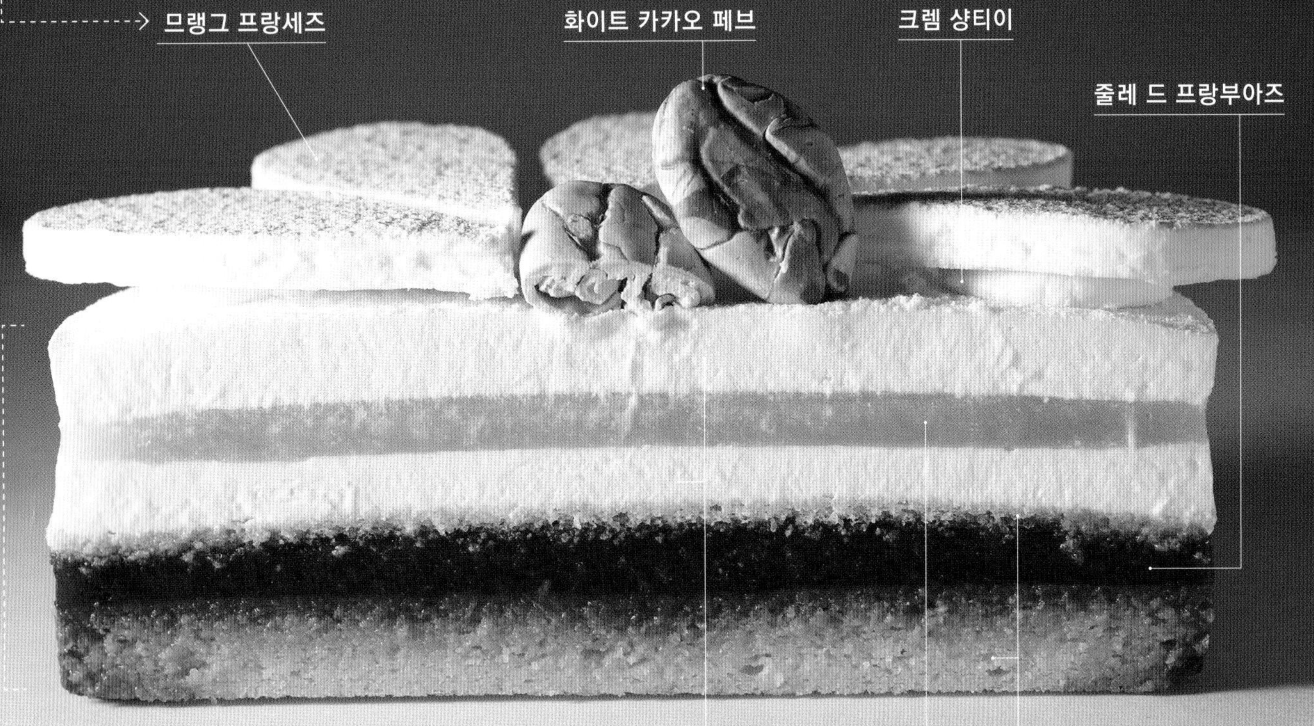

직선으로 보여주는 아름다운 층

위에서 내려다본 흰색과는 대조적으로, 옆면은 흰색과 빨간색의 대비를 강조하였다. 각각의 층은 냉동해서 평평하게 완성한다.
카카오 펄프의 리치 같은 화려한 풍미에 맞게 선택한 프랑부아즈는, 인상이 자나치게 강해지지 않도록 두께를 계산하여 조립하였다.

디자이너 경력도 있는 가네코 요시아키 셰프가 목표로 하는 것은, 변하지 않는 시대를 초월한 아름다움이다. 다만 아름다움은 이상적인 맛의 연장선에 있다. 「디자인도 맛에 영향을 줍니다. 과도한 장식은 맛에 방해가 되기도 해요. 쓸데없는 것은 빼고, 하나하나 의미가 있는 디저트를 만들고 싶습니다」라고 설명한다. 음영에 의한 입체감과 선의 아름다움이 돋보이는 앙트르메는, 화이트 카카오 페브(콩)에서 아이디어를 얻어 상상의 세계에서 피어난 신비로운 카카오 꽃을 이미지화하였다. 새하얀 꽃잎은 프렌치 머랭으로 끝을 뾰족하게 만들었다. 「투명감과 윤기가 있는 설탕 장식도 아름답지만, 맛과 식감의 조화를 생각하면, 바삭한 식감과 사르르 녹는 느낌, 부드러운 단맛의 머랭이 이상적입니다」라고 가네코 셰프는 말한다. 살짝 띄워서 장식한 꽃잎의 그림자 뉘앙스와 직선을 잘 살린 층도 디저트의 인상을 돋보이게 해준다. 맛과 이미지를 연결시켜 하얀 카카오 펄프 퓌레를 중심으로 사용하고, 카카오 펄프의 리치 같은 프루티한 맛에 트로피컬한 풍미를 조합하였다. 여기에 프랑부아즈의 과일 맛과 진하고 선명한 붉은색을 더하여, 임팩트 있는 맛과 겉모습의 대비를 완성하였다.

| **재 료** | 지름 16㎝, 2개 분량

비스퀴 조콩드

〈지름 16㎝ × 높이 2㎝ 원형틀 & 지름15㎝ 원형틀 각 2개 분량〉

달걀 … 130g
트리몰린 … 8g
아몬드파우더*1 … 97g
슈거파우더(100% 그래뉴당)*1 … 78g
박력분*1 … 27g
달걀흰자(차갑게 식힌다) … 85g
그래뉴당 … 14g
버터*2 … 19g

*1 섞어서 체로 친다.
*2 녹여서 60℃ 정도로 조절한다.

줄레 드 카카우

카카오 펄프 퓌레(Fruta Fruta「냉동 펄프 카카오」)*1 … 280g
그래뉴당 … 20g / 레몬즙 … 16g
판젤라틴*2 … 6g

*1 실온에 둔다. *2 찬물에 불린다.

시로 아 앵비베 프랑부아즈

시럽* … 180g / 프랑부아즈 퓌레 … 190g
그레나딘 시럽 … 27g

※모든 재료를 섞는다.

* 냄비에 물 1000g과 그래뉴당 1200g을 넣고 끓여서, 그래뉴당을 녹인다. 식혀서 사용한다.

므랭그 프랑세즈

〈길이 약 7.8㎝ × 폭 약 3.8㎝ 꽃잎 모양 8개가 있는 샤블롱틀 2개 분량〉

달걀흰자(차갑게 식힌다) … 100g / 그래뉴당 … 100g
슈거파우더(100% 그래뉴당)* … 100g

* 체로 친다.

시로 아 앵비베 진

시럽* … 20g / 진 … 10g

※ 모든 재료를 섞는다.

* 냄비에 물 1000g과 그래뉴당 1200g을 넣고 끓여서, 그래뉴당을 녹인다. 식혀서 사용한다.

줄레 드 프랑부아즈

프랑부아즈 퓌레*1 … 280g
그래뉴당 … 30g
레몬즙 … 16g
판젤라틴*2 … 6g

*1 실온에 둔다. *2 찬물에 불린다.

가나슈 몽테 오 콕텔

화이트 초콜릿(Valrhona「이부아르」) … 144g
생크림(유지방 35%) … 530g
판젤라틴*1 … 4g
칵테일 퓌레(Boiron「콕텔 카라이브 오 럼」)*2 … 120g
파인애플 퓌레 … 40g / 라임즙 … 50g

*1 찬물에 불린다.
*2 파인애플, 코코넛, 라임, 럼주로 만든 퓌레.

조립·완성

화이트 초콜릿(Valrhona「이부아르」) … 적당량
카카오버터 … 적당량
쉬크르 데코르*1 … 적당량
크렘 샹티이*2 … 적당량
화이트 카카오 페브 … 적당량

*1 슈거파우더(100% 그래뉴당) 150g과 시판되는 장식용 슈거파우더 350g을 섞어서 체로 친 것.
*2 생크림(유지방 35%) 100g에 슈거파우더 6g을 넣어, 거품기로 충분히 휘핑한다.

| **만 드 는 방 법** |

비스퀴 조콩드

1 볼에 달걀을 넣어서 풀고 트리몰린을 넣은 뒤, 중탕으로 40℃ 정도까지 데운다. 믹싱볼에 옮긴다.
2 아몬드파우더, 슈거파우더, 박력분을 넣고, 믹서에 비터를 끼워서 저속으로 섞는다. 대충 섞이면 고속으로 바꿔서 걸쭉한 상태가 될 때까지 섞는다.
3 중속→저속으로 속도를 줄여 결을 정리한 뒤 볼에 옮긴다.
4 믹싱볼에 달걀흰자를 넣고 믹서에 휘퍼를 끼운 뒤, 그래뉴당을 넣으면서 고속으로 휘핑한다. 휘퍼로 떴을 때 뿔이 생기면 OK.
* 설탕 배합이 적기 때문에, 폭신한 질감으로 뿔이 겨우 서는 정도가 된다.
5 **3**에 **4**를 5~6번에 나눠서 넣고, 넣을 때마다 고무주걱으로 섞는다.
6 **5**에 60℃ 정도의 녹인 버터를 넣으면서, 고르고 윤기가 날 때까지 고무주걱으로 빠르게 섞는다.
7 60㎝ × 40㎝ 오븐팬에 실리콘 매트를 깔고, 지름 16㎝ × 높이 2㎝ 원형틀을 올린다. 그 안에 **6**을 150g씩 붓고, 스크레이퍼로 가운데 부분이 살짝 들어가게 모양을 정리한다.
* 평평하면 굽는 도중에 넘친다.
8 180℃ 컨벡션오븐에 넣고 8분 구운 뒤, 오븐팬의 방향을 돌려서 3분 정도 더 굽는다. 실온에서 식힌다.
9 실리콘 매트에 57㎝ × 37㎝ × 높이 5㎜ 샤블롱틀을 놓고, 나머지 **7**을 부은 뒤 팔레트 나이프로 평평하게 정리한다.
10 실리콘 매트째 오븐팬에 올리고, 200℃ 컨벡션오븐에 넣어서 5분 동안 굽는다. 오븐팬의 방향을 돌려서 3분 더 굽는다. 실리콘 매트째 철망에 올려 실온에서 식힌다.
11 실리콘 매트를 떼어내고 지름 15㎝ 원형틀로 찍어낸다

8

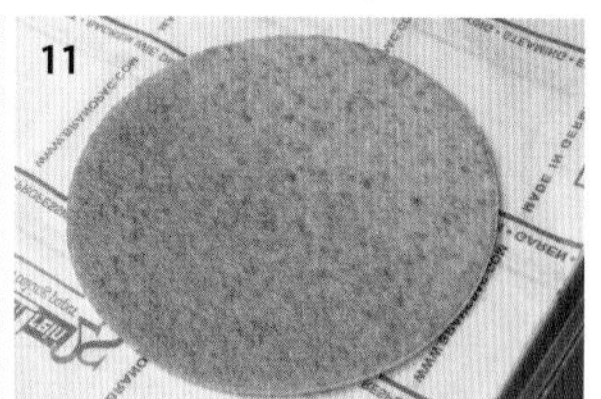
11

줄레 드 카카우

1 볼에 카카오 펄프 퓌레, 그래뉴당, 레몬즙을 넣어 고무주걱으로 섞는다.
2 내열용기에 판젤라틴을 넣고 전자레인지로 가열하여 녹인다.
3 2에 1의 1/5을 조금씩 넣으면서 고무주걱으로 섞는다. 다시 1의 볼에 옮겨서 섞는다.
4 지름 16cm × 높이 2cm의 원형틀 바닥에 비닐랩을 팽팽하게 깔고 옆면을 고무줄로 고정하여 오븐팬에 올린다.
5 3을 1/2씩 붓고 급랭한다.

조립1

1 원형틀에 부어서 구운 비스퀴 조콩드를 틀에서 떼어내고, 지름 15cm 원형틀을 올려 바깥쪽 옆면을 따라 작은 빵칼을 넣어서 자른다. 구운 면에서 몇 밀리미터 정도 아래에 작은 빵칼을 수평으로 넣어 구운 면을 잘라낸다. 트레이에 올린다.
2 시로 아 앵비베 프랑부아즈를 솔로 100g씩 바른다
* 시럽의 농도가 높기 때문에 비스퀴에 잘 스며들지 않는다. 솔로 살짝 두드리거나 트레이째 작업대에 살짝 내리치면서, 천천히 꼼꼼하게 작업하여 시럽이 최대한 잘 스며들게 한다.
3 OPP 필름을 붙인 오븐팬에 지름 15cm×높이 5cm 원형틀을 놓고 2를 넣는다.
* 시럽이 듬뿍 스며든 비스퀴는 부서지기 쉽다. 폭이 넓은 삼각 스패출러 등을 사용하여 조심스럽게 다룬다.
4 작은 L자 팔레트 나이프로 표면을 문질러서, 비스퀴 조콩드 표면에 시로 아 앵비베 프랑부아즈가 잘 스며들게 하고, 비스퀴를 평평하게 정리한다.
* 층을 이루는 파트는 평평하게 만들어야, 잘랐을 때 단면이 보기 좋다.
5 원형틀 안쪽 옆면에 묻은 여분의 시로 아 앵비베 프랑부아즈를 키친타월 등으로 닦아낸다. 급랭한다.
* 옆면도 보기 좋게 만들기 위해, 원형틀 안쪽 옆면에 시럽, 줄레, 가나슈 등이 묻어 있으면 키친타월로 깨끗이 닦아낸다.

므랭그 프랑세즈

1 믹싱볼에 달걀흰자를 넣고 그래뉴당의 1/3을 넣은 뒤, 믹서에 휘퍼를 끼워서 고속으로 휘핑한다. 결이 고와지고 휘퍼 자국이 보일 정도가 되면, 나머지 그래뉴당의 1/2을 넣고 계속 휘핑한다.
2 윤기가 나고 볼륨이 생기면 나머지 그래뉴당을 넣고 휘핑한다. 충분히 휘핑되기 직전에 멈춘다.
* 일반 머랭보다 그래뉴당을 조금 일찍 넣으면, 좀 더 곱고 윤기 있는 머랭이 된다.
3 슈거파우더를 넣고 고속으로 살짝 섞는다.
4 날가루가 없어지고 조금 걸쭉해질 때까지, 고무주걱으로 바닥에서부터 퍼올리듯이 섞는다.
5 오븐시트를 깐 오븐팬에 길이 7.8cm × 폭 3.8cm 정도의 꽃잎 모양 8개가 있는 샤블롱틀을 올린다. 지름 8mm 둥근 깍지를 끼운 짤주머니에 4를 넣고 샤블롱틀에 짠다.
* 꽃잎 모양 틀의 옆면을 따라 짠 뒤, 가운데는 일직선으로 짜서 빈틈이 없게 만든다.
6 L자 팔레트 나이프로 윗면을 깎아서 여분의 므랭그 프랑세즈를 제거한다.

7 틀과 므랭그 프랑세즈 사이에 물에 적신 대나무 꼬치를 넣고 틀을 따라 움직여서 틈을 만든다.
8 틀을 천천히 위로 들어 올려 분리한다. 슈거파우더(100% 그래뉴당)를 살짝 뿌린다.
9 윗불, 아랫불 모두 100℃로 예열한 데크오븐의 불을 끄고 8을 넣는다. 그대로 하룻밤 넣어 두고 남은 열로 말리듯이 굽는다. 건조제와 함께 밀폐용기에 넣어 보관한다.
* 끝부분이 깨지기 쉬우므로 조심스럽게 다룬다.

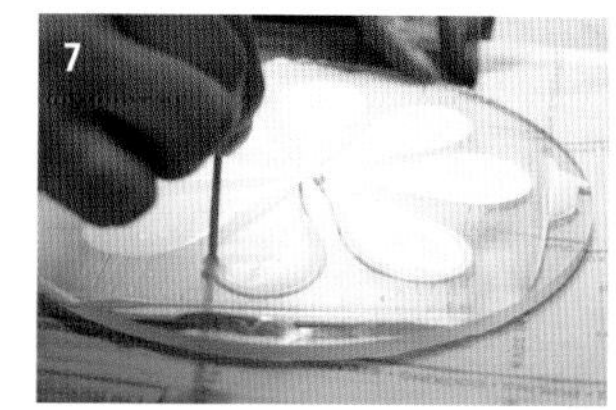

줄레 드 프랑부아즈

1 볼에 프랑부아즈 퓌레를 넣고, 그래뉴당과 레몬즙을 순서대로 넣어 고무주걱으로 섞는다.
2 내열용기에 판젤라틴을 넣고 전자레인지로 가열하여 녹인다.
3 2에 1의 1/5을 조금씩 넣으면서 고무주걱으로 섞는다. 1의 볼에 다시 옮겨서 섞는다.
4 볼 바닥에 얼음물을 받치고 저으면서 15℃ 정도로 조절한다.

조립2

1 〈조립1〉의 비스퀴 조콩드 위에 줄레 드 프랑부아즈를 150g씩 붓는다. 스푼 뒷면으로 살짝 두드려서 평평하게 정리하여 급랭한다.
* 줄레 드 프랑부아즈는 농도가 높기 때문에, 그대로 구우면 가운데 부분이 부풀어 오른다.
2 1의 줄레 드 프랑부아즈가 굳기 시작하면, 지름 15㎝ 원형틀로 찍어낸 비스퀴 조콩드의 구운 면이 아래로 가도록 겹쳐서 올린다. 평평한 원반형틀 등으로 눌러서 밀착시킨다.
3 2의 윗면에 솔로 시로 아 앵비베 진을 15g씩 바른다. 급랭한다.

가나슈 몽테 오 콕텔

1 볼에 화이트 초콜릿을 넣고 중탕으로 1/3 정도 녹인다.
* 화이트 초콜릿을 완전히 녹이면 잘 굳지 않는다. 여기서는 완전히 녹이지 않아도 OK.
2 냄비에 생크림을 넣고 거품기로 저으면서, 70℃까지 가열한다. 판젤라틴을 넣고 섞어서 녹인다.
3 1에 2를 72g(1의 1/2) 정도 넣고, 거품기로 가운데에서부터 천천히 범위를 넓혀가며 고르게 섞는다. 높이가 있는 용기에 옮긴다.
4 스틱 믹서로 섞어서 유화시킨다.
5 4에 2를 72g 정도 넣고 스틱 믹서로 섞어서, 윤기 있고 매끄러운 상태가 될 때까지 유화시킨다.
6 볼에 옮기고 나머지 2를 1/3씩 넣으면서, 넣을 때마다 거품기로 잘 섞는다.
* 3~5의 화이트 초콜릿에 넣는, 젤라틴을 녹인 생크림의 역할은 제대로 유화시키는 것이다. 6에서 넣는 젤라틴을 녹인 생크림의 역할은, 다음날 거품이 충분히 나게 하는 것이다. 6은 섞여 있으면 되므로, 스틱 믹서로 유화시키지 않는다.
7 내열용기에 칵테일 퓌레, 파인애플 퓌레, 라임즙을 넣고 섞은 뒤, 전자레인지로 가열하여 40℃로 조절한다.
8 6에 7을 넣으면서 거품기로 섞는다. 비닐랩을 씌워서 밀착시킨 뒤, 냉장고에 하룻밤 넣어둔다.
* 퓌레에 산이 함유되어 있어 요구르트처럼 살짝 걸쭉해진다.

조립3·완성

1 내열용기에 화이트 초콜릿과 초콜릿의 10% 분량에 해당되는 카카오버터를 넣고, 전자레인지로 가열한 뒤 고무주걱으로 섞어서 녹인다.

2 므랭그 프랑세즈의 한쪽 면에 솔로 **1**을 얇게 바르고, 바른 면이 위로 오도록 오븐시트를 깐 오븐팬 위에 올린다. 바로 건조제를 올리고 뚜껑을 덮어 보관한다.

* 눅눅해지지 않도록 카카오버터를 넣은 화이트 초콜릿을 바르지만, 습기로 인해 부드러워진 부분에도 나름의 맛이 있으므로, 습기방지 코팅은 한쪽 면만 한다.

3 믹싱볼에 가나슈 몽테 오 콕텔을 넣고, 믹서에 휘퍼를 끼워서 고속으로 휘핑한다. 살짝 거품이 나고 걸쭉해지면 믹서를 멈춘 뒤, 휘퍼를 손으로 잡고 전체를 섞는다. 다시 믹서에 휘퍼를 끼우고 고속으로 휘핑한다.

* 휘퍼가 닿은 부분과 그렇지 않은 부분을 마지막에 섞어서 고르게 만드는 것보다, 중간에 전체를 섞으면 더 고르게 섞이고 매끄러운 식감이 된다.

4 지름 12㎜ 둥근 깍지를 끼운 짤주머니에 **3**을 넣고, 〈조립2〉의 비스퀴 조콩드에 가장자리부터 중심을 향해 소용돌이 모양으로 100g씩 짠다.

5 작은 L자 팔레트 나이프로 평평하게 정리한다. 원형틀 안쪽 옆면에 묻은 가나슈 몽테 오 콕텔을 깔끔하게 닦아낸다.

* 가나슈 몽테는 크림이나 무스에 비해 단단하기 때문에, 줄레 드 카카우를 올리고 위에서 눌러도 깔끔하게 평평해지지 않을 수 있다. 짠 자국이 남아서 틈이 생기기도 쉬우므로, 팔레트 나이프로 충분히 평평하게 정리한다.

6 줄레 드 카카우를 원형틀째 작업판 위에 올리고, 그대로 두어서 온도를 조금 올린다. **5**를 원형틀째 뒤집어 씌운다.

7 손으로 **5**를 위에서 꾹 눌러 줄레 드 카카우를 분리하고 뒤집는다. 줄레 드 카카우의 원형틀을 제거한다.

* 줄레 드 카카우를 올려둔 판째로 뒤집으면 쉽게 작업할 수 있다.
* **5**의 원형틀에 줄레 드 카카우를 붓는 방법으로는 깔끔하게 평평해지지 않기 때문에, 줄레 드 카카우는 따로 작업한다. **5**와 같은 크기의 원형틀로 작업하면 같은 크기라고 해도 빈틈없이 딱 겹쳐지지 않는 경우가 있으므로, **5**의 원형틀보다 조금 큰 원형틀로 작업해서 **5**의 원형틀로 찍으면서 겹친다. 이 시점에서 줄레 드 카카우와 가나슈 몽테 오 콕텔은 아직 밀착되어 있지 않다.

8 원형틀 가장자리에 묻은 여분의 줄레 드 카카우를 팔레트 나이프 등으로 제거한다.

9 줄레 드 카카우를 프티 나이프로 찔러서 구멍을 낸다.

10 비닐랩을 느슨하게 씌우고 평평한 원반형틀 등으로 위에서 눌러 줄레 드 카카우를 천천히 아래로 떨어뜨려, 가나슈 몽테 오 콕텔에 붙인다. 작은 L자 팔레트 나이프로 표면을 정리하고, 원형틀 안쪽 옆면에 묻은 줄레를 깔끔하게 닦아낸다.

11 **4**의 나머지 가나슈 몽테 오 콕텔을 틀 높이까지 가득 짜서, L자 팔레트 나이프로 평평하게 정리한다. 급랭한다.

12 **11**의 원형틀 바깥쪽 옆면을 토치로 살짝 데워서 틀을 분리한 뒤 오븐팬에 올린다.

13 **2**의 므랭그 프랑세즈를 꺼내고 울퉁불퉁한 옆면을 작은 빵칼로 깎아서 다듬는다.

14 **13**을 카카오버터를 넣은 화이트 초콜릿을 바른 면이 아래로 가도록 종이 위에 올리고, 쉬크르 데코르를 뿌린다.

15 **12**의 윗면에 쉬크르 데코르를 빈틈없이 뿌린다.

16 테두리에서 2㎝ 정도 안쪽의 윗면 한 군데를 프티 나이프로 파낸다. 지름 8㎜ 둥근 깍지를 끼운 짤주머니에 크렘 샹티이를 넣고, 파낸 부분에 조금 짠다.

17 크렘 샹티이 위에 **14**의 뾰족한 부분이 가운데로 오도록 올리고, 살짝 눌러서 붙인다. 모두 9장을 고르게 올려서 큰 꽃 모양을 만든다.

18 가운데에 화이트 카카오 페브를 3개 올린다.

패션프루트

Passion Fruit

임페리얼 호텔, 도쿄, 가르강튀아

IMPERIAL HOTEL, TOKYO, GARGANTUA

진짜 패션프루트로 착각할 만큼 똑같이 만들어 놀라움을 준다. 모양도 색도 실물과 비교해서 조절하는 등 철저하게 리얼리티를 추구했다. 붉은색이 섞인 갈색의 초콜릿 껍질을 가르면 크리미한 가나슈 파시옹이 보이고, 로즈메리, 올리브오일, 화이트발사믹 비네거의 향이 상쾌하게 퍼지는 패션프루트 & 망고 쥘레가 걸쭉하게 흘러나온다. 「틀에 박힌 생각에 얽매이지 않고, 때로는 요리의 테크닉도 구사하여 완성도를 높입니다. 시각도 중요한 요소입니다」라는 것이 도쿄 요리장 스기모토 유의 설명이다. 스기모토의 발상으로 개발을 시작하였고, 페이스트리 셰프인 사이토 유키 등이 함께 작업한다.

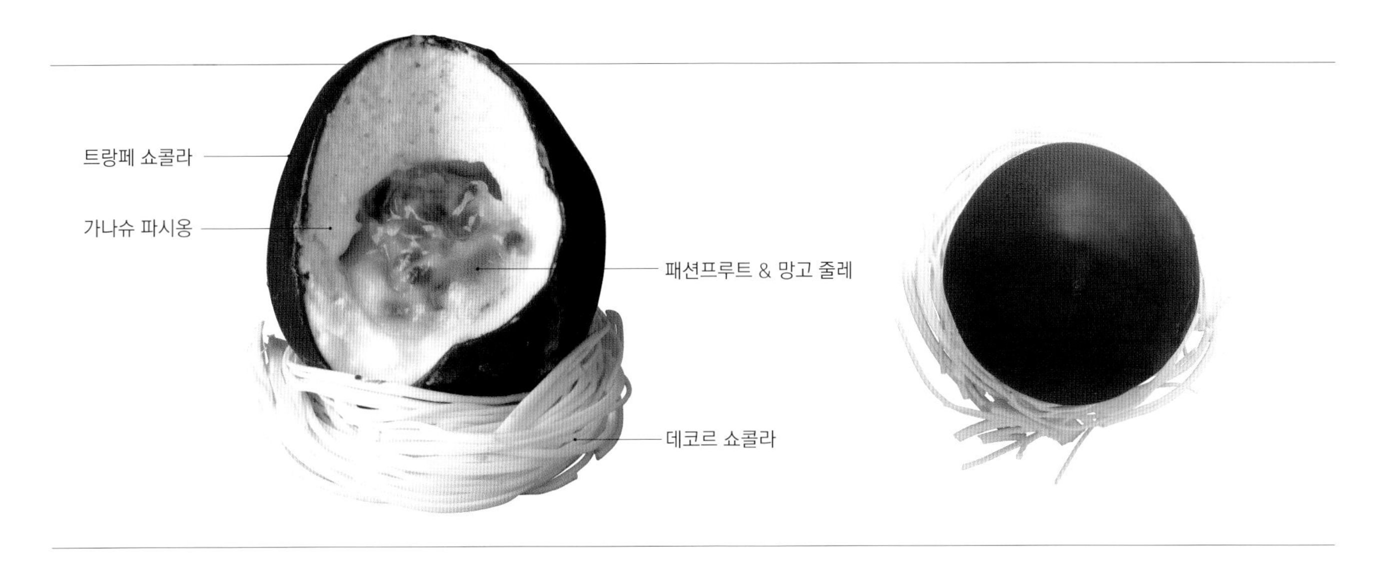

| 재료 |

가나슈 파시옹

〈50개 분량〉
생크림(유지방 35%)…769g
패션프루트 퓌레…769g
화이트 초콜릿(카카오파우더 34%)…215g
젤라틴가루*…3g
물*…15g
E.V.올리브오일…7.6g

* 젤라틴가루에 물을 섞어서 불린다.

패션프루트 & 망고 줄레

〈50개 분량〉
망고과육*1…256g(과육만)
패션프루트즙*2…224g
E.V.올리브오일…45g
로즈메리…1~2줄기
레몬즙…112g
물…208g
그래뉴당*3…184g
펙틴LM-SN*3…3.2g
아가(SOSA「아가아가」)*2…10g
화이트발사믹 비네거…25g
패션프루트 씨와 과육*2…291g

*1 듬성듬성 썬다.
*2 패션프루트를 2등분해서 과육을 꺼내 체에 걸러 즙, 씨와 과육으로 나눈다. 오키나와산 사용.
*3 섞는다.

데코르 쇼콜라

〈만들기 쉬운 분량〉
화이트 초콜릿(카카오 34%)*…적당량

* 템퍼링한다.

트랑페 쇼콜라

〈만들기 쉬운 분량〉
다크 초콜릿(카카오 56%)…50g
화이트 초콜릿(카카오 35%)…75g
카카오버터…125g
색소를 넣은 카카오버터(레드)…20g
색소를 넣은 카카오버터(블루)…6g

※ 패션프루트는 시기나 산지에 따라 색깔이 다르다. 배합은 위의 분량을 기준으로 하고, 실제 패션프루트와 비교하면서 색감을 조절한다.

| 만드는 방법 |

가나슈 파시옹

1 냄비에 생크림을 넣고 고무주걱으로 저으면서 끓인다.

2 다른 냄비에 패션프루트 퓌레를 넣고 불에 올려 끓인다. 볼에 옮긴다.

3 깊이가 있는 용기에 화이트 초콜릿, 물에 불린 젤라틴가루, E.V.올리브오일과 **1**을 넣고, 스틱 믹서로 섞어서 유화시킨다.

* 일반적인 가나슈에는 버터를 넣는 경우가 많은데, 여기서는 넣지 않는다. 버터는 식감을 좋게 하지만, 버터 특유의 풍미가 전체의 맛에 영향을 주기 때문이다. 그래서 버터 대신 올리브오일을 사용하여 매끄러운 질감을 표현한다. 줄레에도 올리브오일을 사용하기 때문에, 줄레의 향과도 잘 어울린다.

4 **2**에 **3**을 넣고 잠시 그대로 두어 화이트 초콜릿이 어느 정도 섞이게 한다.

5 스틱 믹서로 섞어서 유화시킨다.
6 비닐랩을 씌워서 밀착시키고, 볼 바닥에 얼음물을 받쳐서 한 김 식힌다. 냉장고에 하룻밤 넣어둔다.

패션프루트 & 망고 줄레

1 듬성듬성 썬 망고 과육과 패션프루트즙을 믹싱볼에 넣고, 걸쭉한 퓌레가 될 때까지 간다.
* 패션프루트만으로는 신맛이 지나치게 강하므로, 망고를 넣어 단맛을 보충한다.

2 냄비에 E.V.올리브오일과 로즈메리를 넣고 불에 올려, 거품기로 로즈메리가 잠기도록 누르면서 가열하여 향을 낸다.
* 올리브오일과 로즈메리는 조미료 역할을 한다. 상큼한 향에 복잡한 맛을 더해준다. 풍미가 강하지 않은 올리브오일은 깊은 맛을 적당히 보충해준다.

3 2에 1을 넣고 전체가 잘 어우러질 때까지 고무주걱으로 섞는다.
4 레몬즙을 넣고 저으면서 끓인다.
* 패션프루트와 레몬의 신맛이 강하기 때문에, 끓여서 산성분을 날린다. 산성분을 어느 정도 제거하지 않으면, 나중에 아가를 섞어서 굳힐 때 골고루 섞이지 않는다.

5 4를 블렌더에 넣고 로즈메리를 분쇄한다.
6 5를 시누아로 걸러서 냄비에 옮긴다.
* 걸쭉하기 때문에 고무주걱으로 누르면서 거른다.

7 6에 물을 붓고 불에 올려 거품기로 저으면서 끓인다.
8 미리 섞어둔 그래뉴당, 펙틴, 아가를 넣고 거품기로 저으면서 끓인다.
* 큰 거품이 올라오기 시작하면 불을 끈다.

9 화이트발사믹 비네거를 넣고 섞는다.
* 깔끔한 단맛과 부드러운 맛이 특징인 화이트발사믹 비네거로 신맛에 깊이를 더한다. 색이 밝기 때문에, 망고와 패션프루트의 색감을 방해하지 않는다.

10 9를 볼에 옮기고 비닐랩을 씌워서 밀착시킨다. 볼 바닥에 얼음물을 받치고 한 김 식힌 뒤, 냉장고에 넣고 차갑게 식혀서 굳힌다.
11 로보 쿠프(푸드프로세서)에 10을 넣고 갈아서 걸쭉하고 부드러운 퓌레 상태로 만든다.
12 볼에 패션프루트 씨와 과육을 넣고 11을 넣어 고무주걱으로 섞는다.
13 짤주머니에 12를 담고 끝부분을 가위로 자른 뒤, 지름 4cm 정도의 구형 실리콘틀에 짠다. 냉장고에 넣고 차갑게 식혀서 굳힌다.

조립

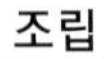

1 믹싱볼에 가나슈 파시옹을 넣고, 믹서에 휘퍼를 끼워서 저속으로 거품을 낸다.
* 휘퍼 자국이 남을 때까지 거품을 낸다.

2 짤주머니에 1을 넣고 끝부분을 가위로 자른 뒤, 지름 6cm 반구형 실리콘틀에 2/3 높이까지 짠다.
3 작은 팔레트 나이프로 틀 가장자리 방향으로 가나슈 파시옹을 펴서 움푹하게 만든다.
4 패션프루트 & 망고 줄레를 틀에서 떼어, 3의 가운데에 올린다. 손가락으로 살짝 눌러서 줄레의 1/2 정도가 가나슈 파시옹 속에 잠기게 한다.
5 작은 팔레트 나이프로 패션프루트 & 망고 줄레 주위의 가나슈 파시옹을 줄레 쪽으로 펴서 틈새를 메운다. 급랭한다.

6 짤주머니에 나머지 1을 넣고 끝부분을 가위로 자른 뒤, 지름 6㎝ 반구형 실리콘틀에 2/3 높이까지 짠다.
7 5를 틀에서 떼어내 뒤집어서 6에 씌운다. 손으로 눌러서 단단히 붙인다.
8 붙인 부분에서 흘러넘친 가나슈 파시옹을 작은 팔레트 나이프로 제거한다. 급랭한다.
9 8에 6의 나머지 가나슈 파시옹을 적당량 짠 뒤, 작은 팔레트 나이프로 모양을 정리한다. 급랭한다.
* 조금 넉넉하게 가나슈 파시옹을 짜면, 나중에 모양을 잡을 때 조절하기 쉽다.
10 9를 틀에서 떼어내 필러를 사용하여 표면을 조금씩 깎아 모양을 정리한다.
* 실제 패션프루트와 비교하면서 깎는다. 손으로 적당히 문질러서 모양을 정리한다.
11 표면을 손으로 문질러서 체온으로 표면을 살짝 녹여, 10에서 깎아낸 자국을 지운다.

데코르 쇼콜라

1 코르네에 템퍼링한 화이트 초콜릿을 넣고 끝부분을 가위로 자른다. 냉동고에서 충분히 차갑게 식힌 대리석 작업대 위에, 재빨리 가늘고 길게 짠다.
2 1이 충분히 굳기 전에 스크레이퍼를 사용하여 둥글게 만든다.
* 새 둥지 모양으로 만든다.

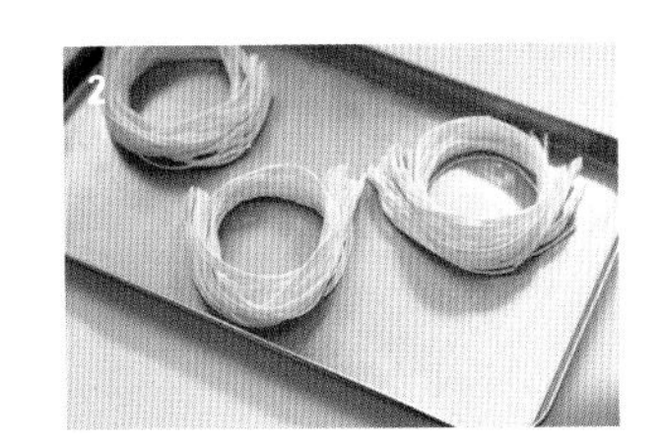

트랑페 쇼콜라

1 볼에 모든 재료를 넣고 중탕으로 녹인다.
* 색소 가루는 실제 패션프루트 색깔에 맞춰서 조절하여 넣는다.
2 깊이가 있는 용기에 1을 옮기고, 가능한 한 기포가 들어가지 않도록 스틱 믹서로 섞어서 유화시킨다.
3 고운체로 걸러서 38℃ 정도로 조절한다.

완성

1 앞에서 조립한 패션프루트의 표면을 다시 손으로 문질러서 표면을 매끄럽게 만든다.
* 여기서 손으로 문지르는 것은 모양을 정리하기 위해서가 아니라, 표면을 매끄럽게 만들기 위해서이다. 표면이 매끄럽지 않으면 트랑페 쇼콜라를 코팅할 때 기포가 들어가서 깔끔하게 완성되지 않는다.
2 바닥이 될 부분에 꼬치를 꽂는다.
3 38℃ 정도로 조절한 트랑페 쇼콜라에 전체를 담근다.
4 천천히 건진다.
* 건지는 속도가 일정해야 한다. 중간에 빨라지거나 느려지거나 하면 균일한 두께로 코팅되지 않는다.
5 트랑페 쇼콜라가 굳으면 꼬치를 제거한다.
6 데코르 쇼콜라 가운데에 크렘 푸에테(분량 외)를 짜고, 꼬치를 꽂았던 쪽이 아래로 가게 올린다.

카푸치노 누아

Cappuccino Noix

컨펙트 콘셉트

CONFECT-CONCEPT

필리핀산 흑당, 마스코바도 설탕을 우유에 넣으면 커피우유처럼 맛이 변한다는 점에 착안하여 만든 디저트. 기본 구성은 그대로 두고 디자인만 3번 바꾸었다. 화이트 초콜릿 글라사주와 샹티이로 장식한 막대 모양과 원통 모양에서, 커피 향 머랭을 카푸치노 거품처럼 만든 디자인으로 변신. 그에 따라 단맛과 우유 맛을 줄이고 커피 무스의 양을 늘리는 등, 각 파트의 비율을 조절하여 커피의 풍미를 살렸다. 스푼 모양 초콜릿 장식과 커피 원두도 맛을 상상하게 해주는 요소다. 「표현하고자 하는 풍미를 위해, 구성뿐 아니라 모양과 장식에도 신경쓰고 있습니다」라고 엔도 아쓰시 셰프는 말한다.

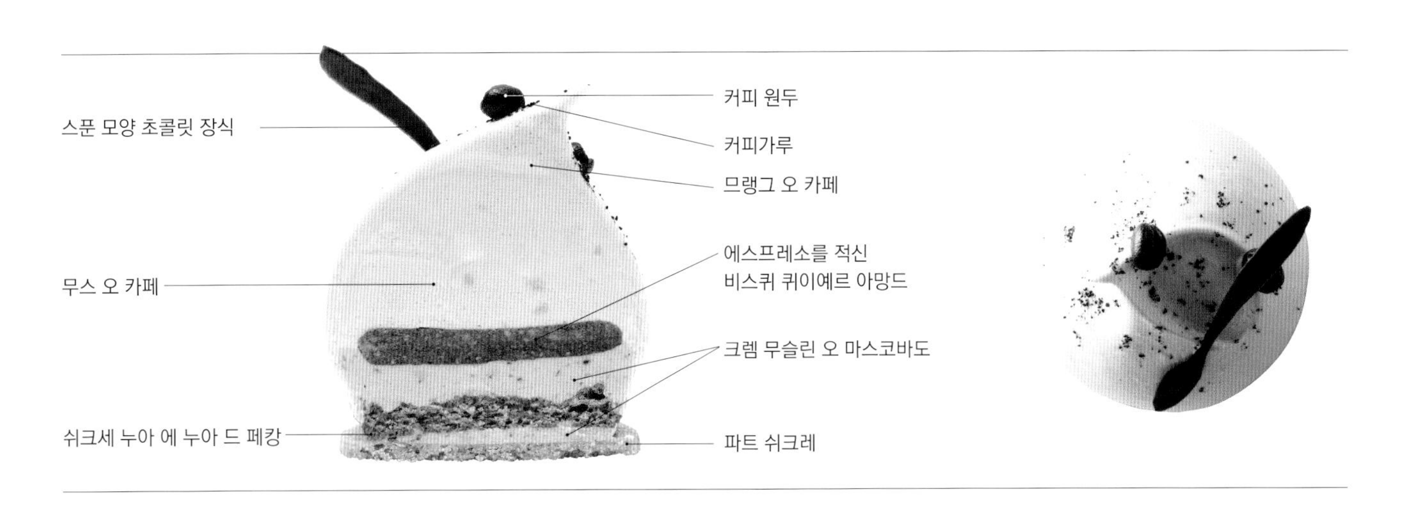

| 재 료 |

파트 쉬크레

〈만들기 쉬운 분량〉
버터*1 … 450g / 소금 … 2.5g
슈거파우더 … 287.5g
바닐라 페이스트 … 6.25g / 달걀 … 143.75g
박력분(Nippn「몬트레」)*2 … 562.5g
준강력분(Minoteries Viron「라 트라디숑 프랑세즈」)*2 … 187.5g
아몬드파우더*3 … 100g
에스프레소용 원두(가루)*4 … 9g

*1 포마드 상태로 만든다. *2 섞어서 체로 친다. *3 체로 친다. *4 탄자니아산 피베리 원두를 미디엄 로스팅한 것을 사용한다.

비스퀴 퀴이예르 아망드

〈60㎝ × 40㎝ 오븐팬 1개 분량〉
달걀흰자 … 210g / 그래뉴당 … 96.6g
가당 달걀노른자(가당 20%) … 192g
준강력분(닛신 제분「리스도르」)* … 43.2g
아몬드파우더(시칠리아산)* … 72g

* 각각 체로 쳐서 섞는다.

탕 푸르 탕 누아 에 누아 드 페캉

〈만들기 쉬운 분량〉
호두(껍질째) … 500g / 피칸(껍질째) … 500g
마스코바도 설탕 … 1000g

쉬크세 누아 에 누아 드 페캉

〈약 150개 분량〉
준강력분(닛신 제분「리스도르」)*1 … 20g
아몬드파우더*1 … 88g / 슈거파우더A*1 … 88g
에스프레소용 커피원두(가루)*2 … 3g
탕 푸르 탕 누아 에 누아 드 페캉 … 176g
달걀흰자 … 210g / 그래뉴당*3 … 70g
건조 달걀흰자*3 … 3g / 슈거파우더B … 적당량

*1 각각 체로 친다. *2 탄자니아산 피베리 원두를 미디엄 로스팅한 것을 사용한다. *3 골고루 섞는다.

크렘 무슬린 오 마스코바도

〈약 60개 분량〉
크렘 파티시에르*1(아래 재료로 만든 것) … 345g
　우유 … 550g
　바닐라 페이스트 … 0.4g
　가당 달걀노른자(가당 20%) … 180g
　그래뉴당 … 117g
　트레할로스 … 10g
　버터*2 … 27g
　박력분*3 … 40g
　옥수수전분*3 … 16g
크렘 앙글레즈
　우유 … 84g
　마스코바도 … 36g
　가당 달걀노른자(가당 20%) … 81g
이탈리안 머랭
　물 … 35g
　그래뉴당 … 105g
　달걀흰자 … 52g
버터*4 … 375g
탕 푸르 탕 누아 에 누아 드 페캉 … 140g

*1 실온에 둔다.
*2 녹여서 체온(35~37℃) 정도로 조절한다.
*3 섞어서 체로 친다
*4 포마드 상태로 만든다.

무스 오 카페

〈약 15개 분량〉
에스프레소용 커피 원두*1 … 24g
우유 … 24g
생크림(유지방 35%) … 240g
판젤라틴*2 … 4.4g / 에스프레소*1 … 30g
화이트 초콜릿(Chocolaterie de l'Opéra「콘체르토」)*3 … 50g
파트 아 봉브
　물 … 16g
　그래뉴당 … 37g
　가당 달걀노른자(가당 20%) … 46.4g
　달걀 … 16.2g

*1 탄자니아산 피베리 원두를 미디엄 로스팅한 것을 사용.
*2 찬물에 불린다. *3 녹여서 40℃로 조절한다.

므랭그 오 카페

〈50~60개 분량〉
에스프레소 … 72g / 판젤라틴* … 3.6g
럼주(Dillon「트레 비외 럼 V.S.O.P」) … 5g
이탈리안 머랭
　물 … 70g
　그래뉴당 … 200g
　달걀흰자 … 140g

* 찬물에 불린다.

조립·완성

〈1개 분량〉
에스프레소*1 … 적당량
에스프레소용 원두(홀·가루)*1 … 적당량
스푼 모양 초콜릿 장식*2 … 1개

*1 탄자니아산 피베리 원두를 미디엄 로스팅한 것을 사용.
*2 OPP 필름을 깐 작업판에 길이 5㎝ 정도의 스푼 모양으로 오려낸, 1㎜ 두께의 투명 필름을 올린다. 템퍼링한 다크 초콜릿(카카오 65%)을 붓고, L자 팔레트 나이프로 평평하게 펴준다. 굳기 시작하면 투명 필름을 제거하고, 냉장고에 넣어 차갑게 식혀서 굳힌다.

| 만드는 방법 |

파트 쉬크레

1 믹싱볼에 버터, 소금, 슈거파우더, 바닐라 페이스트를 넣고, 믹서에 비터를 끼워서 저속~중속으로 덩어리가 없어질 때까지 섞는다.
2 달걀을 한 번에 넣고 전체가 매끄러워질 때까지 섞는다.
3 저속으로 바꾸고, 섞어서 체로 친 박력분과 준강력분, 체로 친 아몬드파우더, 에스프레소용 원두를 섞어서 한 번에 넣고, 날가루가 없어질 때까지 섞는다.
4 한덩어리로 뭉쳐서 비닐랩으로 감싼 뒤, 두께 3㎝ 정도의 정사각형으로 정리한다. 냉장고에 하룻밤 넣어둔다.

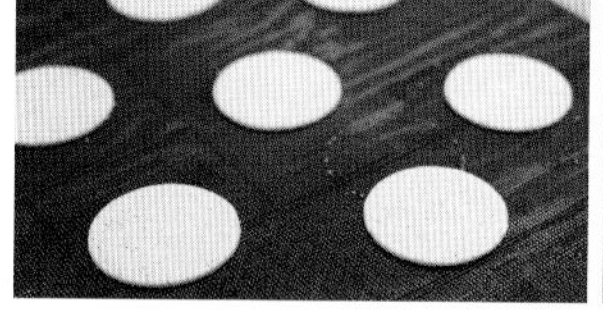

5 덧가루(강력분, 분량 외)를 뿌린 뒤 롤러를 이용하여 2㎜ 두께로 늘린다.
6 지름 5㎝ 원형틀로 찍는다. 오븐시트를 깔고 실리콘 매트를 겹쳐둔 오븐팬에 가지런히 올려서, 135℃ 컨벡션오븐에 넣고, 댐퍼를 연 상태로 18분 정도 굽는다. 실온에서 한 김 식힌다.
* 실리콘 매트 밑에 오븐시트를 까는 것은, 오븐팬과 실리콘 매트가 기름으로 더러워지는 것을 막기 위해서이다. 청소가 쉬워진다.

비스퀴 퀴이예르 아망드

1 믹싱볼에 달걀흰자를 넣고 믹서에 휘퍼를 끼워서 중속으로 풀어준다.
2 고속으로 바꾸고 그래뉴당을 3번에 나눠서 넣은 뒤, 휘퍼로 떴을 때 뿔이 뾰족하게 서는 상태까지 휘핑한다.
3 볼에 가당 달걀노른자를 넣고 **2**를 넣어 고무주걱으로 섞는다.
4 준강력분과 아몬드파우더를 넣고 자르듯이 섞는다.
5 오븐시트를 깐 60㎝ × 40㎝ 오븐팬에 붓고, L자 팔레트 나이프로 평평하게 편다. 170℃ 컨벡션오븐에 넣고, 댐퍼를 반쯤 연 상태로 14분 정도 굽는다. 중간에 오븐팬 방향을 돌린다. 실온에서 식힌다.

조립1

1 비스퀴 퀴이예르 아망드를 지름 5㎝ 원형틀로 찍어서, OPP 필름을 깐 트레이에 구운 면이 아래로 가도록 가지런히 올린다.
2 볼에 에스프레소를 넣고 **1**의 구운 면이 아래로 가게 넣는다. 비스퀴에 에스프레소가 흡수될 때까지 그대로 두고, 비스퀴 전체가 물들면 손으로 건진다.
* 시럽이 아닌 무설탕 에스프레소에 담그는 것은 단맛을 억제하기 위해서이다. 설탕을 넣으면 에스프레소의 향과 깔끔한 맛이 약해져서, 전체적으로 달콤한 인상이 된다.
* 비스퀴 속까지 에스프레소가 확실히 스며들게 한다. 비스퀴에 흰 부분이 남아 있으면 딱딱해져서 먹을 때 포크에 걸린다.

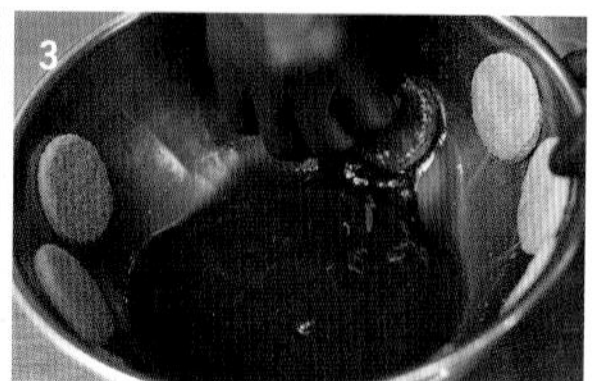

3 볼 옆면에 구운 면이 앞으로 오게 붙여서, 여분의 에스프레소가 자연스럽게 아래로 떨어지게 한다. OPP 필름을 깐 트레이에 구운 면이 위로 오게 놓는다. 에스프레소는 1장당 8g 정도 스며든다.

탕 푸르 탕 누아 에 누아 드 페캉

1 호두와 피칸을 135℃ 컨벡션오븐에 넣고 30분 정도 굽는다. 그대로 실온에서 식힌다.
* 껍질이 있으면 타서 쓴맛이 나기 쉬우므로, 낮은 온도에서 굽는다.
2 푸드프로세서에 **1**과 마스코바도 설탕을 넣고 갈아서 가루 상태로 만든다. 알갱이가 조금 남아 있어도 OK.

쉬크세 누아 에 누아 드 페캉

1 볼에 준강력분, 아몬드파우더, 슈거파우더A, 에스프레소용 커피 원두, 탕 푸르 탕 누아 에 누아 드 페캉을 넣고 거품기로 섞는다.
* 아몬드파우더를 넣는 이유는 호두와 피칸으로 만든 탕 푸르 탕만으로 만들면, 유지성분이 많아져 머랭의 기포가 꺼지기 때문이다. 반죽 상태를 안정시키기 위해, 일부를 아몬드 파우더로 대체한다.
2 **1**을 체로 친다. 체에 남은 탕 푸르 탕 알갱이는 따로 보관한다.
3 믹싱볼에 달걀흰자를 넣고, 믹서에 휘퍼를 끼워서 중속으로 휘핑한다. 하얗고 폭신해지면 그래뉴당과 건조 달걀흰자를 넣고 고속으로 바꾼 뒤, 휘퍼로 떴을 때 뿔이 뾰족하게 서는 상태까지 섞는다.

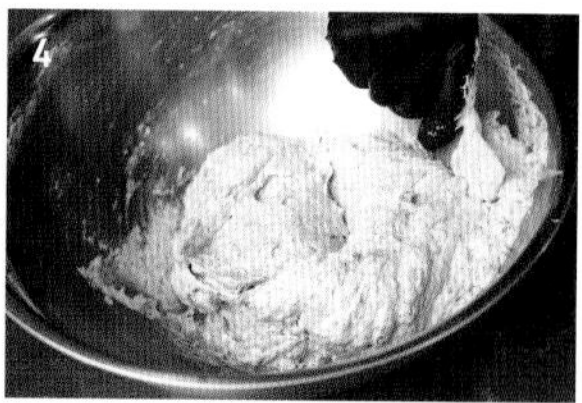

4 **3**을 볼에 옮기고 체로 친 **2**를 한 번에 넣어서 고무주걱으로 섞는다. 스크레이퍼로 바꿔서 윤기가 날 때까지 섞는다.
* 골고루 섞지 않으면 풀어져서 짜기 어려우므로, 충분히 섞는다.

5 지름 8㎜ 둥근 깍지를 끼운 짤주머니에 **4**를 넣은 뒤, 오븐시트에 지름 5㎝ 원을 그려서 오븐팬 위에 깔고, 원을 따라 가운데부터 소용돌이 모양으로 짠다.
6 **2**에서 체에 남은 탕 푸르 탕의 알갱이를 뿌린다.
7 차거름망을 대고 전체에 슈거파우더B를 뿌린다.
8 슈거파우더가 녹으면 170℃ 컨벡션오븐에 넣어 10분 굽고, 140℃로 5분, 100℃로 10분 더 굽는다. 그대로 실온에서 식힌다.

크렘 무슬린 오 마스코바도

1 크렘 파티시에르를 만든다. 냄비에 우유와 바닐라 페이스트를 넣고 약불로 끓인다.
2 볼에 가당 달걀노른자, 그래뉴당, 트레할로스를 넣고 하얗게 변할 때까지 거품기로 섞는다.
3 녹여서 체온 정도로 조절한 버터를 넣고 섞는다.
* 가루 종류보다 녹인 버터를 먼저 넣으면, 버터의 유지성분이 노른자의 레시틴과 결합하여 단단해지고 입안에서 매끄럽게 잘 녹는다. 또한 식어도 버터 알갱이가 생기지 않는다.
4 박력분과 옥수수전분을 넣고 날가루가 없어질 때까지 섞는다.
5 **4**에 **1**을 넣고 섞는다. 다시 **1**의 냄비에 넣고 센불에 올려 거품기로 계속 저으면서 가열한다. 끓어서 걸쭉해지다가, 다시 풀어지면서 윤기가 나면(브레이크 다운) 불을 끈다.
6 비닐랩 위에 부어 얇게 편 뒤, 위에도 비닐랩을 덮어 밀착시킨다. 한 김 식으면 급랭한다.
7 크렘 앙글레즈를 만든다. 냄비에 우유와 마스코바도 설탕을 넣고 중불에 올려, 고무주걱으로 저으면서 가열한다.
8 마스코바도가 녹으면 가당 달걀노른자를 넣고, 타지 않도록 냄비 바닥을 긁듯이 섞으면서 82℃까지 가열한다.
* 크렘 앙글레즈는 보통 볼에 달걀과 설탕을 넣고 섞은 뒤 데운 우유를 넣고 섞어서 냄비에 옮겨 가열하지만, 양이 적을 경우 효율성을 고려하여 냄비에 직접 가당 노른자를 넣는다.
9 볼에 옮기고 가끔씩 저으면서 40℃까지 식힌다.
* 양이 많고 시간이 없을 때는 볼 바닥에 얼음물을 받친다.
10 **7**의 작업과 동시에 이탈리안 머랭을 만든다. 냄비에 물과 그래뉴당을 넣고 센불에 올려서 118℃까지 가열한다.
11 **10**이 끓기 시작하면 믹싱볼에 달걀흰자를 넣고, 믹서에 휘퍼를 끼워서 중고속으로 휘핑한다. 하얗고 폭신해지면 **10**을 믹싱볼 안쪽의 옆면을 따라 조금씩 넣는다.
12 고속으로 바꿔서 윤기가 나고 휘퍼로 뜨면 뿔이 뾰족하게 설 때까지 섞는다.
13 중속으로 바꿔서 30℃까지 섞는다.
* 한 김 식고 기포가 진정되는 온도까지 식힌다.
14 볼에 버터를 넣고 40℃로 조절한 **9**를 한 번에 넣어 섞는다.
* 버터를 녹아내리기 직전의 매우 부드러운 포마드 상태로 만들면, 입안에서 사르르 녹는 크렘 무슬린이 된다. 또한 버터는 거품을 내지 않도록 주의한다. 공기가 들어가면 식어서 굳었을 때 기포에 의해 입안의 온도가 잘 전달되지 않아 잘 녹지 않는다. 크렘 앙글레즈와 섞었을 때 27~28℃가 되는 것이 가장 좋다.
15 볼에 크렘 파티시에르를 넣고 중탕으로 가열하면서, 고무주걱으로 저어서 26~27℃로 조절한다.
16 **14**에 **13**의 이탈리안 머랭을 넣고 고무주걱으로 대충 섞는다.
17 **16**에 **15**의 크렘 파티시에르를 넣고, 가능한 한 기포가 꺼지지 않도록 섞는다. 윤기가 나면 OK.
* 버터를 섞은 크렘 앙글레즈는 27~28℃, 이탈리안 머랭은 30℃, 크렘 파티시에르는 26~27℃가, 고르게 섞이는 온도이다. 온도를 맞추면 사르르 녹는 식감을 만들 수 있다.
18 **17**에 탕 푸르 탕 누아 에 누아 드 페캉을 한 번에 넣고 거품기로 골고루 섞는다.

조립2

1 지름 6㎝ × 깊이 1.7㎝ 실리콘틀 바닥에 쉬크레 누아 에 누아 드 페캉을 구운 면이 위로 오게 넣는다.
2 크렘 무슬린 오 마스코바도를 짤주머니에 넣고 끝부분을 잘라서, **1**에 가장자리부터 가운데를 향해 소용돌이 모양으로 18g씩 짠다. 이때 짤주머니 입구로 크림을 평평하게 정리하면서 짠다.
3 스크레이퍼의 둥근 부분을 이용하여, 가장자리를 향해 크림을 부드럽게 밀어 올린다.
4 에스프레소가 스며든 비스퀴 퀴이예르 아망드의 구운 면이 아래로 가게 올린다. 급랭한다.

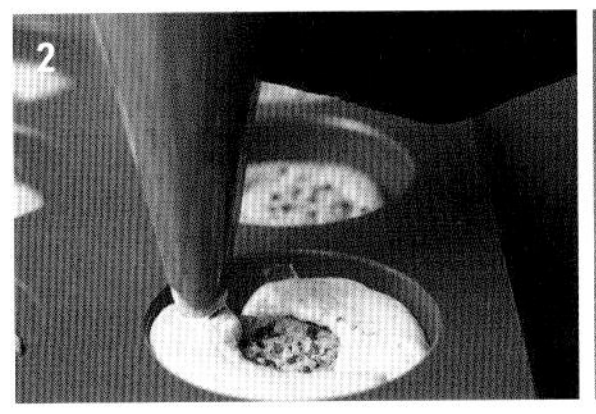

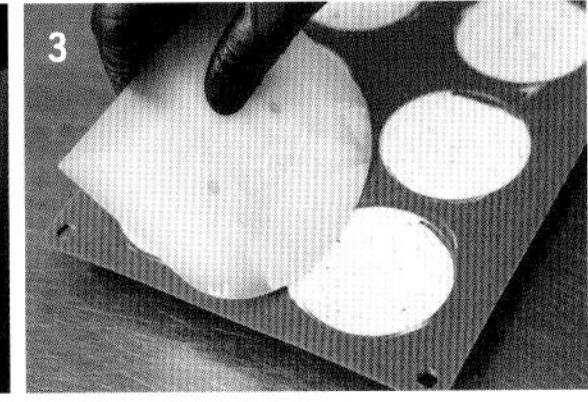

5 파트 쉬크레를 트레이에 가지런히 올리고, 크렘 무슬린 오 마스코바도를 접착용으로 조금씩 짠다.
6 **4**를 틀에서 떼어 비스퀴 퀴이예르 아망드가 위로 오도록 **5** 위에 올리고, 살짝 눌러서 붙인다. 냉동고에 넣고 속까지 차갑게 식혀서 굳힌다.

무스 오 카페

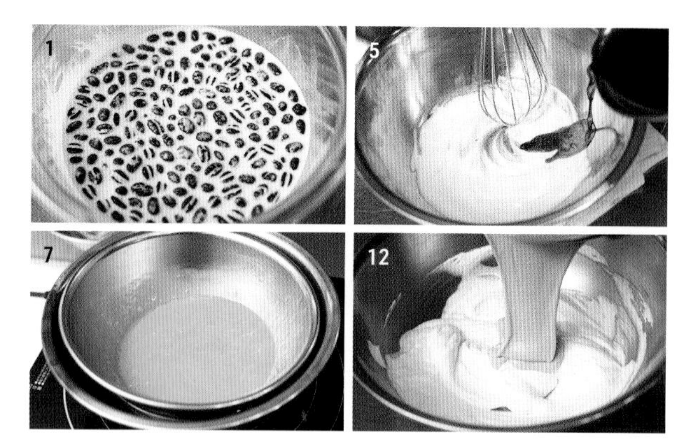

1 에스프레소용 원두를 140℃ 컨벡션오븐에 넣고 10분 동안 굽는다. 구워지면 뜨거울 때 우유에 담가, 5분 정도 그대로 두고 한 김 식힌다. 생크림을 넣고 비닐랩을 씌워서 밀착시킨 뒤 냉장고에 하룻밤 넣어둔다.
* 원두를 로스팅하여 향을 살리고, 뜨거울 때 소량의 우유에 담가 진정시킨 뒤 생크림에 넣으면, 우유의 수분을 일정량 흡수하기 때문에 생크림의 수분량이나 유지방 함유율이 크게 달라지지 않는다. 또한 원두의 색소나 잡미를 최대한 제외하고 풍미를 추출할 수 있다.

2 믹싱볼에 1을 시누아로 걸러서 담는다.
* 시누아에 남은 원두는 고무주걱으로 꾹꾹 눌러준다.

3 믹서에 휘퍼를 끼우고 중고속으로 80% 휘핑한다. 볼에 옮겨서 사용 전까지 냉장고에 넣고 식힌다.
* 생크림 일부를 우유로 대체하여 만든 크렘 푸에테는, 유지방이 적어서 산뜻하고 촉촉하다.

4 볼에 판젤라틴과 에스프레소를 넣고 중탕으로 녹여서 40℃로 조절한다.

5 40℃ 화이트 초콜릿에 4를 4~5번에 나눠서 넣고, 넣을 때마다 거품기로 골고루 섞는다.
* 굳지 않도록 사용할 때까지 가끔씩 저어준다.
* 화이트 초콜릿으로 밀키함과 보형성을 더한다. 보형성이 좋아지기 때문에, 젤라틴의 양을 줄여서 입안에서 부드럽게 녹는다.

6 파트 아 봉브를 만든다. 냄비에 물과 그래뉴당을 넣고 센불에 올려 118℃까지 끓인다.

7 볼에 가당 노른자와 달걀을 넣고 거품기로 푼 뒤, 중탕으로 35℃까지 데운다.
* 따뜻하면 거품이 잘 난다.

8 믹싱볼에 7을 옮기고 믹서에 휘퍼를 끼워서 중속으로 섞는다. 하얗게 변하면 6을 볼 안쪽의 옆면을 따라서 넣는다. 고속으로 바꿔서 하얗게 변하고, 휘퍼 자국이 남으며, 폭신해질 때까지 섞는다. 중속으로 바꿔서 35℃까지 섞는다.

9 차갑게 식힌 3의 크렘 푸에테를 거품기로 섞어서 다시 80% 휘핑한다. 이때 온도는 13℃. 큰 볼에 옮긴다.

10 5를 중탕으로 가열하면서 섞어서 30℃로 조절한다.

11 10에 35℃로 조절한 8 파트 아 봉브의 1/2을 넣고 거품기로 충분히 섞는다.

12 9에 나머지 파트 아 봉브를 넣고 고무주걱으로 대충 섞는다. 11을 넣고 고무주걱으로 바닥에서부터 퍼올리듯이 섞는다.
* 젤라틴을 넣은 화이트 초콜릿과 차가운 크렘 푸에테를 섞으면, 크렘 푸에테의 분량이 더 많기 때문에 젤라틴이 갑자기 굳어서 덩어리가 생긴다. 그래서 파트 아 봉브와 젤라틴을 넣은 화이트 초콜릿을 각각 1/2씩 섞은 뒤 양쪽을 섞는다. 양쪽의 질감도 같아져서 잘 섞인다.

조립3

1 지름 8㎜ 둥근 깍지를 끼운 짤주머니에 무스 오 카페를 넣고, 지름 6㎝ × 깊이 6.5㎝ 돔형틀에 28g씩 짠다.

2 1에 〈조립2〉를 파트 쉬크레가 위로 오게 올리고 살짝 눌러서 붙인다. 냉동고에 넣고 차갑게 식혀서 굳힌다.

므랭그 오 카페

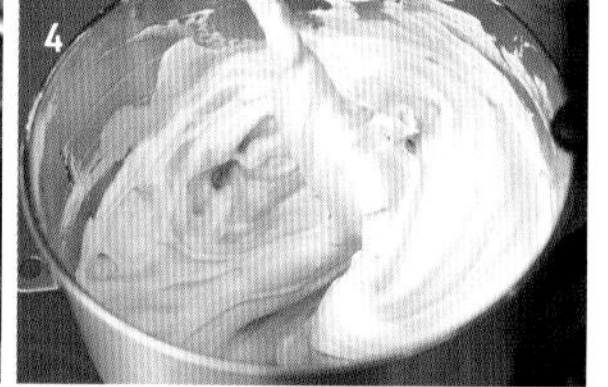

1 볼에 에스프레소, 판젤라틴, 럼주를 넣고 중탕하여 판젤라틴을 녹인다.

2 이탈리안 머랭을 크렘 무슬린 오 마스코바도와 같은 방법으로 만들고, 30℃까지 섞는다.

3 1의 볼 바닥에 얼음물을 받치고 거품기로 충분히 섞는다.
* 살짝 걸쭉해지기 시작하는 24~25℃가 되면 얼음물을 뺀다.

4 3에 3과 같은 양의 2를 넣고 거품기로 섞은 뒤, 다시 2에 2번에 나눠서 넣고, 넣을 때마다 고무주걱으로 바닥에서부터 퍼올리듯이 섞어서 고르고 매끄러운 상태로 만든다.

완성

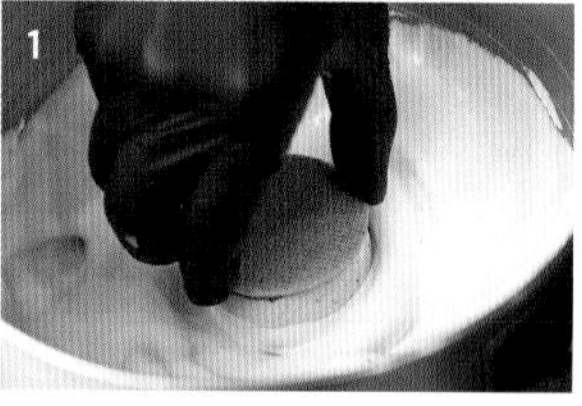

1 〈조립3〉을 틀에서 떼어 뒤집은 뒤, 파트 쉬크레의 가장자리를 손으로 잡고, 크렘 무슬린 오 마스코바도의 1/2 높이까지 므랭그 오 카페에 담근다.

2 천천히 건져서 뿔이 뾰족하게 선 상태로 뒤집어 놓는다. 냉장고에서 식힌다.

3 에스프레소용 원두 가루를 뿌리고 원두와 스푼 모양의 초콜릿을 장식한다.

샤를린

Charline

파티스리 라 파주

pâtisserie la page

「보기에 좋고 먹기에도 맛있다」를 신조로, 맛도 겉모습도 화려하고, 여성스러우며, 유일무이한 과자를 지향하는 마쓰이 하지메 셰프. 지름 2.2㎝ 공 모양으로 만든 무스 쇼콜라 누아르를 올린 시크한 분위기의 타르트에서도 독창성이 빛난다. 무스 쇼콜라에 레드와인 향이 나는 붉은 자주색 글라사주를 입혔다. 똑같이 붉은 자주색으로 통일감과 화려함을 살린 파트 쉬크레에는, 과일 맛이 풍부한 카시스 콩피튀르, 무화과 콩포트, 촉촉한 레드와인 줄레를 채워서, 진한 초콜릿 풍미와 조화를 이루게 함으로써 깊은 맛을 표현하였다. 색감은 카시스, 무화과, 와인과 연결된다.

| 재 료 |

파트 쉬크레 바니유

〈지름 9.5㎝ 원형틀 약 30개 분량〉
슈거파우더*1 … 175g
박력분(닛신 제분 「슈퍼바이올렛」)*1 … 467g
바닐라파우더*1·2 … 1g
버터(메이지 「메이지버터」 무염)*3 … 280g
달걀*4 … 88g
레드 시럽*5 … 적당량
블루 시럽*5 … 적당량

*1 섞어서 체로 친다.
*2 사용한 바닐라빈 깍지를 씻어서 말린 뒤 잘게 간 것.
*3 차갑게 식혀서 2.2㎝ 크기로 깍둑썬다.
*4 풀어준다.
*5 보메 30도 시럽 100g(만들기 쉬운 분량, 이하 동일)에, 레드 색소(베니세이 「식용색소 적2호」), 블루 색소(베니세이 「식용색소 청」)를 각각 9g씩 섞은 것.

콩포트 피그 뱅 루주 에피스

〈약 50개 분량〉
흰 무화과A(건조)*1 … 375g
흰 무화과B(반건조)*2 … 375g
레드와인 … 375g
그래뉴당 … 187.5g
시나몬스틱 … 1/8개
아니스파우더(Gaban 「아니스파우더」)*3 … 0.25g

*1 터키산. Osman akca 「말린 흰 무화과 홀」(Delta International) 사용.
*2 터키산. Maison roucadil 「반건조 무화과」(Delsur Japan) 사용.
*3 홀을 사용해도 좋다.

콩피튀르 카시스

〈약 40개 분량〉
카시스 퓌레(Sicoly 「냉동 카시스 퓌레」) … 200g
물엿 … 90g
트리몰린 … 25g
그래뉴당 … 80g
NH 펙틴 … 5g
구연산수* … 30

* 구연산과 물을 1:1로 섞은 것.

줄레 뱅 루주

〈약 40개 분량〉
레드와인(풀바디, 프랑스 보르도산) … 400g
그래뉴당* … 120g
NH 펙틴* … 10g

* 섞는다.

가나슈 쇼콜라 누아르

〈약 40개 분량〉
다크 초콜릿(Casa luker 「산탄데르 70」 카카오 70%) … 300g
생크림(유지방 36%)*1 … 500g
물엿 … 80g
판젤라틴*2 … 2g

*1 다타나시 유업 「슈퍼 프레시 36」 사용.
*2 찬물에 불린다.

무스 쇼콜라 누아르

〈약 17개 분량〉
생크림A(유지방 36%)*1 … 260g
다크 초콜릿(Luker cacao 「산탄데르」 카카오 70%) … 295g
생크림B(유지방 35%)*2 … 200g
판젤라틴*3 … 3g

*1 다카나시 유업 「슈퍼 프레시 36」 사용.
*2 다카나시 유업 「크렘 두스」 사용.
*3 찬물에 불린다.

글라주 쇼콜라 뱅 루주

〈약 40개 분량〉
레드와인 … 100g
물엿 … 200g
가당연유 … 67g
그래뉴당 … 200g
판젤라틴*1 … 5.3g
다크 초콜릿(Fuji Oil 「커버추어 엑스트라비터 80」 카카오 80%) … 200g
시럽 뱅 루주(아래 재료로 만든 것) … 90g
레드와인*2 … 50g
그래뉴당*2 … 50g
레드 시럽*3 … 적당량

*1 찬물에 불린다.
*2 섞어서 끓인다.
*3 보메 30도 시럽 100g(만들기 쉬운 분량, 이하 동일)에 레드 색소(베니세이 「식용색소 적 2호」) 9g을 섞은 것.

조립·완성

다크 초콜릿(Fuji Oil 「커버추어 누아르 55 플레이크」 카카오 55%)*1 … 100g
초콜릿용 식물성 유지(Fuji Oil 「멜라노버터 SS」)*1 … 50g
플라크 쇼콜라*2 … 1장/1개
슈거파우더 … 적당량

*1 다크 초콜릿과 초콜릿용 식물성 유지를 1:2의 비율로 섞어서 녹인다.
*2 다크 초콜릿(Fuji Oil 「커버추어 누아르 55 플레이크」 카카오 55%)을 템퍼링하여 필름을 깐 작업판 위에 얇게 펴고, 완전히 굳기 직전에 지름 6㎝ 원형틀로 찍은 것.

| 만드는 방법 |

파트 쉬크레 바니유

1 믹싱볼에 슈거파우더, 박력분, 바닐라파우더, 버터를 넣은 뒤, 믹서에 비터를 끼우고 중저속으로 섞어서 보슬보슬한 사블레 상태로 만든다.

2 달걀을 넣고 크림 상태가 될 때까지 섞는다.

3 레드 시럽과 블루 시럽을 넣고 전체를 고르게 섞는다. 비닐랩을 씌워서 냉장고에 하룻밤 넣어둔다.

* 〈파티스리 라 파주〉에서는 파트 쉬크레 바니유를 여러 가지 디저트에 사용한다. 완성된 반죽에 색소를 넣은 시럽으로 색을 내는 방법은 쉽게 개성을 표현할 수 있어 자주 사용한다.

4 **3**을 알맞은 크기로 잘라서 믹싱볼에 담은 뒤, 믹서에 후크를 끼우고 중저속으로 부드러워질 때까지 섞는다.

* 식혀서 진정시킨 뒤 다시 반죽하면, 좀 더 단단해져서 구울 때 풀어지지 않는다.

5 600g씩 나눠서 25㎝ × 20㎝ 정도의 직사각형으로 대충 정리한다. 비닐랩으로 싸서 냉장고에 2일 동안 넣어둔다.

* 충분히 휴지시키면 반죽이 속까지 단단해진다.

6 롤러를 사용하여 두께 2㎜ 정도로 늘리고, 비닐랩을 씌워서 냉장고에 하룻밤 넣어둔다.

7 지름 9.6㎝ 원형틀로 찍어서 지름 7㎝ × 높이 1.5㎝ 틀 안에 깐다. 오븐시트를 깐 오븐팬에 가지런히 올리고, 냉장고에 넣어 차갑게 식혀서 굳힌다.

8 옆면이 물결모양인 유산지컵을 딱 맞게 끼워 넣고, 옆면을 손가락으로 눌러서 유산지가 반죽 속에 조금씩 묻힐 정도로 밀착시킨다.

* 유산지컵은 타르트의 안지름에 딱 맞는 크기를 선택한다. 물결모양의 옆면이 반죽을 지탱하여 구울 때 잘 변형되지 않는다. 유산지컵을 여러 번 사용하면 반죽을 지탱하는 힘이 약해지기 때문에, 2~3번 사용하면 새것으로 교체한다. 반죽을 차갑게 식히지 않고 작업하면, 유산지컵이 지나치게 묻히므로 주의한다.

9 누름돌(현미 사용)을 유산지컵 높이까지 가득 넣는다.

10 댐퍼를 열고 윗불, 아랫불 모두 150℃로 예열한 데크오븐에 넣어서 20분 정도 굽다가, 오븐팬 방향을 돌려서 10분 정도 더 굽는다. 유산지컵과 누름돌을 제거한 뒤 그대로 실온에서 식힌다.

* 파트 쉬크레의 색을 잘 살리기 위해, 구운 색이 지나치게 진해지지 않도록 낮은 온도로 굽는다. 〈파티스리 라 파주〉에서는, 기밀성이 높은 데크오븐을 사용하기 때문에 저온에서 오래 굽는다. 잘 구워지지 않으면 150℃ 컨벡션오븐에 넣고 말리듯이 굽는다.

콩포트 피그 뱅 루주 에피스

1 2종류의 흰 무화과를 가로세로 1.5㎝ 정도로 네모나게 썬다.

2 냄비에 레드와인, 그래뉴당, 시나몬스틱, 아니스파우더를 넣고 거품기로 저으면서 끓인다.

* 건조 무화과와 반건조 무화과에도 단맛이 있어서 설탕을 적게 넣는다.

3 불을 끄고 **1**을 넣는다.

4 비닐랩을 씌우고 밀착시킨 뒤 하루에 1번 정도 섞는다. 실온에서 3일 동안 절인다.

콩피튀르 카시스

1 냄비에 카시스 퓌레, 물엿, 트리몰린을 넣고 50℃까지 가열한다.

2 높이가 있는 용기에 옮겨서 그래뉴당과 NH펙틴을 넣고 스틱 믹서로 간다.

* NH펙틴은 잘 녹지 않으므로 갈아서 최대한 녹인다. 녹지 않은 상태로 가열하면 단단하게 굳지 않을 수 있다.

3 **1**의 냄비에 옮기고 거품기로 저으면서 브릭스 62%까지 가열한다. 불에서 내려 구연산수를 넣고 골고루 섞는다.

4 믹싱볼에 넣고 믹서에 비터를 끼워서 저속으로 섞어, 실온 정도까지 식힌다.

* 믹서로 섞으면서 식히면 매끄러운 상태가 유지되어, 체에 거르는 수고를 덜 수 있다.

줄레 뱅 루주

1 냄비에 레드와인을 넣고 50℃ 정도까지 가열한다.
2 1을 높이가 있는 용기에 옮기고, 그래뉴당과 NH펙틴을 넣어 스틱 믹서로 갈아서 섞는다.
 * NH펙틴은 잘 녹지 않으므로 갈아서 최대한 녹인다. 녹지 않은 상태로 가열하면 단단하게 굳지 않을 수 있다.
3 2를 1의 냄비에 옮기고 불에 올려 거품기로 저으면서 한소끔 끓인다.
4 용기에 옮기고 비닐랩을 씌워 밀착시킨 뒤, 한 김 식으면 냉장고에 넣고 차갑게 식힌다.

가나슈 쇼콜라 누아르

1 내열용기에 다크 초콜릿을 넣고 전자레인지로 녹인다. 온도는 40~45℃가 기준이다.
2 냄비에 생크림과 물엿을 넣고 거품기로 저으면서 한소끔 끓인다. 불에서 내려 판젤라틴을 넣고 섞어서 녹인다.
 * 일반적인 가나슈는 버터를 넣고 유화시키는 경우가 많은데, 여기서는 레드와인의 향을 살리기 위해 향을 방해하는 버터를 넣지 않고, 분리되지 않도록 젤라틴으로 연결한다.
3 1에 2를 넣고 스틱 믹서로 섞어서 유화시킨다.
 * 녹인 초콜릿에 생크림 종류를 조금씩 넣으면서 섞는 것보다, 한 번에 넣어야 입안에서 잘 녹는다.
4 오븐팬에 넓게 펼치고 비닐랩을 씌워 밀착시킨다. 냉장고에 넣고 식힌다.

무스 쇼콜라 누아르

1 믹싱볼에 생크림A를 넣고 믹서에 휘퍼를 끼워서 고속으로 80% 휘핑한다. 냉장고에 넣고 10℃ 정도까지 식힌다.
2 내열용기에 다크 초콜릿을 넣고 전자레인지로 녹인다. 온도는 40~45℃가 기준이다.
3 냄비에 생크림B를 넣고 거품기로 저으면서 한소끔 끓인다. 불에서 내려 판젤라틴을 넣고 섞어서 녹인다.
4 2에 3을 넣고 스틱 믹서로 섞어서 살짝 유화시킨다. 45℃ 정도까지 식힌다.
 * 생크림에 비해 초콜릿의 양이 많기 때문에 쉽게 유화된다. 여기서 충분히 유화시키면, 완성된 무스가 단단해지므로 살짝 유화시킨다. 섞을 때 공기가 조금 들어가도 문제없다.
5 4에 1을 3~4번에 나눠서 넣고, 넣을 때마다 거품기로 바닥에서부터 퍼올리듯이 섞는다. 1을 모두 넣고 섞은 뒤, 고무주걱으로 바꿔서 전체를 고르게 섞는다.
6 짤주머니에 5를 넣고 끝부분을 가위로 잘라서, 지름 2.2㎝ 구형틀에 짠다. 급랭한다.

글라사주 쇼콜라 뱅 루주

1 냄비에 레드와인과 물엿을 넣고 거품기로 저으면서 가열해 물엿을 녹인다.
2 가당연유와 그래뉴당을 넣고 저으면서 끓인다.
3 불에서 내려 판젤라틴을 넣고 섞어서 녹인다.
4 내열용기에 다크 초콜릿을 넣고 전자레인지로 녹인다. 온도는 35~40℃가 기준이다.
5 **4**에 **3**을 넣고 스틱 믹서로 섞어서 유화시킨다.
* 공기를 빼는 느낌으로 섞는다.
6 시럽 뱅 루주를 넣으면서, 윤기가 나고 매끄러운 상태가 될 때까지 섞어서 충분히 유화시킨다.
7 레드 시럽을 넣고 스틱 믹서로 섞는다. 용기에 옮기고 비닐랩을 씌워서 밀착시킨 뒤 냉장보관한다. 사용할 때는 전자레인지로 가열하여 55℃로 조절한 뒤, 스틱 믹서로 섞어서 매끄러운 상태로 만든다.
* 지나치게 되직하면 시럽 뱅 루주를 넣어 조절한다.

조립·완성

1 한 김 식힌 파트 쉬크레 바니유의 테두리를 촘촘한 철망에 대고 문질러서, 평평하게 정리한다.
* 틀 위로 삐져나온 부분을 굽기 전에 자르는 것 보다, 구운 뒤 울퉁불퉁한 부분을 다듬으면 고르게 평평해진다.
2 **1**의 안쪽 바닥과 옆면에 1:2 비율로 섞어서 녹인 다크 초콜릿과 초콜릿용 식물성 유지를 솔로 얇게 바른다.
3 짤주머니에 콩피튀르 카시스를 넣고 끝부분을 가위로 잘라서, **2**에 8g씩 짜 넣는다.
4 콩포트 피그 뱅 루주 에피스의 즙을 살짝 따라낸 뒤, **3**에 25g씩 넣는다. 스푼으로 대충 정리한다.
* 즙은 살짝 따라내는 정도면 OK. 즙이 어느 정도 남아 있어야 촉촉해진다.
5 줄레 뱅 루주를 스푼으로 조금씩 떠서, **4**의 틈새에 12g씩 넣는다. 팔레트 나이프로 평평하게 정리한다.
* 줄레를 불규칙하게 넣으면, 위치에 따라 풍미나 식감이 달라져 맛에 강약이 생긴다.
6 가나슈 쇼콜라 누아르를 팔레트 나이프로 20g씩 올려서 완만한 산모양으로 만든다.
* 팔레트 나이프로 조금씩 떠서 올리면 완만한 산 모양을 만들기 쉽다.
* 7에서 올리는 플라크 쇼콜라는 식어서 굳으면 수축되어 휘어지므로, 그 점을 고려하여 가나슈 쇼콜라 누아르를 올려서 가능한 한 빈틈이 생기지 않게 한다.
7 지름 6㎝ 원형 플라크 쇼콜라를 올리고 살짝 눌러서 밀착시킨다.
8 파트 쉬크레의 옆면에 띠 모양으로 자른 오븐시트를 감고, 지름 6㎝ 푸딩틀 등을 뒤집어서 씌운다. 파트 쉬크레 가장자리에 슈거파우더를 뿌린다. 푸딩틀과 오븐시트를 분리하고, 파트 쉬크레 옆면에 묻은 슈거파우더는 손가락으로 털어낸다.
9 무스 쇼콜라 누아르를 틀에서 떼어내 꼬치로 찍어서, 55℃ 정도로 조절한 글라사주 쇼콜라 뱅 루주에 담갔다 뺀다. 용기 옆면에서 여분의 글라사주를 제거한다.
10 촘촘한 철망을 올린 트레이 위에 놓고 꼬치를 제거한다.
11 끝이 뾰족한 팔레트 나이프와 꼬치로 **10**을 들어서, **8** 위에 7개씩 올린다.

르 니보

Le Nid-Beau

알타나티브

Les Alternatives

터키나 그리스에서 많이 사용하는 가느다란 카다이프의 섬세함을 살린 디저트. 노릇하게 구워서 파삭한 카다이프를 칼로 자르면, 부드러운 바나나 무스와 걸쭉한 망고 & 오렌지 소스가 흘러나와, 겉보기와는 전혀 다른 모습에 놀란다. 라임 껍질의 청량한 향은 진한 풍미를 가볍게 만들어 주고, 산뜻한 연두색은 디자인의 악센트 역할을 한다. 후루야 겐타로 셰프는 특이한 색이나 모양은 피하면서, 자유로움×섬세함, 남성적×여성적, 질감의 대비, 대조적인 이미지의 중간을 노리는 표현 등으로 참신함을 더한다. 위화감 없는 참신함으로 개성을 발휘하여, 먹는 사람의 호기심을 불러일으키는 디저트.

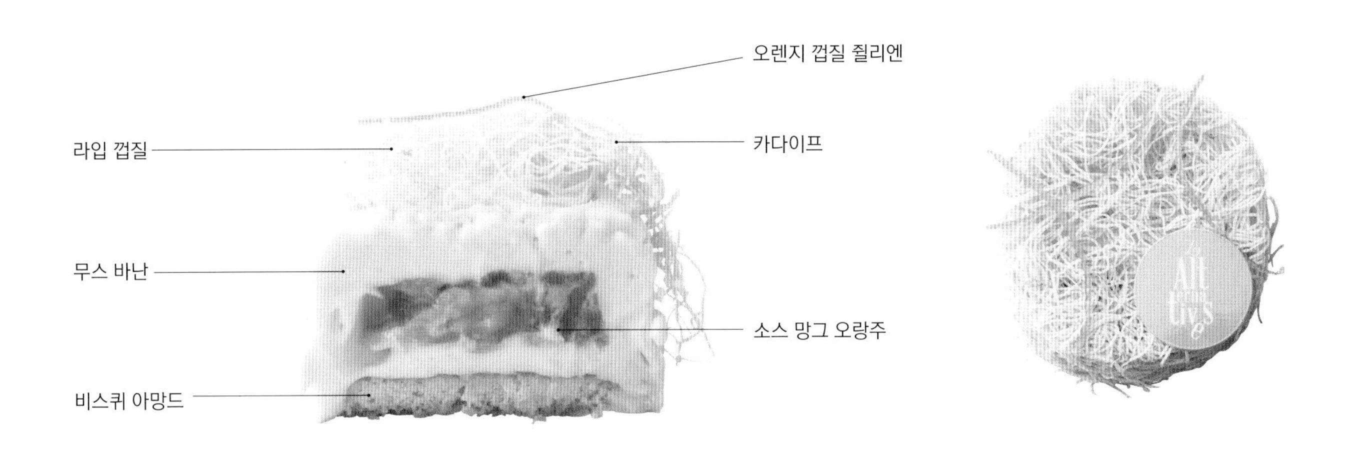

| 재료 |

비스퀴 아망드

〈60㎝ × 40㎝ 오븐팬 1개 분량〉
파트 다망드 … 175g
그래뉴당 … 122g
달걀(실온에 둔다) … 315g
박력분 … 122g

소스 망고 오랑주

〈약 30개 분량〉
망고 퓌레 … 420g
오렌지 콩상트레 … 24g
그래뉴당*1 … 80g
펙틴*1 … 5.8g
오렌지 과육*2 … 250g(껍질제거)
판젤라틴*3 … 7.8g

*1 섞는다.
*2 얇은 속껍질에서 과육을 꺼낸다.
*3 찬물에 불린다.

무스 바난

〈약 30개 분량〉
바나나 퓌레(Boiron「바나나 퓌레」) … 408g
커스터드파우더 … 30g
판젤라틴* … 3.4g
이탈리안 머랭
그래뉴당 … 167g
물 … 100g
달걀흰자 … 89g
카카오버터 … 48.2g
화이트 초콜릿(Valrhona「이부아르」) … 51.9g
생크림(유지방 35%) … 579g
럼주 … 12.3g
바나나 리큐어 … 12.3g

* 찬물에 불린다.

앵비바주

〈약 30개 분량〉
시럽(보메 30도) … 480g
럼주 … 480g
※ 모든 재료를 섞는다.

조립·완성

〈1개 분량〉
카다이프 … 300g
오렌지 껍질 쥘리엔*1 … 적당량
라임 껍질*2 … 적당량

*1 얇게 벗긴 오렌지 껍질을 끓는 물에 넣고 데친 뒤, 데친 물을 버리고 다시 1번 데친다. 물과 설탕을 1:1.2 비율로 섞어서 만든 시럽에 하룻밤 절인 뒤 건져서 채썬다.
*2 강판에 간다.

| 만드는 방법 |

비스퀴 아망드

1 믹싱볼에 파트 다망드와 그래뉴당을 넣고 대충 섞은 뒤, 믹서에 비터를 끼워서 저속으로 섞는다.

2 골고루 섞이면 중속으로 바꾸고, 굵은 알갱이 상태로 뭉쳐질 때까지 섞는다.

3 저속으로 바꾸고 달걀 분량에서 조금만 덜어서 넣고 섞는다.

* 3~6은 달걀을 5~6번 정도에 나눠서 넣고, 넣을 때마다 충분히 섞는다. 달걀의 양을 점점 늘리면 고르게 잘 섞인다.

4 잘 섞이면 다시 달걀을 조금 더 넣고 섞는다. 이 과정을 1번 더 반복한다.

5 **4**의 나머지 달걀 중 1/3 정도를 넣고 크림 상태가 될 때까지 섞는다.

6 휘퍼로 바꿔서 **5**의 나머지 달걀을 2번에 나눠서 넣고, 넣을 때마다 충분히 섞어서 공기를 포함시킨다.

* 달걀을 넣을 때는 저속으로 섞고, 대충 섞였을 때 중속으로 바꾸면 공기가 잘 들어간다.

* 공기가 지나치게 많이 들어가면 구울 때 말라서 푸석한 비스퀴가 되므로, 지나치게 섞지 않도록 주의한다.

7 공기가 들어가 폭신해지면 저속으로 바꿔서 결을 정리한다. 윤기가 나고 휘퍼로 떴을 때 리본 모양으로 떨어진 뒤, 떨어져서 쌓인 반죽이 바로 섞이는 상태가 되면 OK.

8 볼에 옮겨 담고 박력분을 체로 치면서 넣은 뒤, 고무주걱으로 바닥에서부터 퍼올리듯이 섞어서 날가루가 없어질 때까지 섞는다.

9 오븐시트를 깐 60㎝ × 40㎝ 오븐팬에 붓고, L자 팔레트 나이프로 평평하게 편다.

* 가능한 한 기포가 꺼지지 않도록 박력분을 섞은 직후의 상태를 유지하기 위해 손을 많이 대지 않는 것이 좋다. 오븐팬 가운데에 반죽을 붓고 오븐팬을 사방으로 기울이면 중력에의해 아래로 천천히 흐르는데, 그 흐름을 이용하여 가장자리쪽을 향해 L자 팔레트 나이프로 밀어내듯이 편다. 대충 끝까지 편 뒤 작업대에 놓고 윗면을 평평하게 정리한다.

10 구운 뒤 오븐팬이 잘 분리되도록 사방 테두리를 손가락으로 닦는다.

11 댐퍼를 연 170℃ 컨벡션오븐에 넣어 6분 동안 구운 뒤, 오븐팬 방향을 돌려서 2분 더 굽는다. 완성되면 오븐팬과 비스퀴 사이에 칼을 넣어 오븐팬에서 분리한 뒤, 오븐시트째 철망에 올려 실온에서 식힌다.

12 지름 4㎝ 원형틀로 찍는다.

소스 망그 오랑주

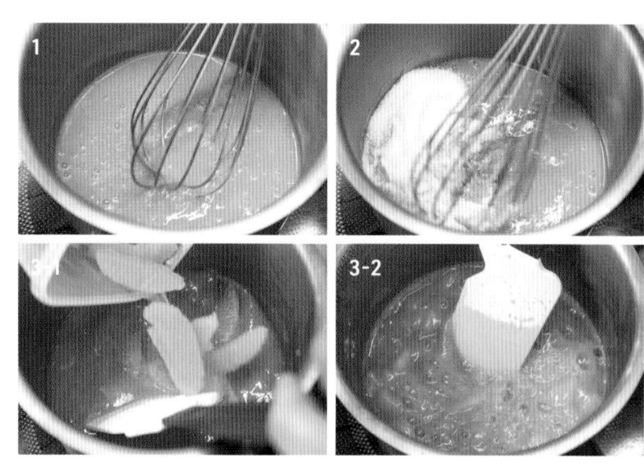

1 냄비에 망고 퓌레와 오렌지 콩상트레를 넣고 센불로 50℃ 정도까지 가열한다.

2 **1**에 미리 섞어둔 그래뉴당과 펙틴을 넣고, 덩어리지지 않게 거품기로 빠르게 섞으면서 보글보글 끓을 때까지 가열한다.

3 오렌지 과육을 넣는다. 다시 끓으면 중불로 조절하고, 고무주걱으로 과육을 살짝 으깨면서 3분 동안 가열한다.

4 판젤라틴을 넣고 섞어서 녹인다.

5 체로 거르면서 볼에 옮겨, 오렌지 과육과 액체를 나눈다.

* 6에서 오렌지 과육을 고르게 틀에 넣기 위한 작업이므로, 과육과 액체를 완벽하게 나눌 필요는 없다. 대충 나누면 된다.

6 5에서 액체와 분리한 오렌지 과육을, 포크를 이용하여 지름 4㎝ × 높이 2㎝ 원형틀에 고르게 넣는다.

7 5의 액체를 6에 고르게 붓는다. 급랭한다.

무스 바난

1 냄비에 바나나 퓌레와 커스터드파우더를 넣고 거품기로 섞는다.

* 걸쭉한 바나나 퓌레를 데운 뒤 커스터드파우더를 넣으면 덩어리지기 쉽다. 커스터드파우더는 가열하기 전 바나나 퓌레에 섞어둔다.

2 1을 중불에 올리고 저으면서 걸쭉한 상태가 될 때까지 끓인다.

* 타기 쉬우므로 거품기로 계속 젓는다.

3 부글부글 큰 거품이 올라오면 불을 끄고, 판젤라틴을 넣어서 녹인다. 고무주걱으로 바꿔서 고르게 섞는다.

4 3을 체에 내려서 볼에 옮긴다.

* 〈알타나티브〉에서는 점도가 높은 크림 등을 내릴 때 원통형 밀가루체를 활용한다. 밀가루체를 뒤집어서 볼에 씌운 뒤 주걱으로 내린다. 밀가루체는 눈이 촘촘해서 결이 고와지고, 주걱을 수평으로 누르면서 내리므로 작업도 빠르다. 조리용 고운체와 같은 느낌이다.

5 이탈리안 머랭을 만든다. 냄비에 그래뉴당과 물을 넣고 불에 올려서 118℃까지 가열한다.

6 믹싱볼에 달걀흰자를 넣고 믹서에 휘퍼를 끼운 뒤, 5를 볼 옆면을 따라 부으면서 고속으로 휘핑한다.

7 공기가 들어가 볼륨이 생기면 중저속으로 휘핑하면서 식히고, 단단해지면 저속으로 바꿔서 30℃ 정도까지 휘핑한다.

* 달걀흰자가 충분히 휘핑되지 않은 상태에서 시럽을 넣고 휘핑하면, 물이 분리되지 않고 기포도 촘촘해져서 잘 꺼지지 않는 단단한 이탈리안 머랭이 된다. 충분히 휘핑한 뒤 최대한 기포가 꺼지지 않도록 믹서의 속도를 줄이고 휘핑하면서 식힌다.

8 5의 작업과 동시에 볼에 카카오버터를 넣고 중탕으로 녹인다.

9 8을 중탕 냄비에서 꺼내 화이트 초콜릿을 넣고 거품기로 가라앉힌 뒤, 화이트 초콜릿이 살짝 녹을 때까지 그대로 둔다.

10 9에 4를 넣고 빠르게 섞는다. 일단 분리되지만 서서히 유화되어 하얗게 변한다.

11 스틱 믹서로 섞어서 제대로 유화시킨다. 비닐랩을 씌워 실온에 둔다.

* 따뜻할 때 이탈리안 머랭을 섞는 것이 좋으므로, 식지 않도록 랩을 씌워 실온에 보관한다.

12 5의 작업과 동시에 볼에 생크림을 넣고, 거품기로 60% 정도까지 휘핑한다.

13 12에 럼주와 바나나 리큐어를 넣고 80% 휘핑한다.

14 13에 7을 넣고 5번 정도 바닥에서부터 퍼올리듯이 섞는다.

15 11에 14를 조금 넣어 골고루 섞는다. 다시 14의 볼에 옮겨서 바닥에서부터 퍼올리듯이 대충 섞는다.

16 고무주걱으로 바꿔서 전체를 고르게 섞는다.

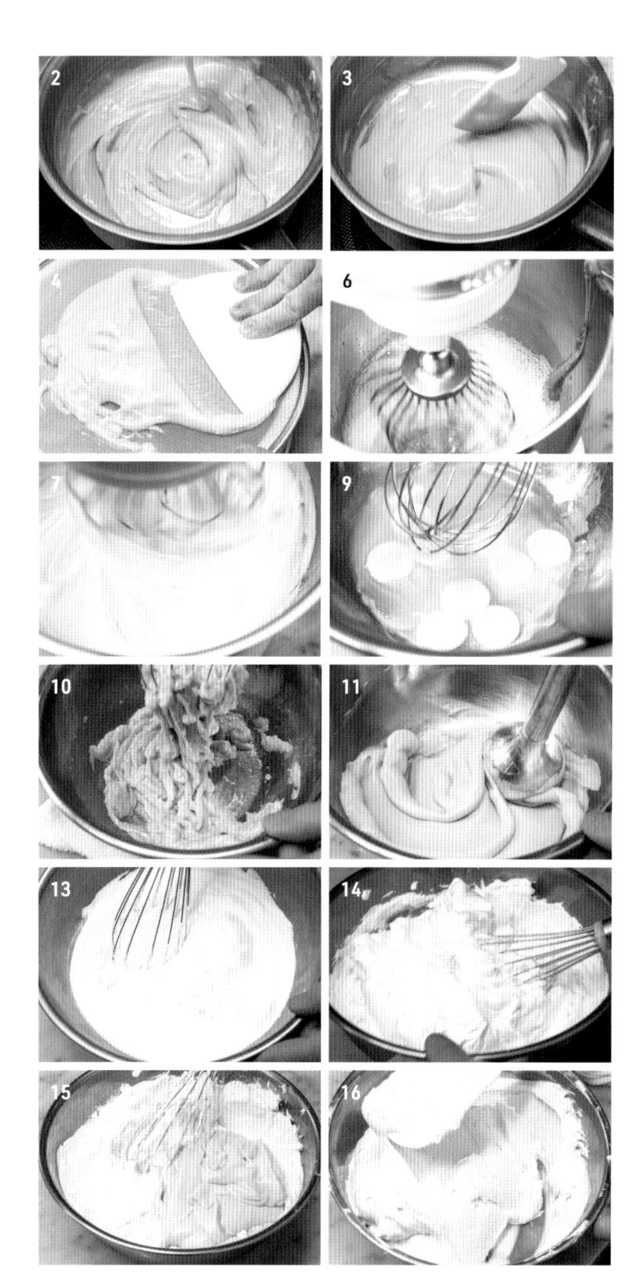

조립1

1 지름 12㎜ 깍지를 끼운 짤주머니에 무스 바난을 넣고, OPP 필름을 붙인 트레이에 올려둔 지름 5.5㎝ × 높이 4㎝ 틀에 높이의 60%까지 짠다.
2 스푼 뒷면으로 틀 옆면을 향해 무스 바난을 밀어 올려서 오목하게 만든다.
3 소스 망그 오랑주를 틀에서 분리해, 2의 가운데에 올린다. 손가락으로 틀 중심까지 밀어 넣는다.
4 3에 1의 나머지 무스 바난을 틀 높이까지 가득 짜서 넣는다.
5 스푼 뒷면을 이용하여 살짝 오목하게 만든다.
6 비스퀴 아망드의 구운 면이 아래로 가게 손 위에 올리고, 솔로 앵비바주를 바른다.
7 5에 6을 올리고 손가락으로 살짝 눌러서 밀착시킨다.
8 6에서 남은 앵비바주를 솔로 다시 한 번 발라준다.
9 OPP 필름을 씌운 뒤 트레이를 올리고 위에서 눌러, 윗면을 평평하게 만든다. 트레이를 제거하고 급랭한다.

조립2·굽기

1 오븐팬에 각봉 2개를 7㎝ 간격으로 평행하게 놓는다. 20㎝ × 4.5㎝로 자른 오븐시트를 한쪽 각봉에 붙여서 놓는다.
2 1의 각봉 사이에 카다이프 10g을 풀어서 20㎝ × 7㎝ 직사각형이 되도록 펼친다.
3 원형틀을 옆으로 눕힌 뒤, 오븐시트를 붙여놓은 각봉에 원형틀 한쪽 가장자리를 붙여서 앞쪽에 놓는다. 원형틀 바깥쪽 옆면에 카다이프를 오븐시트째 앞에서부터 돌돌 감는다.
4 시작 부분과 마지막 부분의 오븐시트를 겹쳐서, 벌어지지 않도록 집게로 고정한다.
5 오븐시트 밖으로 많이 삐져나온 카다이프를 원형틀 안쪽으로 접어서 넣고, 접어 넣은 쪽이 아래로 가게 오븐팬에 올린다.
6 원형틀 안쪽으로 접어 넣은 카다이프가 바닥면에 고르게 펴지도록, 손가락으로 원형틀 안쪽의 카다이프를 정리한 뒤, 바닥이 평평한 용기 등으로 위에서 살짝 눌러 카다이프를 평평하게 만든다.
7 집게를 제거하고 오븐시트 이음매가 벌어지지 않도록 옆에 자석을 올려서 눌러준다.
8 170℃ 컨벡션오븐에 넣고 8분 동안 구운 뒤, 오븐팬 방향을 돌려서 6분 더 굽는다. 그대로 실온에 두고 한김 식힌다.

완성

1 〈조립1〉의 틀을 분리한 뒤 뒤집어서 해동한다. 라임 껍질을 갈아서 뿌린다.
2 1에 구운 카다이프를 위에서 씌우고, 손바닥으로 살짝 눌러서 아래로 이동시킨다.
3 시럽을 제거한 오렌지 껍질 쥘리엔을 올리고, 라임 껍질을 갈아서 뿌린다.

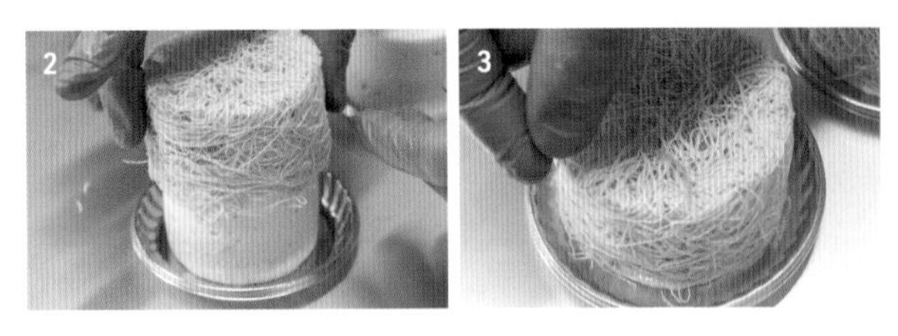

레테

L'été

파티스리 사뵈르 앙 두쇠르

Pâtisserie Saveurs en Douceur

귀엽고 사랑스러운, 입체감 있는 디자인이 눈길을 끈다. 망고, 패션프루트, 코코넛 등 열대 과일의 진한 맛을 군데군데 숨겨놓고, 프로마주 블랑의 부드러운 신맛과 깊은 맛으로 감쌌다. 전체적으로 노란색 색조를 띠면서, 질감이나 색감의 차이로 각 파트에 사용한 재료의 개성을 표현하였다. 해바라기처럼 짠 크림, 반구형을 거꾸로 놓은 작고 동그란 모양, 무당벌레 사탕 장식 등, 「수작업 느낌이 나는 기법으로 좀 더 매력적인 디저트를 만들어서, 눈으로도 맛을 느꼈으면 합니다」라는 것이 모리야마 고 셰프의 설명이다.

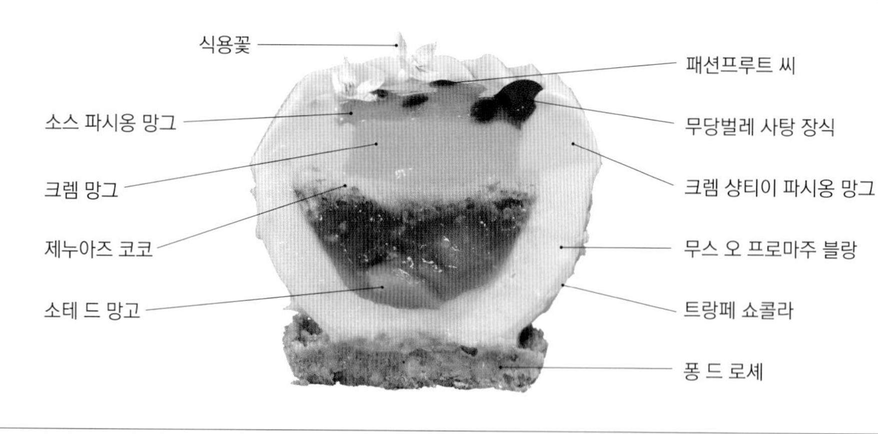

| 재료 |

퐁 드 로셰

〈20개 분량〉

스트로이젤 코코(아래 재료로 만든 것)…145g
- 버터…450g
- 브라운슈거…450g
- 아몬드파우더…150g
- 코코넛밀크파우더…300g
- 박력분…450g

크로캉 코코(아래 재료로 만든 것)…75g
- 코코넛롱…90g
- 시럽(보메 30도)…60g
- 슈거파우더…175g

푀양틴…40g
화이트 초콜릿(Sun-Eight Trading「카보스 도르 쇼콜라 블랑 33%」)…130g
카카오버터…10g

제누아즈 코코

〈60㎝ × 40㎝ 오븐팬 1개 분량〉

달걀…217g / 그래뉴당…148g
아몬드파우더*1…36g
코코넛밀크파우더 *1…22g
옥수수전분*1…49g / 박력분*1…66g
버터*2…20g / 코코넛파인…적당량

*1 각각 체로 쳐서 섞는다.
*2 중탕으로 녹여서 40℃ 정도로 조절한다.

소테 드 망그

〈35개 분량〉

패션프루트 퓌레…400g
망고 퓌레…200g
그래뉴당A…160g
망고 과육(완숙)*1…600g
그래뉴당B*2…160g
펙틴LM-SN-325*2…8g
럼주(Bardinet「네그리타 럼 화이트」)…20g

*1 1㎝ 크기로 깍둑썬다. *2 섞는다.

무스 오 프로마주 블랑

〈24개 분량〉

화이트 초콜릿(Sun-Eight Trading「카보스 도르 쇼콜라 블랑 33%」)…240g
플레이버 초콜릿(Valrhona「인스피레이션 패션」)…82g
판젤라틴*1…7.2g / 레몬즙…9.6g
프로마주 블랑…240g / 사워크림…55g
생크림(유지방 36%)*2…384g

*1 찬물에 불린다. *2 60% 휘핑한다.

크렘 망그

〈35개 분량〉

달걀노른자…120g / 달걀…72g
그래뉴당…90g
코코넛밀크파우더…12g
망고 퓌레…216g / 패션프루트 퓌레…24g
판젤라틴*1…2.4g / 버터*2…210g

*1 찬물에 불린다. *2 실온에 둔다.

크렘 샹티이 파시옹 망그

〈만들기 쉬운 분량〉

패션프루트 퓌레…95g / 망고 퓌레…95g
트리몰린…10g / 판젤라틴*…3g
화이트 초콜릿(Sun-Eight Trading「카보스 도르 쇼콜라 블랑 33%」)…210g
생크림(유지방 45%)…390g

* 찬물에 불린다.

트랑페 쇼콜라

〈만들기 쉬운 분량〉

파트 아 글라세(Cacao barry「파트 아 글라세 이부아르」…400g
플레이버 초콜릿 (Valrhona「인스피레이션 패션」…200g
포도씨오일…50g
코코넛롱(로스트)…40g
카카오버터(노란색)…적당량

※ 모든 재료를 섞어서 중탕하여 50℃ 정도로 조절한다.

소스 파시옹 망그

〈만들기 쉬운 분량〉

패션프루트 퓌레*…30g
망고 퓌레…20g
나파주 뇌트르…75g

※ 모든 재료를 섞는다.
* 패션프루트 씨를 분리한다. 씨는 마무리할 때 사용한다.

조립·완성

〈1개 분량〉

패션프루트 씨*1…4~5개
식용꽃…적당량
무당벌레 사탕 장식*2…1개

*1 소스 파시옹 망그에 사용하는 패션프루트 퓌레에서 분리한 것.
*2 패션프루트 씨가 머리와 가슴 부위가 되고, 붉은색으로 착색한 사탕은 날개로 보이게 만든 것.

| 만드는 방법 |

퐁 드 로셰

1 스트로이젤 코코를 만든다. 믹싱볼에 모든 재료를 넣고 날가루가 없어질 때까지 섞는다. 한덩어리로 모아 비닐랩으로 싸서 냉장고에 하룻밤 넣어둔다.
2 1을 롤러를 사용하여 3㎜ 두께로 늘려 타공 실리콘 매트를 깐 60㎝ × 40㎝ 오븐팬에 올린 뒤, 댐퍼를 연 150℃ 컨벡션오븐에 넣고 18분 동안 굽는다. 실온에서 한 김 식힌다.
3 2를 로보 쿠프(푸드프로세서)로 간다.
4 크로캉 코코를 만든다. 볼에 코코넛롱과 보메 30도 시럽을 넣고 고무주걱으로 버무린다. 슈거파우더를 섞는다.
5 오븐팬에 4를 펼치고 150℃ 컨벡션오븐에 넣어 15분 동안 굽는다.
6 다른 볼에 3, 5, 푀양틴을 넣고 고무주걱으로 고르게 섞는다.
7 다른 볼에 화이트 초콜릿과 카카오버터를 넣고 중탕으로 녹인다.
8 6에 7을 넣고 섞는다.
9 지름 6㎝ × 깊이 1.5㎝ 원형틀에 스푼으로 20g씩 넣고 살짝 눌러준다. 급랭한다.
* 세게 누르면 틈이 없어져 단단해지므로, 살짝 평평해질 정도로 눌러준다.

제누아즈 코코

1 믹싱볼에 달걀과 그래뉴당을 넣고, 70~80℃의 뜨거운 물로 중탕하면서 거품기로 대충 섞는다.
2 믹서에 휘퍼를 끼우고 고속으로 하얗고 폭신해질 때까지 섞는다. 저속으로 바꿔서 결을 정리한다.
* 휘퍼로 떴을 때 리본 모양으로 주르륵 떨어져 자국이 남는 상태가 되면 OK.
3 볼에 옮기고 아몬드파우더, 코코넛밀크파우더, 옥수수전분, 박력분을 조금씩 넣으면서, 고무주걱으로 바닥에서부터 퍼올리듯이 섞는다.
4 3에 40℃ 정도로 조절한 버터를 한 번에 넣고 섞는다.
* 따듯한 버터로 반죽의 온도를 올리면 굽는 시간을 줄일 수 있다.
5 오븐시트를 깐 오븐팬에 4를 붓고, L자 팔레트 나이프로 평평하게 편다.
6 체를 이용하여 코코넛파인을 전체에 골고루 뿌린다.
7 180℃ 컨벡션오븐에 넣고 10분 동안 굽는다. 중간에 오븐팬 방향을 돌린다. 완성되면 바로 급랭한다.
* 고르게 익히기 위해, 굽기 시작해서 7분 정도 지났을 때 오븐팬 방향을 돌린다.
8 지름 5㎝ 원형틀로 찍는다.

소테 드 망그

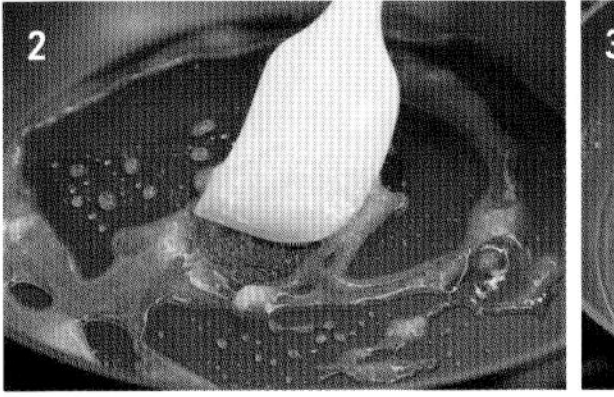

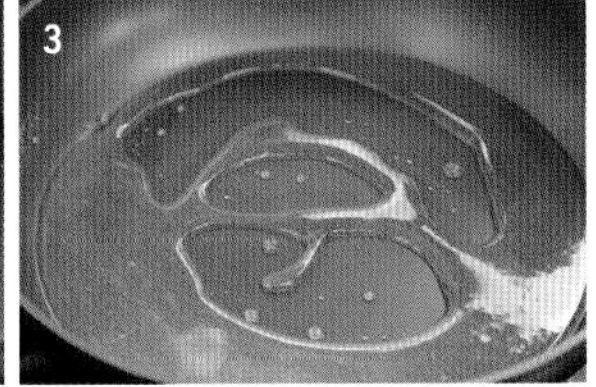

1 볼에 패션프루트 퓌레와 망고 퓌레를 넣고 중탕하여 40℃ 정도로 데운다.
2 프라이팬에 그래뉴당A의 1/3을 넣고 센불에 올려, 고무주걱으로 저으면서 녹인다.
3 2에 그래뉴당A의 1/3을 넣고 섞어서 녹인다. 나머지 그래뉴당A를 넣고 타지 않도록 계속 저으면서 연한 갈색이 날 때까지 가열한다.
* 쓴맛이 없는 깊은 맛을 내기 위해, 색은 연하게 낸다.

4 3에 1㎝ 크기로 깍둑썬 완숙 망고 과육을 넣고, 프라이팬을 흔들면서 시럽에 망고를 버무린다.
5 4에 1의 2가지 퓌레(약 40℃)를 한번에 넣고 고무주걱으로 섞는다.
6 미리 섞어둔 그래뉴당B와 펙틴을 조금씩 넣고 섞어서 한소끔 끓인다.
* 설탕 종류는 덩어리지지 않도록 조금씩 넣고 섞는다.
7 럼주를 넣어 섞은 뒤 다시 한소끔 끓인다. 트레이에 옮겨서 그대로 실온에 두고 한 김 식힌다.
* 깔끔한 향을 내기 위해 럼주는 「네그리타 럼」 화이트를 선택한다.
8 지름 6㎝ × 깊이 5.5㎝ 반구형틀에 스푼으로 30g씩 넣는다. 급랭한다.

조립1

1 소테 드 망그에 제누아즈 코코의 구운 면이 아래로 가도록 넣고, 손가락으로 살짝 눌러서 평평하게 만든다. 급랭한다.

무스 오 프로마주 블랑

1 볼에 2가지 초콜릿을 넣고 중탕으로 녹인 뒤 40~45℃로 조절한다.
2 다른 볼에 판젤라틴과 레몬즙을 넣고 중탕하여 판젤라틴을 녹인다.
3 2에 프로마주 블랑과 사워크림을 넣고 거품기로 섞는다.
4 1에 3을 2번에 나눠서 넣고, 넣을 때마다 충분히 섞는다.
5 4에 60% 휘핑한 생크림을 2번에 나눠서 넣고, 넣을 때마다 거품이 꺼지지 않도록 조심스럽게 거품기로 섞는다.

조립2

1 지름 15㎜ 둥근 깍지를 끼운 짤주머니에 무스 오 프로마주 블랑을 넣고, 지름 7㎝ × 높이 4㎝ 반구형틀 높이의 1/2 정도까지 짠다.
2 스푼으로 틀 가장자리쪽을 향해 무스 오 프로마주 블랑을 펴서, 공기를 빼고 오목하게 만든다.
3 무스 오 프로마주 블랑을 조금 짠다.
4 〈조립1〉을 제누아즈 코코가 위로 오게 올린 뒤 위에서 살짝 누른다.
5 제누아즈 코코가 덮이도록 무스 오 프로마주 블랑을 짜고(1개당 총 42g), L자 팔레트 나이프로 평평하게 정리한다. 급랭한다.

크렘 망그

1 볼에 달걀노른자, 달걀, 그래뉴당, 코코넛밀크파우더를 넣고 거품기로 골고루 섞는다.
2 냄비에 망고와 패션프루트 퓌레를 넣고 센불에 올려, 고무주걱으로 저으면서 데운다.
* 살짝 익은 정도면 OK. 보글보글 끓으면 불을 끈다.
3 1에 2를 넣고 섞는다.

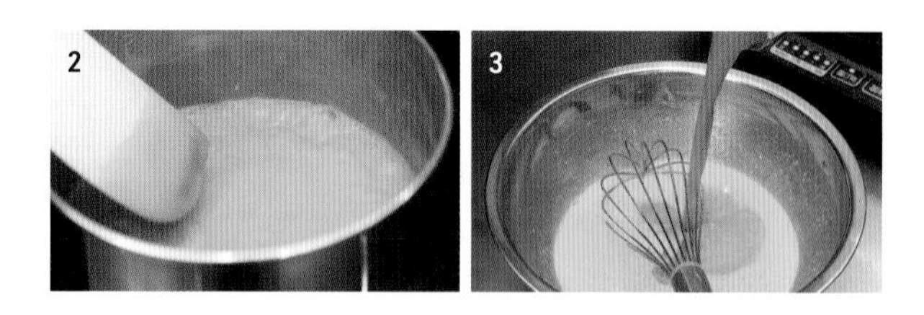

4 3을 시누아로 걸러서 구리볼에 옮긴다.
* 전체를 고르게 만들기 위해 시누아로 거른다. 달걀 껍데기 등 이물질과 알끈을 제거하기 위한 목적도 있다.

5 4를 센불에 올리고 구리볼을 한 손으로 돌리면서 거품기로 골고루 섞는다. 걸쭉해지면 불을 끈다..

6 5에 판젤라틴을 넣고 섞는다.

7 깊이가 있는 용기에 옮기고 버터를 넣은 뒤, 스틱 믹서로 섞어서 유화시킨다.

8 따뜻할 때 디포지터에 넣고, 지름 4㎝ × 깊이 2㎝ 원형틀에 15g씩 붓는다. 급랭한다.

크렘 샹티이 파시옹 망그

1 냄비에 패션프루트 퓌레, 망고 퓌레, 트리몰린을 넣고, 센불에 올려 고무주걱으로 저으면서 한소끔 끓인다.

2 1에 판젤라틴을 넣고 섞어서 녹인다.

3 깊이가 있는 용기에 화이트 초콜릿을 넣고 중탕으로 녹인다.

4 3에 2를 넣고 고무주걱으로 섞는다.

5 생크림을 넣어 섞은 뒤 스틱 믹서로 유화시킨다.
* 패션프루트와 망고의 신맛에 깊은 맛을 더하기 위해, 유지방 45% 생크림을 사용한다.

6 비닐랩을 씌워서 밀착시킨 뒤 위에도 비닐랩을 씌워서, 24시간 동안 냉장고에 넣어둔다.
* 비닐랩을 밀착시키는 것은 랩에 물방울이 맺히는 것을 막기 위해서이다. 24시간 냉장하여 결정화시킨다.

조립3·완성

1 〈조립2〉를 틀에서 분리하여 가운데에 칼을 꽂은 뒤, 50℃ 정도로 조절한 트랑페 쇼콜라에 윗면만 남기고 담갔다가 천천히 건진다.
* 트랑페 쇼콜라의 윤기는 유분으로 표현한다. 특별한 풍미가 없는 포도씨오일을 선택한다.

2 퐁 드 로셰를 틀에서 분리하여 1을 위에 올린다. 칼을 빼고 손으로 살짝 눌러서 붙인다.

3 크렘 망그를 틀에서 떼어 2의 가운데에 올린다.

4 볼에 크렘 샹티이 파시옹 망그를 옮기고, 거품기로 충분히 휘핑한다.

5 회전대에 3을 올린다. 생토노레 깍지를 끼운 짤주머니에 4를 넣고, 크렘 망그 주위에 꽃잎을 그리듯이 짠다.

6 크렘 샹티이 파시옹 망그의 옆면을 작은 팔레트 나이프로 정리한다.

7 크렘 망그 위에 스푼으로 소스 파시옹 망그를 올린다.

8 소스 파시옹 망그에 핀셋으로 패션프루트 씨를 4~5개씩 얹는다.
* 소스에 패션프루트 씨를 섞으면 소스 속에 가라앉아 안 보일 수 있으므로, 패션프루트 씨는 나중에 장식한다.

9 식용꽃과 무당벌레 사탕 장식을 올린다.

일마

ilma

케이크 스카이 워커

Cake Sky Walker

펜넬의 노란 꽃과 동그란 한련화 잎이 보태니컬한 분위기를 자아낸다. 녹인 버터 대신 갈색으로 태운 버터를 사용하여 피스타치오의 맛과 색을 살린 피낭시에에, 우유 맛과 깊은 맛의 균형을 맞춘 피스타치오 샹티이를 짜고, 펜넬 꽃의 달콤하고 스파이시한 향을 입힌 아메리칸 체리를 리드미컬하게 담았다. 불규칙하게 짠 나파주가 시즐감을 연출하고, 한련화 잎의 톡 쏘는 알싸한 맛이 풍미를 잘 살려준다. 심플함을 추구하는 디저트를 만드는 다나카 다카아키 셰프는 자연스러운 색과 모양을 중요하게 생각하며, 꽃과 허브도 적극적으로 이용하여 독창성을 발휘한다.

| 재 료 |

피스타치오 피낭시에

〈100개 분량〉
달걀흰자*1 … 660g
피스타치오 페이스트(로스트/BABBI) … 180g
슈거파우더*2 … 630g
아몬드파우더*2 … 540g
박력분*2 … 120g
버터*3 … 570g

*1 실온에 둔다.
*2 섞어서 체로 친다.
*3 녹여서 50℃ 정도로 조절한다.

피스타치오 크렘 샹티이

〈10개 분량〉
크렘 샹티이(아래 재료로 만든 것) … 450g
　생크림A(유지방 35%) … 1000g
　생크림B(유지방 47%) … 500g
　그래뉴당 … 90g
　키르슈 … 10g
피스타치오 페이스트(로스트/BABBI) … 20g

완성

〈1개 분량〉
아메리칸 체리 … 7개
펜넬 꽃 … 적당량
나파주(비가열) … 적당량
한련화 잎 … 2장

피스타치오 피낭시에

1 볼에 달걀흰자를 넣고 거품기로 풀어준다.

2 다른 볼에 피스타치오 페이스트를 넣고, **1**의 1/3을 넣어 고르게 섞는다.

* 버터를 넣고 섞기 때문에, 달걀흰자는 실온에 두었다 사용한다. 차가운 상태로 넣으면 버터가 굳어서 식감이 떨어진다.

3 **2**에 나머지 달걀흰자의 1/2을 넣고 고르게 섞는다.

4 **3**에 나머지 달걀흰자를 넣고 고르게 섞는다.

5 다른 볼에 미리 섞어서 체로 친 슈거파우더, 아몬드파우더, 박력분을 넣은 뒤, 거품기로 사진처럼 완만한 절구 모양으로 정리한다.

* 베이킹파우더는 사용하지 않는다. 생과자용이므로 구웠을 때 들뜨지 않는 결이 촘촘한 반죽으로 만든다.

6 **5**의 가운데에 **4**를 넣고 거품기로 가운데부터 바깥쪽을 향해 천천히 섞는다.

* 가루 종류가 많아서 쉽게 덩어리지기 때문에, 바깥쪽 가루를 조금씩 안쪽으로 넣으면서 가루 종류에 수분을 흡수시키는 느낌으로 섞으면 덩어리지지 않는다.

7 **6**에 50℃ 정도로 조절한 버터의 1/2을 넣고 충분히 섞는다.

* 버터는 50℃ 정도로 조절한다. 온도가 지나치게 높으면 반죽이 풀어지고 향이 강해지며, 반대로 지나치게 낮으면 반죽이 단단해진다..

* 버터는 2번에 나눠서 넣고, 피스타치오 페이스트와 가루 종류를 섞을 때와 같은 방법으로 거품기로 섞어서 유화시킨다. 여분의 공기가 들어가면 구울 때 부풀고 식으면 가라앉기 때문에, 가능하면 공기는 넣지 않는다.

8 **7**에 나머지 녹인 버터를 넣고 전체를 고르게 섞어서 충분히 유화시킨다.

* 살짝 거슬거슬한 질감으로, 고무주걱으로 퍼올리면 주르륵 떨어져서 쌓이고, 쌓인 자국이 천천히 사라지는 상태로 만든다.

9 유화시킨 뒤 30분 정도 실온에 둔다.

* 실온에 잠시 두면 조금 분리되지만, 반죽이 진정되어 촉촉한 식감으로 구워진다. 지나치게 분리되면 식감이 떨어지므로 주의한다. 30분 정도 실온에 두면 단단해져서, 고무주걱으로 퍼올리면 천천히 떨어져 쌓인 뒤 자국이 사라지지 않는 상태가 된다.

10 지름 10㎜ 둥근 깍지를 끼운 짤주머니에 **9**를 넣고, 이형유를 조금 뿌린 8.5㎝×4.5㎝×높이 1.2㎝ 피낭시에 틀에 높이의 80% 정도까지 짠다.

11 175℃ 컨벡션오븐에 넣고 5분 동안 굽는다. 오븐팬 방향을 돌리고, 단도 바꿔서 5분 더 굽는다. 다시 오븐팬 방향을 돌려서 3분 더 굽는다.

12 완성되면 오븐시트와 트레이를 올려서 틀째로 뒤집고, 위에서 살짝 두드려 틀을 분리한다.

13 완성된 피낭시에를 뒤집어서 구운 면이 위로 오게 놓고, 그대로 실온에서 한 김 식힌 뒤 냉장고에 넣고 식힌다.

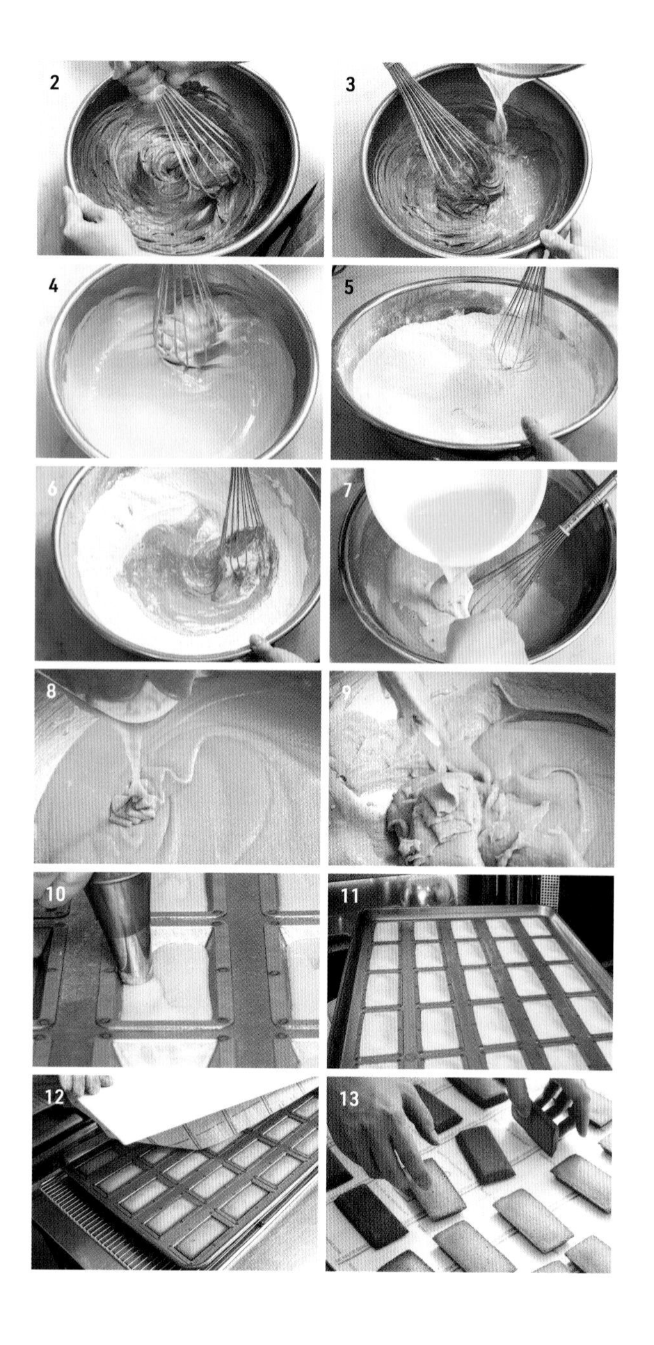

피스타치오 크렘 샹티이

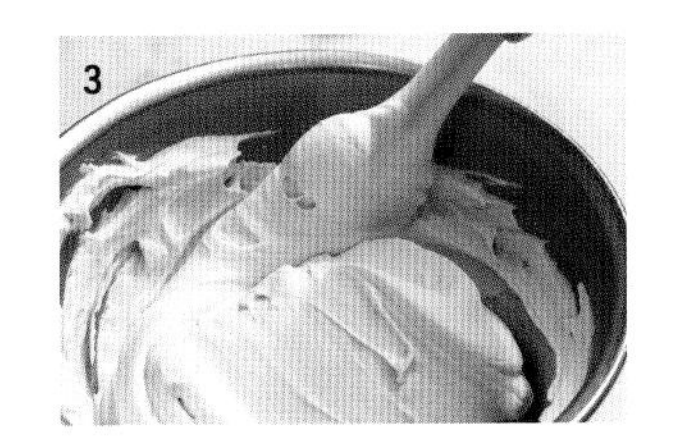

1 크렘 샹티이를 만든다. 믹싱볼에 생크림A와 B, 그래뉴당을 넣고, 믹서에 휘퍼를 끼워서 고속으로 50~60% 휘핑한다.
* 유지방 함유율이 다른 생크림을 블렌딩하여, 유지방을 40% 초반으로 조절한다. 유지방 40% 초반의 생크림 한 종류만 있으면 우유 맛이 지나치게 강해지므로, 35% 생크림을 넉넉하게 배합하여 가벼움을 살리고, 47% 생크림으로 우유 맛과 감칠맛을 적당히 낸다.

2 볼에 **1**의 450g을 옮기고, 키르슈를 넣어 거품기로 섞는다.

3 볼에 피스타치오 페이스트를 넣고 **2**를 2번 정도에 나눠서 넣은 뒤, 90%까지 휘핑한다.

조립·완성

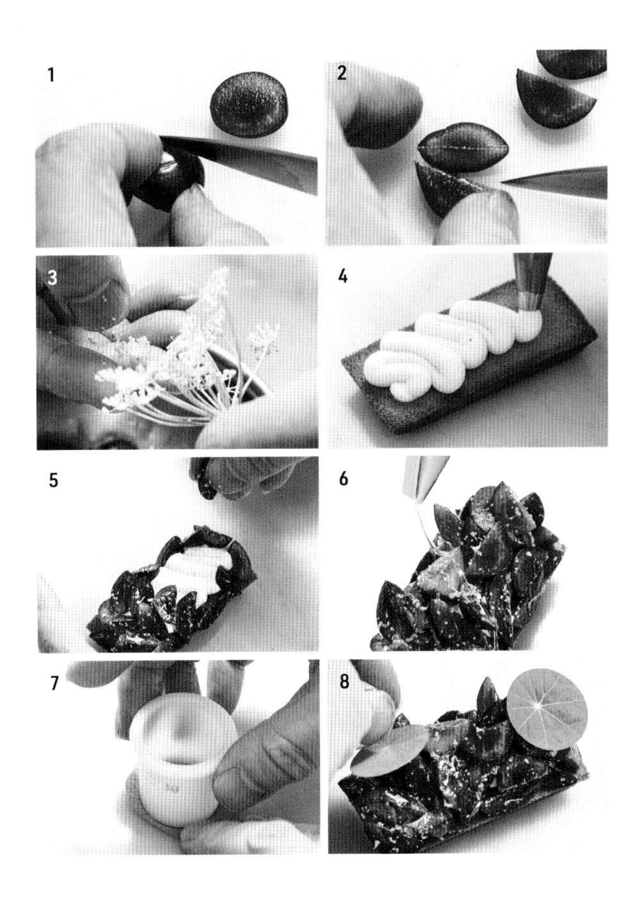

1 아메리칸 체리를 씨를 피해서 양쪽을 세로로 자른다.

2 **1**을 2등분해서 볼에 담는다.

3 **2**에 펜넬의 꽃 부분만 넣고 스푼으로 살짝 섞는다.
* 펜넬 줄기가 들어가면 입안에 줄기가 남아 이물감이 생기므로, 여기서는 꽃 부분만 사용한다. 또한 아메리칸 체리를 올린 뒤 위에 펜넬 꽃을 뿌리는 것보다, 먼저 아메리칸 체리와 버무려서 올리면 펜넬 꽃이 골고루 섞여서 향이 잘 난다.

4 지름 10㎜ 둥근 깍지를 끼운 짤주머니에 피스타치오 크렘 샹티이를 넣고, 세로로 길게 놓은 피스타치오 피낭시에 뒤쪽에서 앞쪽을 향해 좌우로 움직이면서 45g씩 짠다.

5 **4**에 **3**을 가장자리부터 가운데 방향으로 올린다.
* 단면이 위를 향하도록 불규칙하게 담아서 리듬감과 입체감을 연출한다.

6 짤주머니에 나파주를 넣고 끝부분을 가위로 잘라서, 피스타치오 크렘 샹티이를 짤 때와 같은 요령으로 일정한 간격을 두고 **5**의 윗면에 짠다.
* 나파주로 건조를 막고 프레시한 느낌과 시즐감을 살린다. 솔로 윗면 전체에 바르면 두껍게 발리고 맛에도 영향을 주기 때문에, 가늘게 짜서 풍미를 조절하고 윤기도 불규칙하게 만들어 리듬감을 연출한다.

7 한련화 잎을 뒤집어서 지름 3㎝ 틀로 찍는다.
* 한련화 잎은 둥그스름하지만 틀로 찍어 샤프하게 만들어서 디자인성을 향상시켰다. 다만, 원의 중심이 한가운데가 되면 지나치게 정돈된 느낌을 주므로, 원의 중심이 한가운데를 살짝 벗어나게 찍어서 자연스러운 분위기를 살렸다.

8 **6**에 **7**을 올리고 펜넬 꽃을 적당히 장식한다.

그랑 피스타슈

Grains Pistache

파티스리 오 필 뒤 주르

Pâtisserie au fil du jour

식욕을 돋우는 아름다운 디자인을 중시하는 요시카이 유스케 셰프. 아메리칸 체리와 피스타치오가 주인공인 이 프티 가토는 겉모습도 구성도 특별하다. 매끄러운 크렘 레제 피스타슈와, 생체리와 체리 콩포트를 채운 에클레어를, 화이트 초콜릿을 넣은 피스타치오 풍미의 샹티이로 덮고, 연두색 피스톨레로 살짝 얼룩지게 표현하여 진짜 피스타치오에 가깝게 완성하였다. 매트한 질감과는 대조적으로, 나파주를 발라 윤기를 낸 아메리칸 체리 장식은 나도 모르게 손으로 집고 싶어진다. 금박과 금가루가 고급스러운 느낌을 더한다.

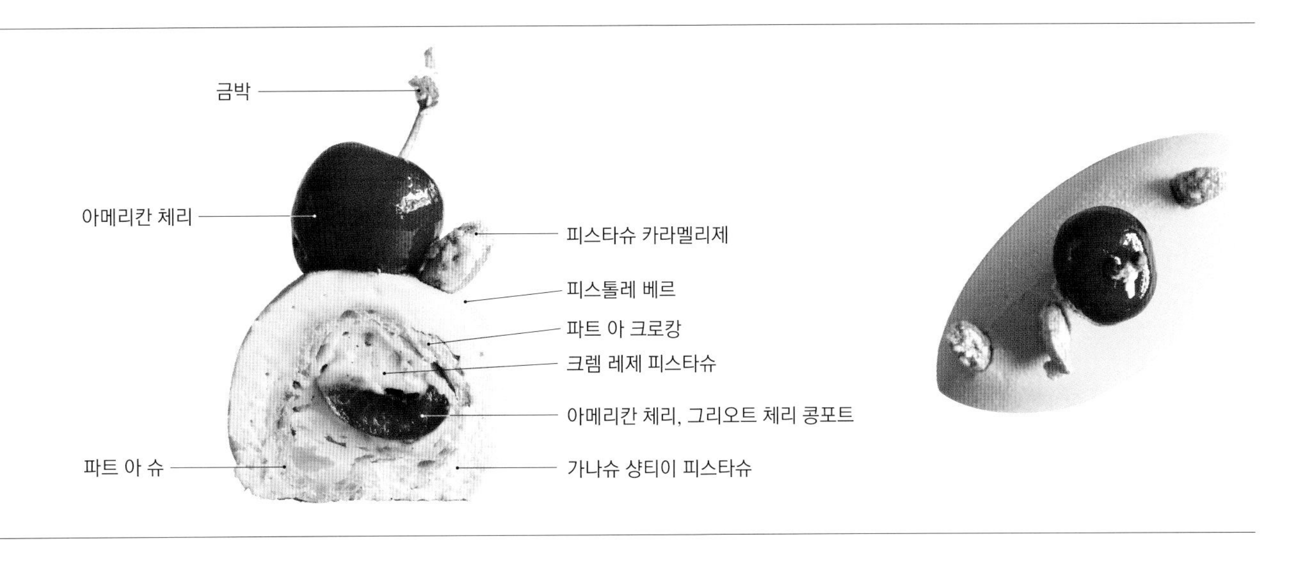

| 재료 |

파트 아 크로캉

〈만들기 쉬운 분량〉
아몬드파우더 … 825g
밀가루(타입 55)*1 … 550g
밀가루(타입 45)*1 … 550g
그래뉴당 … 1230g
카소나드 … 1100g
바닐라파우더 … 5g
버터(차갑게 식힌다)*2 … 1100g

*1 섞어서 체로 친다. 모두 프랑스산으로, 타입 55는 중력분, 타입 45는 박력분~중력분에 해당된다.
*2 2㎝ 크기로 깍둑썰어서 차갑게 식힌다.

파트 아 슈

〈20개 분량〉
우유 … 68g
물 … 68g
버터 … 54g
소금 … 1g
그래뉴당 … 1g
바닐라 리퀴드 … 1g
밀가루(타입 65)* … 42g
밀가루(타입 45)* … 42g
달걀(풀어준다) … 114g

* 섞어서 체로 친다. 모두 프랑스산으로, 타입 65는 중력분, 타입 45는 박력분~중력분에 해당된다.

크렘 레제 피스타슈

〈20개 분량〉
크렘 파티시에르 피스타슈
(아래 재료로 만든 것) … 300g
우유 … 1000ml
그래뉴당A … 80g
바닐라빈(마다가스카르산)*1 … 3개
달걀노른자 … 300g
그래뉴당B … 150g
밀가루(타입 55)*2 … 35g
밀가루(타입 45)*2 … 45g
옥수수전분*2 … 20g
버터 … 60g
바닐라 리퀴드 … 5g
피스타치오 페이스트(이란산) … 170g
생크림(유지방 45%) … 120g

*1 깍지에서 씨를 긁어낸다. 깍지도 함께 사용한다.
*2 섞어서 체로 친다.

가나슈 샹티이 피스타슈

〈20개 분량〉
생크림A(유지방 35%) … 350g
화이트 초콜릿(Valrhona 「이부아르」) … 350g
피스타치오 페이스트(이란산) … 122g
생크림B(유지방 35%/차갑게 식힌다) … 526g

피스톨레 베르

〈만들기 쉬운 분량〉
카카오버터 … 337g / 카카오버터(녹색) … 50g
카카오버터(노란색) … 12.5g
화이트 초콜릿(Valrhona 「이부아르」) … 300g

피스타슈 카라멜리제

〈만들기 쉬운 분량〉
그래뉴당 … 400g
물 … 125g
피스타치오(시칠리아산)* … 1000g
바닐라 리퀴드 … 15g

* 굽는다.

조립·완성

〈1개 분량〉
아메리칸 체리A*1 … 1개
그리오트 체리 콩포트(Ikeden Granbell 「그리오트 페를레」 냉동)*2 … 1개
금가루 … 적당량
아메리칸 체리B(장식용)*3 … 1개
살구 나파주*4 … 적당량
나파주 뇌트르 … 적당량
금박 … 적당량

*1 씨를 빼고 4등분한다.
*2 4등분한다.
*3 꼭지를 1.5㎝ 길이로 자른다.
*4 물 200g(만들기 쉬운 분량, 이하 동일), 그래뉴당 150g, 물엿 74g을 섞어서 끓인 뒤, 살구잼 600g을 넣고 다시 끓여서 식힌 것.

| 만드는 방법 |

파트 아 크로캉

1 믹싱볼에 버터 이외의 재료를 모두 넣고, 믹서에 비터를 끼워서 저속으로 고르게 섞는다.
2 2㎝ 크기로 깍둑썰어서 차갑게 식혀둔 버터를 조금씩 넣으면서 섞은 뒤, 한 덩어리가 되면 500g씩 나눈다.
3 롤러를 사용하여 두께 1㎜로 늘린 뒤, 7㎝ × 1.5㎝로 자른다. 냉동고에 넣는다.

파트 아 슈

1 냄비에 우유, 물, 버터, 소금, 그래뉴당, 바닐라 리퀴드를 넣고 뚜껑을 덮어 센불로 가열한다.
* 가능하면 수분이 증발하지 않고 빨리 끓도록 뚜껑을 덮는다.
2 끓기 직전에 불을 끄고, 섞어서 체로 친 2종류의 밀가루를 한 번에 넣은 뒤, 주걱으로 냄비 바닥을 긁듯이 섞는다.
3 센불에 올려 주걱으로 계속 섞으면서 빠르게 익힌다.
* 처음에는 천천히 섞다가, 점점 빠르게 섞는다.
4 믹싱볼에 **3**을 넣고 믹서에 비터를 끼운 뒤, 저속으로 섞으면서 달걀을 조금씩 넣는다.
5 지름 13㎜ 둥근 깍지를 끼운 짤주머니에 넣고, 오븐팬에 16g씩 길이 5.5㎝ 막대 모양으로 짠다.
6 파트 아 크로캉을 올린다.
7 135℃ 컨벡션오븐에 넣고 35분 정도 굽는다. 그대로 실온에서 식힌다. 파트 아 크로캉이 파트 아 슈에서 삐져나오면, 손으로 접어서 잘라낸다.

크렘 레제 피스타슈

1 크렘 파티시에르 피스타슈를 만든다. 냄비에 우유, 그래뉴당A, 바닐라빈 깍지와 씨를 넣고 센불에 올려서 끓기 직전까지 가열한다.
2 볼에 달걀노른자를 넣고 그래뉴당B를 넣어 거품기로 섞는다.
3 **2**에 가루 종류를 넣고 자르듯이 섞는다.
4 **3**에 **1**을 조금 넣고 살짝 섞는다. **1**의 냄비에 다시 옮기고 센불로 가열한다.
* 끓으면 5분 더 가열하여 농도와 점도를 충분히 올린다.
5 버터, 바닐라 리퀴드, 피스타치오 페이스트를 넣고 섞는다.
6 볼에 옮겨서 냉장고에 하룻밤 넣어둔다.
* 저온에서 하룻밤 휴지시키면 전분이 충분히 호화되어 끈기가 생긴다.
7 다른 볼에 생크림을 넣고 거품기로 95% 휘핑한다.
8 **6**을 30메시 거름망으로 거른 뒤, 고무주걱으로 살짝 풀어준다.
9 **8**에 **7**을 넣고 거품기로 자르듯이 섞는다.
* 완전히 섞이지 않은 상태에서 멈춘다. 슈에 짤 때 짤주머니 안에서 완전히 섞인다.

가나슈 샹티이 피스타슈

1 냄비에 생크림A를 넣고 끓기 직전까지 가열한다.
2 볼에 화이트 초콜릿을 넣고 **1**을 넣어 거품기로 섞는다.
3 **2**에 피스타치오 페이스트를 넣고 골고루 섞는다.
4 스틱 믹서로 매끄러운 상태가 될 때까지 섞는다.
* 피스타치오 페이스트는 덩어리지기 쉽다. 덩어리를 완전히 풀어줘야 한다.

5 볼 바닥에 얼음물을 받쳐서 15℃로 조절한다.

6 차갑게 식혀둔 생크림B를 2번에 나눠서 넣고, 넣을 때마다 섞는다. 시누아로 걸러서 냉장고에 하룻밤 넣어둔다. 사용하기 직전에 거품기로 80% 정도 휘핑한다.

* 생크림은 차갑게 식혀서 넣는다. 온도가 지나치게 높으면 다음 날 분리된다.

피스톨레 베르

1 냄비에 3종류의 카카오버터를 넣고 가열하여 녹인다.

2 볼에 화이트 초콜릿을 넣고 1을 넣어 섞는다.

3 스틱 믹서로 유화시킨다. 45℃로 조절하여 사용한다.

피스타슈 카라멜리제

1 구리볼에 그래뉴당과 물을 넣고 센불에 올려 120℃까지 가열한다.

2 오븐에 구운 피스타치오를 한 번에 넣고, 주걱으로 바닥에서부터 퍼올리듯이 섞으면서 전체가 갈색으로 변할 때까지 가열한다. 바닐라 리퀴드를 넣고 섞는다. 불에서 내려 실온에서 식힌다.

* 눅눅해지기 쉬우므로 탈산소제와 함께 밀폐용기에 담아 보관한다.

조립·완성

1 파트 아 슈를 세로로 길게 놓고, 빵칼을 세워서 반으로 가른다.

2 안쪽을 칼로 살짝 긁어서 공간을 만든다.

3 지름 12㎜ 둥근 깍지를 끼운 짤주머니에 크렘 레제 피스타슈를 넣고, 2의 슈 양쪽에 가장자리까지 짠다.

4 3의 한쪽에는 아메리칸 체리A, 그리오트 체리 콩포트를 번갈아 4조각씩 올리고, 다른 한쪽으로 덮는다.

5 회전대에 4를 절단면이 수평이 되도록 놓고, 한쪽만 물결모양인 깍지를 끼운 짤주머니에 80% 휘핑한 가나슈 샹티이 피스타슈를 담아, 표면 전체에 얇게 짠다.

* 가나슈 샹티이 피스타슈는 분리되기 쉬운데, 분리되면 매끄러운 식감이 사라진다. 가능한 한 빠르게 작업하는 것이 중요하므로 얇게 짜는 것이 좋다.

6 작은 L자 팔레트 나이프로 피스타치오 모양으로 정리한다.

* 에클레어처럼 쫄깃한 식감의 파트 아 슈를 가나슈로 덮으면, 마르는 것도 방지하고 식감도 유지할 수 있다. 수직으로 자른 단면을 수평이 되도록 놓는 것은, 포크를 넣었을 때 슈가 쉽게 부서지기 때문이다.

7 필름 시트로 여분의 크림을 제거하여 표면을 정리한다.

8 오븐시트를 깐 작업판에 7을 간격을 띄워서 가지런히 놓은 뒤, 작은 스쿱으로 윗면 가운데의 크림을 살짝 걷어내 오목하게 만든다. 냉장고에 넣고 표면을 5℃ 정도로 차갑게 식힌다.

* 피스톨레를 뿌리기 전에 표면을 차갑게 식힌다. 표면을 냉장실 온도인 5℃ 정도로 차갑게 식힌 뒤 45℃ 피스톨레를 뿌리면, 표면에 분무된 순간 피스톨레는 24℃ 정도가 된다. 이 정도면 가나슈 샹티이 피스타슈가 녹지 않고 보기 좋게 피스톨레할 수 있으며, 굳은 뒤에도 잘 벗겨지지 않는다.

9 피스톨레 용기에 피스톨레 베르를 담아 8의 표면 전체에 피스톨레한다.

* 〈오 필 뒤 주르〉의 주방 실온은 20℃ 정도이다. 피스톨레 용기가 차가우면 일부러 45℃로 조절한 피스톨레 베르의 온도가 내려가 깔끔하게 피스톨레되지 않는다. 그래서 뿌리기 전 분출구를 가스 토치로 살짝 데운다.

* 손을 멈추지 말고 계속 뿌려야 한다. 잠깐이라도 멈추면 그 순간에 뿌리고 있던 부분이 두껍게 피스톨레된다. 온도 관리와 손을 끊임없이 움직여서 뿌리는 것이 중요하다.

10 작은 솔로 일부에 금가루를 뿌린다.

11 아메리칸 체리B를 따뜻하게 데운 살구 나파주에 담갔다 빼서 트레이에 가지런히 놓고, 여분의 나파주를 제거한다.

* 나파주를 솔로 바르는 것보다 전체를 담그는 것이 고르게 코팅되고, 싱싱한 느낌을 주는 윤기를 제대로 표현할 수 있다. 나파주의 윤기와 피스톨레의 매트한 질감의 대비로, 각각의 질감이 돋보인다.

12 윗면의 오목한 부분에 11을 올린다.

13 피스타슈 카라멜리제에 작은 솔로 금가루를 뿌려서, 윗면에 3개씩 세워서 꽂는다.

14 종이 코르네에 나파주 뇌트르를 넣어 아메리칸 체리 꼭지 끝에 극소량만 짠 뒤, 핀셋으로 금박을 붙인다.

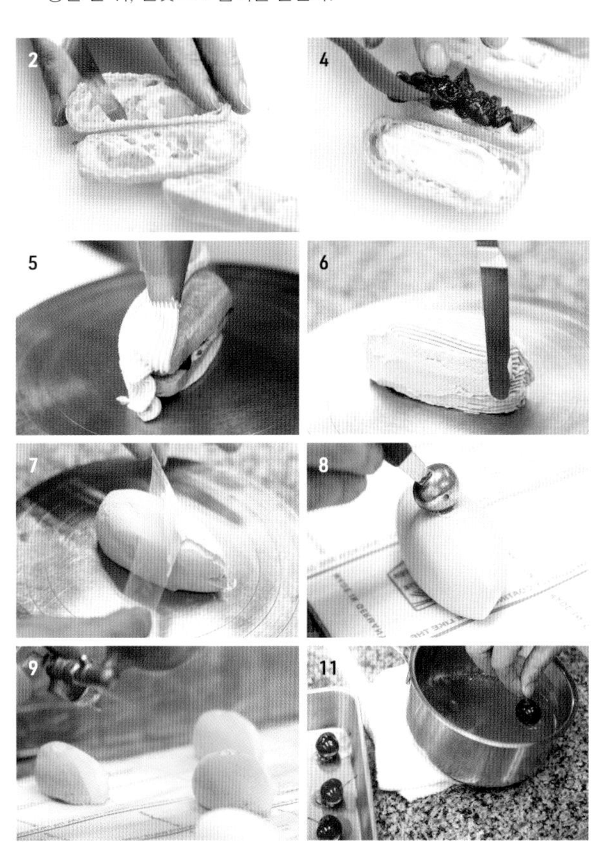

이 책에 나오는 파티스리

그랑 바니유
grains de vanille
京都市 中京区 間之町 二条下ル鍵屋町 486
TEL 075-241-7726
영업시간 10시 30분~18시, 카페 ~ 16시 30분(L.O.)
휴점 일요일, 월요일
→ p.90, p.114

레스 바이 가브리엘레 리바 & 가나코 사카쿠라
LESS by Gabriele Riva & Kanako Sakakura
東京都 目黒区 三田 1-12-25 金子ビル 1F
TEL 03-6451-2717
영업시간 11시~17시
휴점 화요일, 수요일
→ p.148

료라
Ryoura
東京都 世田谷区 用賀 4-29-5
グリーンヒルズ用賀ST 1F
TEL 03-6447-9406
영업시간 12시~17시
휴점 화요일, 수요일, 비정기
→ p.25

리베르타블
Libertable
東京都 港区 赤坂 2-6-24 1F
TEL 03-3583-1139
영업시간 11시~20시
휴점 일요일, 비정기
→ p.44

메종 드 프티 푸르
Maison de petit four [本店]
東京都 大田区 仲池上 2-27-17
TEL 03-3755-7055
영업시간 9시 30분~18시
휴점 화요일, 수요일, 비정기
→ p.10

몽 상클레르
Mont St. Clair
東京都 目黒区 自由が丘 2-22-4
TEL 03-3718-5200
영업시간 11시~18시, 살롱 ~16시(L.O.)
휴점 수요일, 비정기
→ p.119

블롱디르
BLONDIR
東京都 練馬区 石神井町 4-28-12
TEL 03-6913-2749
영업시간 10시~12시, 13시~18시
휴점 화요일, 수요일
→ p.85

샹 두아조
Chant d'Oiseau [本店]
埼玉県 川口市 幸町 1-1-26
TEL 048-255-2997
영업시간 10시~19시
휴점 비정기
→ p.39

신후라
Shinfula
埼玉県 志木市 幸町 3-4-50
TEL 048-485-9841
영업시간 11시~19시(일요일은 12시~16시 30분)
휴점 월요일, 화요일(공휴일이면 영업)
→ p.71

아 테 스웨이
à tes souhaits!
東京都 武蔵野市 吉祥寺 東町 3-8-8
カサ吉祥寺 2
TEL 0422-29-0888
영업시간 11시~18시
휴점 월요일, 화요일
(공휴일인 경우에는 영업하고, 다음 영업일에 휴점)
→ p.76

아스테리스크
ASTERISQUE
東京都 渋谷区 上原 1-26-16
タマテクノビル 1F
TEL 03-6416-8080
영업시간 10~18시
휴점 비정기
→ p.61

아쓰시 하타에
Atsushi Hatae [代官山店]
東京都 渋谷区 猿楽町 17-17 MH代官山 1F
TEL 03-6455-2026
영업시간 11~19시
휴점 비정기
→ p.141

알타나티브
Les Alternatives
東京都 小金井市 梶野町 5-7-18
TEL 042-409-1671
영업시간 10시 30분~18시 30분 (품절시 영업 종료)
휴점 월요일, 화요일, 비정기
→ p.188

앙 브데트
EN VEDETTE [清澄白河店]
東京都 江東区 三好 2-1-3
TEL 03-5809-9402
영업시간 10시~19시, 일요일·공휴일 ~18시 30분
휴점 수요일, 비정기
→ p.124

앙피니
INFINI [九品仏本店]
東京都 世田谷区 奥沢 7-18-3
TEL 03-6432-3528
영업시간 11시~19시
휴점 수요일, 비정기
→ p.136

에그르두스
AIGRE DOUCE
東京都 新宿区 下落合 3-22-13
TEL 03-5988-0330
영업시간 11시~17시
휴점 월요일, 화요일 (공휴일이면 영업)
→ p.10, p.163

에클라 데 주르
Éclat des Jours [東陽町本店]
東京都 江東区 東陽 4-8-21 TSK 第2ビル 1F
TEL 03-6666-6151
영업시간 10시~18시 30분
휴점 화요일, 수요일
→ p.132

임페리얼 호텔, 도쿄, 가르강튀아
IMPERIAL HOTEL, TOKYO, GARGANTUA
東京都 千代田区 内幸町 1-1-1
帝国ホテルプラザ 東京 1F
영업시간 10시~19시
휴점 연중무휴
→ p.174

컨펙트 콘셉트
CONFECT-CONCEPT
東京都 台東区 元浅草 2-1-16
シエルエスト1F
TEL 03-5811-1621
영업시간 10시 30분~18시 30분
휴점 월요일
→ p.178

케이크 스카이 워커
Cake Sky Walker
兵庫県 神戸市 中央区 中山手通 4-11-7 1F
TEL 078-252-3708
영업시간 11시~18시 (품절시 영업 종료)
휴점 비정기
→ p.198

트레 칼름
TRÈS CALME
東京都 文京区 千石 4-40-25
TEL 03-3946-0271
영업시간 11시~19시
휴점 비정기
→ p.30, p.48

파리 세베이유
Paris S'éveille
東京都 目黒区 自由が丘 2-14-5
TEL 03-5731-3230
영업시간 11시~19시
휴점 비정기
→ p.108, p.168

파티스리 S 살롱
PÂTISSERIE.S Salon
京都市 中京区 朝倉町 546
ウェルスアーリ天保 1F
TEL 075-223-3111
영업시 12시 30분~18시, 카페 ~17시 30분(L.O.)
휴점 수요일, 목요일
→ p.34

파티스리 라 파주
pâtisserie la page
千葉県 市川市 八幡 3-29-16
y's premiere 1F
TEL 047-706-7657
영업시간 11시~19시
휴점 화요일(공휴일이면 영업)
→ p.183

파티스리 사뵈르 앙 두쇠르
Pâtisserie Saveurs en Douceur
愛知県 名古屋市 西区 浄心 1-8-36
TEL 052-908-1525
영업시간 11시~18시 30분
휴점 화요일, 수요일
→ p.193

파티스리 쇼콜라트리 마 프리에르
Pâtisserie Chocolaterie Ma Prière
東京都 武蔵野市 西久保 2-1-11
バニオンフィールドビル 1F
TEL 0422-55-0505
영업시간 11시~18시
휴점 비정기
→ p.20

파티스리 아브랑슈 게네
Pâtisserie Avranches Guesnay
東京都 文京区 本郷 4-17-6 1F
TEL 03-6883-6619
영업시간 11시~18시
휴점 월요일, 화요일
→ p.66

파티스리 오 필 뒤 주르
Pâtisserie au fil du jour
福岡市 中央区 桜坂 1-14-9
TEL 092-707-0130
영업시간 10시~19시
휴점 수요일, 비정기
→ p.202

파티스리 유 사사게
Pâtisserie Yu Sasage
東京都 世田谷区 南烏山 6-28-13
TEL 03-5315-9090
영업시간 10시~18시
휴점 화요일, 목요일
→ p.80

파티스리 이즈
Pâtisserie ease [日本橋兜町本店]
東京都 中央区 日本橋兜町 9-1
TEL 03-6231-1681
영업시간 11시~18시, 카페 ~17시(L.O.)
휴점 슈요일
→ p.152

파티스리 준우지타
Pâtisserie JUN UJITA
東京都 目黒区 碑文谷 4-6-6
TEL 03-5724-3588
영업시간 10시 30분~18시,
토요일·일요일·공휴일 ~17시
휴점 월요일, 화요일(공휴일이면 영업, 다음 영업일에 휴점)
→ p.128

파티스리 카르티에 라탱
Pâtisserie Quartier Latin
愛知県 名古屋市 中川区 十番町 2-4
TEL 052-661-3496
영업시간 10시~19시, 카페 ~18시 30분(L.O.)
휴점 화요일, 둘째·넷째 수요일
→ p.158

피에르 에르메 파리
PIERRE HERMÉ PARIS [青山]
東京都 渋谷区 神宮前 5-51-8
ラ·ポルト青山 1F·2F
TEL 03-5485-7766
영업시간 11시~19시, 1F 이트 인 ~18시 30분(L.O.),
2F 살롱 ~18시(L.O.)
휴점 비정기
→ p.16

맛의 완성도를 높이는
디저트의 향 · 식감 · 디자인

펴낸이 유재영 | **펴낸곳** 그린쿡 | **엮은이** PÂTISSIER 편집부 | **옮긴이** 용동희
기 획 이화진 | **편 집** 박선희 | **디자인** 임수미

1판 1쇄 2025년 5월 10일
출판등록 1987년 11월 27일 제10-149
주소 04083 서울 마포구 토정로 53 (합정동)
전화 324-6130, 6131 **팩스** 324-6135

E 메일 dhsbook@hanmail.net
홈페이지 www.donghaksa.co.kr · www.green-home.co.kr
페이스북 www.facebook.com / greenhomecook
인스타그램 www.instagram.com/__greencook/

ISBN 978-89-7190-906-5 13590

• 잘못된 책은 구매처에서 교환하시고, 출판사 교환이 필요할 경우에는 사유를 적어 도서와 함께 위의 주소로 보내주세요.

일본어판 스태프
취재_ 笹木理恵 瀬戸理恵子 宮脇灯子 諸隈のぞみ 松野玲子 横澤寛子 横山せつ子
촬영_ 天方晴子 上仲正寿 海老原俊之 大山裕平 勝村祐紀 川島英嗣 合田昌弘 佐藤克秋 日置武晴 間宮 博 安河内 聡
일러스트_ 瀬川尚志(8p) ／ 도판_ (주)Othello 中多万貴 ／ 디자인_ 角 知洋 sakana studio ／ 편집_ 永井里果

옮긴이 **용동희**
다양한 분야를 넘나들며 활동하는 푸드디렉터. 메뉴 개발, 제품 분석, 스타일링 등 활발한 활동을 이어가고 있다. 현재 콘텐츠 그룹 CR403에서 요리와 스토리텔링을 담당하고 있으며, 그린쿡과 함께 일본 요리책을 한국에 소개하는 요리 전문 번역가로도 활동하고 있다.

GREENCOOK은 최신 트렌드의 요리, 디저트, 브레드는 물론 세계 각국의 정통 요리를 소개합니다. 국내 저자의 특색 있는 레시피, 세계 유명 셰프의 쿡북, 전 세계의 요리 테크닉 전문서적을 출간합니다. 요리를 좋아하고, 요리를 공부하는 사람들이 늘 곁에 두고 활용하면서 실력을 키울 수 있는 제대로 된 요리책을 만들기 위해 고민하고 노력하고 있습니다.